Design Wave

FPGAキットで始める ハード&ソフト 丸ごと設計

CPUと周辺回路を作り込んでCプログラミング

栗元 憲一 著

CQ出版社

はじめに

　リーナス・トーバルズやリチャード・ストールマン，その他多くのオープンソース界のハッカー達の活躍で，ソフトウェアの世界では誰もが世界最先端の技術に触れることができるようになりました．そして，このオープンソース・ソフトウェアを前提とした経済活動を行う企業もたくさん現れています．オープンソース・ソフトウェアは，単なるテクノロジの開発手法に留まらず，社会的な変化を生み出してきています．例えば，スタートアップにかかる初期投資を低下させ，リーン・スタートアップが可能になり，誰もがイノベーションのチャンスを持てるようになりました．さらに，オープン・ガバメントのように，行政に変化を与える動きも出てきています．

　また，ハードウェアにもオープンソースの波が広がりつつあります．これまでは，最先端のハードウェア設計技術に触れるには大きな資本を持った企業に所属しなければなりませんでしたが，オープンソース・ハードウェアの発展によって個人でも先端技術の中身に触れることができるようになりつつあります．すなわち，ハードウェアを含めた個人発のイノベーションのチャンスが増えています．

　本書は，オープンソース・ハードウェアの分野の中でも，VHDLによるLSI設計データを利用して，個人がLSI設計のエッセンスを理解できることを目的とした実習書です．FPGA技術の発展により，一昔前のSoC (System On Cihp) が，個人でも購入できる安価なボード上で設計できるようになりました．そこで本書では，オープンソースのプロセッサやIPコアを利用し，独自設計のIPコアと組み合わせてオリジナルのシステムを創ります．これまで触れるチャンスの少なかった産業レベルのハードウェア・ソース・コードを読み，それを利用して独自のハードウェアを開発することによってLSIの設計法を学習します．VHDLのハードウェア・ソース・コードだけでなく，Linuxのビルド，デバイスドライバの開発，アプリケーション・プログラムの開発も含めて，一つのシステムを開発します．

　オープンソース・ソフトウェアに加えて，オープンソース・ハードウェアの使用法や開発方法を自分のスキルとして手に入れると，個人で実現できる技術範囲が大きく広がります．想像力を膨らませて，ハードウェアまで含めたシステムを創ることを一緒に楽しみましょう！

2013年　栗元 憲一

FPGAキットで始める
ハード&ソフト丸ごと設計

CPUと周辺回路を作り込んでCプログラミング

CONTENTS

第1部　FPGAへのLinuxシステムの構築

第1章　オープンソース ソフト&ハードによる FPGAへのSoCシステムの実装
SPARC V8アーキテクチャLEONシステムの概要とサポート・ボードへのマッピング …… 9

- 1.1 オープンソース・ハードウェアと LEON システム …………………………………… 9
  オープンソース・ハードウェア／ LEON プロセッサと周辺 IP コア（GRLIB）について／ LEON3 プロセッサの特徴／ CPU アーキテクチャ

- 1.2 LEON システムのダウンロードと開発環境の構築 ……………………………………… 12
  GRLIB と Linux の設計データの展開／設計データのディレクトリの構成／開発ソフトウェアのダウンロードとインストール

- 1.3 LEON システムの設計フローとサポート・ボードへのマッピング ………………… 14
  LEON システムのコンフィグレーション／ LEON システム周辺のコンフィグレーション／ LEON システムのコンフィグレーションの仕組み／ LEON システムの構成／ LEON システムのトップ・レベル検証／ LEON システムの FPGA へのマッピング／ GRMON による LEON システムとの通信

第2章　オープンソース ソフト&ハードによる FPGAへのLinuxシステムの構築
LEONシステムで動作するLinuxのビルドと非サポート・ボードへの移植の基本 …… 25

- 2.1 Linux イメージのビルド …………………………………………………………………… 25
  Linux コンフィグレーション／カーネル・コンフィグレーション／アプリケーション・コンフィグレーション／起動時の rc スクリプトの変更／ Linux イメージ・コンパイル／ FPGA ボードでの Linux ブート

- 2.2 BLANCA へのポーティング ……………………………………………………………… 29
  全体構成／設計ディレクトリ／設計の変更点／ Linux ブート

第2部 FPGAを使ったSoCの開発

オープンソース ソフト&ハードによりSoCを開発するメリットと第2部の構成について

第3章 motionJPEG再生システムを例にFPGAによるSoCを開発する目的 …… 33

3.1 motionJPEG 再生システムを例に …… 33
FPGA で SoC を開発できる！／ハードウェア化による高速化を体感できる！／すべてオープンソースで！／ターゲットとする FPGA 評価ボード

3.2 git について …… 35
開発ディレクトリ構造／ブランチの作成と切り替え

コラム 3.1　オープンソースについて …… 36

3.3　第 2 部の構成について …… 38

JPEGデコード・アルゴリズムを理解し、IJGライブラリを使ったソフトウェアによるデコードを体感しよう

第4章 JPEGアルゴリズムとソフトウェアによるmotionJPEG再生の実現 …… 39

4.1 JPEG のアルゴリズム …… 39
RGB 形式から YCbCr 形式へ／ DCT 変換と量子化／ランレングス圧縮とは／ハフマン圧縮の例／二進木による表現

4.2 IJG ライブラリを用いた motionJPEG の実装 ～ PC-Linux 編～ …… 44
まずはソフトウェア・ベースで／ソース・コードの展開／パソコン上の Linux で motionJPEG 動画再生

4.3 IJG ライブラリを用いた motionJPEG の実装 ～ FPGA-Linux 編～ …… 46
FPGA 上の Linux で動画再生／開発環境の変更内容／フレーム・バッファ上に直接描画／フレーム・バッファへの書き込み方法／ FPGA 上の Linux で motionJPEG 動画再生／現時点では紙芝居程度の動画再生性能

4.4 デバッグ方法 …… 50
gdbserver を用いる／デバッガの実行

4.5 プロファイラを使ったボトルネック箇所の確認 …… 51
gprof というコマンドを使用／時間がかかっている処理

4.6 ソフトウェアのみのシステムのデータの流れ …… 52
Integer Unit (IU)，キャッシュ，SDRAM，Memory Management Unit の動作／ SDRAM のリード / ライト時のデータの流れ／アドレス変換キャッシュ・ヒット時の処理／アドレス変換キャッシュ・ミス時の処理

第5章 YCbCr-RGB変換モジュールをハードウェア化するシステムの開発方法

ソフトウェア処理の一部分を実際にハードウェア化することにより，SoC開発のエッセンスを体験しよう

56

5.1 AMBAバスの基礎知識 … 56
本章で設計するハードウェア／YCbCr-RGB変換回路の概要／AMBAバスについて／マスタとスレーブ／バス使用権の割り当て／AMBAの基礎となるタイミング・シーケンス／複数のAMBA転送

5.2 YCbCr-RGB変換ハードウェアの設計 … 61
マスタとスレーブ両方を使うコア／データ・パス部分の設計／AHBスレーブ・インターフェースの設計／制御レジスタ部分の設計／AHBマスタ・インターフェースの設計／細部の設計／LEONシステム特有のAMBAプラグ＆プレイ／LEONシステムに合わせたディレクトリ構成へ／トップ・モジュールの作成／FPGAへのマッピング

5.3 デバイス・ドライバの開発 … 74
デバイス・ドライバの雛形／デバイス・ドライバの作成／ioctl関数を使う／データ転送部分の作成／FPGA上での動作確認／フレーム・レートが落ちる理由

5.4 ソフトウェアだけのシステムと一部をハードウェア化したシステムの比較 … 80
CPU使用時間の減少とオーバヘッドの増加／バス帯域の考慮

第6章 JPEG処理をハードウェア化したシステムの開発方法

DCT処理やハフマン・デコードをハードウェア化することにより，さらに高性能なSoCを実現しよう

83

6.1 データの流れ … 83
djpegの構造／JPEGデコード・コアの全体構造／各モジュールの開発順序

6.2 upsampleのハードウェア化 … 84
CbとCr要素の間引きを元に戻す演算／YCbCr-RGB変換ハードウェアIPコアの変更／LEONシステムへの実装作業／現時点ではパフォーマンスはほとんど変わらない

6.3 DCT処理のハードウェア化 … 91
1DDCTを実現するハードウェア／LEONシステムへの実装作業／YCbCr-RGB変換とDCT部分をハードウェア化してもまだ遅い

6.4 ハフマン・デコードのハードウェア化 … 92
JPEGファイル・フォーマットについて／フレームとは／DC成分のハフマン符号／AC成分のハフマン符号／ハフマン・テーブルとデコード／ハフマン・デコードのハードウェア／LEONシステムへの実装作業／JPEGはハードウェア化に向いている／時間軸方向にも圧縮を行うのがMPEG

第7章 motionJPEG再生システムのネットワークへの対応

開発したFPGAによるSoCを実際に起動させて，ネットワーク経由でmotionJPEG動画ストリームを再生しよう

107

7.1 ネットワークへの対応 … 107
動画サーバの準備／ネットワーク越しのストリーム再生テスト

7.2	第 2 部のまとめ	109

第3部 AMBA AHBバスとIPコアの詳細

第8章 AMBA AHBバスの仕組みとModelSimによるシミュレーション … 110

バスの基本概念とAMBAバスの基本仕様，AMBAマスタ/スレーブとシミュレータを使ったAMBAバスの動作を理解しよう

バスとは何か … 110

8.1 プロセッサと各種コントローラの接続例 … 110
プロセッサとメモリ／バス仕様とは／Ethernet コントローラとメモリ・コントローラ

8.2 アービタとは … 112
同時にアクセスが発生した場合／アービタがバスの交通整理をする

AMBA バスの概要 … 113

8.3 マスタとスレーブ … 113
AHB バスの構造／HADDR 信号と HWDATA 信号と HRDATA 信号／AMBA バスにはトライステートはない

8.4 AHB バスと APB バス … 114
AHB と APB を用いたシステム・バス構造／低速でもよいコントローラは APB バス上に接続

8.5 AHB バスの基本シーケンス … 115
もっとも簡単なシングル転送／スレーブが応答するタイミングを延長する HREADY 信号／多数のマスタとスレーブが接続された場合／バス使用権を要求するタイミング・シーケンス

8.6 AHB バス・システム設計の要点 … 118
AMBA バスで理解しておくべき四つの項目／AHB バス・システム設計の三つの構成要素

AHB スレーブの例 … 119

8.7 もっともシンプルな AHBRAM … 119
AHB スレーブ・インターフェースの概要／書き込み動作／読み出し動作／HREADY 信号の動作

8.8 AHBRAM のソース・コードと各信号 … 120
実際の VHDL ソース・コード／HADDR 信号と HSEL 信号／HWRITE 信号と HTRANS 信号と HREADY 信号／HSIZE 信号などその他の信号／AHBRAM のおおまかな論理構造

AMBA マスタの例 … 126

8.9 バースト転送 … 126
8 個の連続データ転送／インクリメント式バーストとラップ式バースト／二つのバースト転送が連続して行われた場合

8.10 AHB マスタの例 … 130
アービタの動作／AHB マスタ・インターフェースの動作

8.11 アービタを含む AHB バス構造 … 131

| ModelSimを使用した学習用AMBA AHBバス | 132 |

8.12 シミュレーション・モデルの作成 …………………………………………… 132
学習用のAMBAバス・システム／学習用システムのトップ・モジュール／学習用システムのシミュレーション・モデル

8.13 ModelSim上の波形確認 …………………………………………………… 136
AHBマスタからAPBスレーブへの書き込み／16データのバースト・ライト動作／ライト動作の直後のリード動作

8.14 第8章のまとめ …………………………………………………………………… 139

第9章 LEONシステムのGRLIBの主なIPコアの詳細

LEONプロセッサ，Ethernetコントローラ，AMBAプラグ＆プレイ，SDRAMコントローラの仕様を理解しよう

140

9.1 LEON3プロセッサ ……………………………………………………………… 140
プロセッサの概要／Integer Unit／キャッシュ／MMU／コンフィグレーション・オプション

9.2 GRETH（Ethernet media access controller with EDCL support） …… 145
概要／GRETHのブロック・ダイアグラム／レジスタ

9.3 AHBCTRL AMBA AHB コントローラ with プラグ＆プレイ・サポート …… 148
概要／動作

9.4 MCTRL PROM/IO/SRAM/SDRAM メモリ・コントローラ ………………… 150
概要／動作／レジスタ

初出一覧 …………………………………………………………………………………… 155
参考文献 …………………………………………………………………………………… 156
索 引 …………………………………………………………………………………… 157

▶本書の第1章と第2章はInterface誌2011年2月号特集の「複雑化する回路設計にC言語やUMLで反撃！」を修正・加筆したものです．流用元は初出一覧に記載してあります．

第1部

第1章 オープンソース ソフト&ハードによるFPGAへのSoCシステムの実装

SPARC V8 アーキテクチャLEONシステムの概要とサポート・ボードへのマッピング

　ソフトウェアの世界では，Linuxなどのオープンソース・モデルが大きな成果を収め，私達の身の回りの商品にも多数用いられるようになりました．ハードウェアにおいてもオープンソース・モデルの活用が行われており，成果を挙げつつあります．第1部では，オープンソース・ハードウェア（RTLソース・コード）を使用して，読者の手元でFPGA上にLinuxシステムを構築する方法を解説します．

1.1 オープンソース・ハードウェアとLEONシステム

●オープンソース・ハードウェア

　ソフトウェアは，いったん開発されたものは，インターネットを用いて非常に安い金額で個人が配布することができます．それに対してハードウェアは，実際に製造するために大きなお金がかかるため，オープンソース・モデルが簡単には適用されにくいとされていました．

　しかしFPGAの発展により，RTLソース・コードで設計データを配布する形式のオープンソース・ハードウェアはソフトウェアと同等の配布コストとなり，個人が利用し配布することが可能になりました．

　最近のFPGAボードは，個人が購入できる金額でシステム全体を構成できるような高性能なものになっており，今後オープンソース・ハードウェア・モデルは大きな成果を挙げる可能性があります．

　現在，様々なRTLソース・コードのオープンソース・ハードウェアを展開する活動が行われています．例えば，OpenCores (http://www.opencores.org/) には，多数のオープンソースIPコアのRTLソース・コードが公開されています．

　また，OpenSPARC (http://www.opensparc.net/) では，最先端の64ビット・マルチコア・プロセッサのRTLソース・コードが公開されています．

　そこで本書では，Aeroflex Gaisler社 (http://www.gaisler.com/) からGPLライセンスでRTLソース・コードが提供されているLEON3プロセッサと周辺IPコア (GRLIB) を用いて，FPGA上にLinuxシステムを構築します．

●LEONプロセッサと周辺IPコア (GRLIB) について

　最初のLEONプロセッサは，ESA (European Space Agency：欧州宇宙機関) で開発され，1999年に発表されました．宇宙で使用される半導体は，アルファ粒子放射線や宇宙放射線の影響でメモリやレジスタの値が変更されてしまうSEU (Single Event Upset) 現象が起きる可能性があります．LEONプロセッサは，宇宙でも使用できるようにSEU対策を行ったプロセッサとして開発され，GNU general public licenseで公開されました．アーキテクチャとして最もオープン化に積極的なSPARCを採用しています．

　その後，チーフ・デザイナであったJiri Gaisler氏はESAを離れAeroflex Gaisler社を設立し，LEONの開発を続けています．第2世代のLEON2は，SEU部を取り除いたものがLGPLライセンスでソース・コードが公開されました．その際には，プロセッサだけでなく，周辺IPも接続された形で公開されています．

　現在，第3世代のLEON3プロセッサがGPLライセンスで公開されています．

●LEON3プロセッサの特徴

　LEON3プロセッサの特徴として，次のようなことが挙げられます．

(1) SPARC V8 アーキテクチャ準拠のASICとしての動作実績

　LEON3プロセッサは，FPGAのみならず，ASICとしても動作実績があるプロセッサです．SPARC Internationalより，公式にSPARC V8アーキテクチャ準拠の承認を取っており，SPARC向けのバイナリが用意された環境なら問題なく動作します．例えば，Linux, uClinux, eCos, RTEMS, OSなしなど，多数のソフトウェア開発環境が揃っています．ソフトウェア，ハードウェア共にオープン・ソースでありながら，高い信頼性があります．

(2) 40種類以上の周辺IPコアを同一開発環境のオープンソース・ライセンスとして公開

公開されているIPコアの中で主要なものを，表1.1に挙げました．これらのコアが接続されたSoCの形態としてもRTLソース・コードが公開されており，約50種類ある公式サポート・ボードを使用すれば，ソース・コードを変更せずにシステムを動作させることができます．開発環境内では，IPの接続の変更がGUIで簡単に行えます．

(3) 多数の項目を設定可能（コンフィギュアブル）

MMUの有無やキャッシュ・サイズの設定，キャッシュ・アルゴリズムの選択など，多数の項目を設定可能（コンフィギュアブル）になっています．周辺コアIPについても，FIFOサイズなど多数の項目が設定可能となっています．これらの設定の変更は，GUIで簡単に行えます．

(4) ライセンスはGPLだが商用ライセンスもある

オープンなプラットフォームであり，ライセンスはGPLを採用しています．プロセッサをはじめとして，Ethernet MACコアなどの多数のIPコアの産業レベルのRTLを読むことができるため，非常に勉強になります．

テクノロジに非依存であり，Xilinx社，Altera社，Actel社，ASICなど，いずれもGUIから設定することにより，簡単にターゲット・テクノロジを変更してマッピングできるようになっています．

商用ライセンスも準備されています．ソース・コードを公開できないほかのIPコアと一緒に使用して商品を開発する場合は，商用ライセンスを購入することになります．

(5) コミュニティのサポートも充実

コミュニティが存在しています．Yahoo.comにメーリング・リスト・グループが存在しており（http://tech.groups.yahoo.com/group/leon_

表1.1 公開されている主要なIPコア

名前	機能
IRQMP	マルチプロセッサ割り込みコントローラ
DSU3	デバッグ・サポート・ユニット
GPTIMER	タイマ
GRGPIO	I/Oポート
MCTRL	PROM/SRAM/SDRAMコントローラ
DDRSPA/DDR2SPA	DDR/DDR2コントローラ (Xilinx, Altera)
SPIMCTRL	SPIメモリ・コントローラ
AHBCTRL	AHBコントローラ
APBCTRL	APBブリッジ
PCIMTF/GRPCI	PCIマスタ/ターゲット・インターフェース
PCIDMA	DMAコントローラ for PCIMTF
APBPS2	PS/2ホスト・コントローラ
APBUART	プログラマブルUART
GRETH	10/100Base-T Ethernet MAC
I2CMST	I^{2}Cマスタ
I2CSLV	I^{2}Cスレーブ

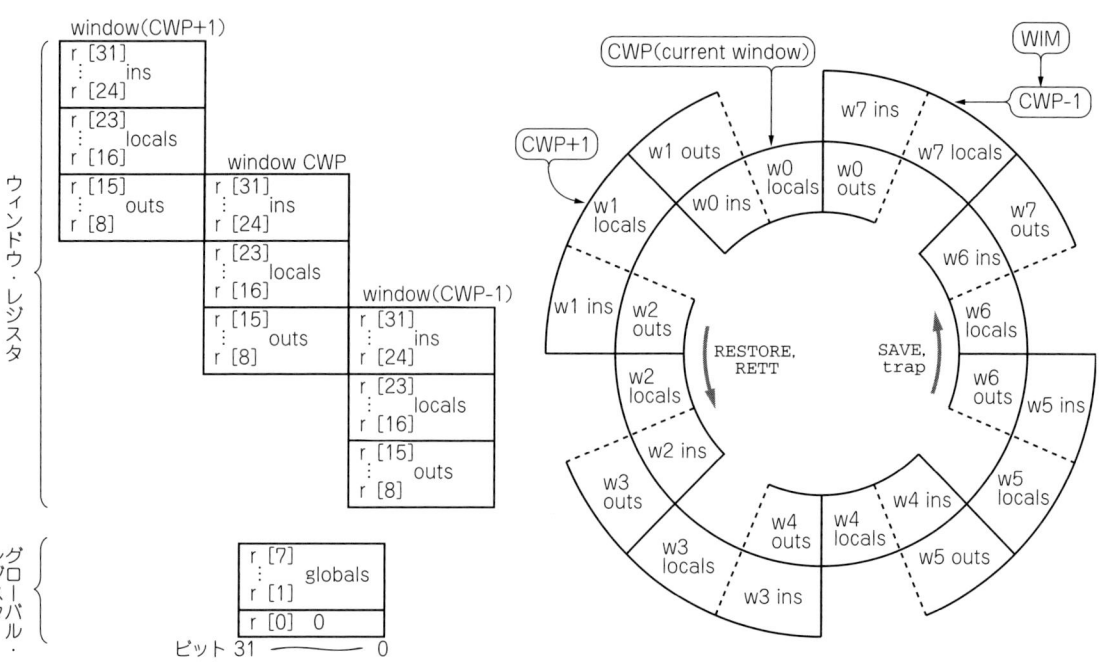

図1.1 SPARCのウィンドウ・レジスタ (SPARC V8 Architecture Manual より引用)

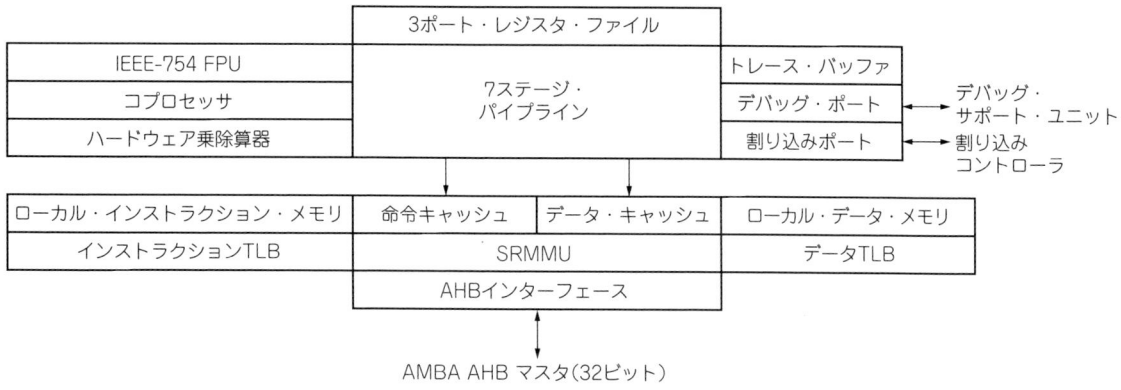

図1.2 LEON3プロセッサのブロック図(GRLIB IP Core User's Manual より引用)

sparc/),様々な意見が交換されています.実際に筆者も,Jiri Gaisler氏や他の開発者から何度も質問に対する回答をもらいました.

以上のように,非常に魅力的なオープン・ソース・ハードウェアです.

●CPUアーキテクチャ

ここでは,LEONプロセッサのアーキテクチャについて簡単に説明します.LEONプロセッサに採用されているSPARCアーキテクチャは,最初は1985年にSun Microsystems社によって開発されました.米国California大学Berkeley校で開発されたRISCプロセッサに大きな影響を受けています.したがって基本的な構成は,パターソン&ヘネシーのRISCプロセッサに非常によく似ています.

SPARC特有の機能としては,ウィンドウ・レジスタが採用されています.図1.1のように,8個のグローバル・レジスタと多数のウィンドウ・レジスタと呼ばれるものを準備しておき,任意の時点で24個のレジスタにアクセスできるようにしておきます.

RESTORE命令またはRETT命令でCWP (Current Window Pointer)が一つ増え,右に一つずれた24個のレジスタにアクセスできるようになります.また,SAVE命令またはトラップでCWPが一つ減り,アクセスできるレジスタが一つ左にずれます.

LEON3プロセッサでは,SPARC V8アーキテクチャが採用されています.SPARC V8アーキテクチャの仕様はすべて公開されており,SPARC InternationalまたはAeroflex Gaisler社のWebサイトからダウンロードすることができます.

LEON3プロセッサの実装は,図1.2のようになっています.基本は,7段のIU (Integer Unit)とレジス

表1.2 LEON3プロセッサのコンフィグレーション項目

整数演算ユニット	レジスタ・ウィンドウ	2〜8
	SPARCV8 乗算/除算命令	あり/なし
	乗算器のレイテンシ	2, 4, 5
	分岐予測	あり/なし
FPU	FPU搭載	あり/なし
命令キャッシュ	キャッシュ搭載	あり/なし
	アソシアティブ	1〜4
	セット・サイズ (Kバイト/セット)	1〜256
	ライン・サイズ (バイト/ライン)	16/32
	アルゴリズム	LRU/LRR/Random
データ・キャッシュ	キャッシュ搭載	あり/なし
	アソシアティブ	1〜4
	セット・サイズ (Kバイト/セット)	1〜256
	ライン・サイズ (バイト/ライン)	16/32
	アルゴリズム	LRU/LRR/Random
MMU	MMU搭載	あり/なし
	命令TLBエントリ	2〜32
	データTLBエントリ	2〜32

タ・ファイルです.それ以外に,多数の項目がコンフィグレーション可能になっています.主要なコンフィグレーション可能な項目を表1.2に示しました.図1.2の下部は,MMU (Memory Management Unit)とキャッシュに関する部分です.SPARC V8アーキテクチャの仕様ではMMUは必須ではなく,リファレンスMMUとして付録に仕様が書かれています.LEON3プロセッサもMMUあり/なしのどちらでも選べるようになっています.Linuxを動作させるためには,MMUは必須ですが,もっと小規模なシステムの場合はMMUなしでも構成できます.

1.2 LEONシステムのダウンロードと開発環境の構築

●GRLIBとLinuxの設計データの展開

　GRLIBは，多数のIPコア群とそれを用いたSoC開発環境の総称です．LEON3プロセッサも，このIPコア群の中の一つとして含まれています．GRLIBの開発プラットフォームはLinuxです．Cygwin版も準備されていますが，Linux版の方が安定しているので，Aeroflex Gaisler社も開発プラットフォームとしてLinuxを推奨しています．筆者は，Windows Vista上に無料の仮想化ソフトウェアVMware serverを用いてCentOS 5をインストールして使用しています．

　また，ハードウェアとソフトウェアのオープン・ソース設計データを読者のPC-Linux上に展開するために，オープン・ソースのホスティング・サービスsourceforgeを利用しています．さらに，sourceforgeから実際にデータを取ってくるために，gitという分散版数管理ソフトを使用します．

　gitは，Linux開発時にLinus Torvalds氏が世界中の人とLinux kernelを共同で開発するために作成したソフトウェアです．ソフトウェア技術者の間ではよく使用されています．http://git-scm.com/からダウンロードしてインストールします．図1.2のように，FPGA上のSoCはソフトウェアとハードウェアの両方が単なるデータ情報なので，まとめてgitで取り扱うことができます．

　gitそのものの解説は本章では省き，今回のSoCの開発環境を読者のマシンに構成するためのコマンドのみについて説明します．gitをインストールした後に，以下のコマンドで開発ディレクトリ構成が読者のマシンに複製されます．

```
git clone git://git.sourceforge.
jp/gitroot/fpga-leon-mjpeg/leon-
mjpeg.git
```

　leon-mjpegというディレクトリが生成され，そこにsourceforgeのリポジトリが複製されました．leon-mjpegディレクトリに移動して，

```
git branch -r
```

と打ち込むと，sourceforge内にあるブランチ名が多数出力されます．この中からorigin/start-pointというブランチの状態に，読者のPC-Linux上の状態を移します．

```
git checkout -b my-Linux origin/
start-point
```
（my-Linuxの部分は読者が自由に命名できるブランチ名）

　このコマンドで，my-Linuxというブランチが生成されチェックアウトされます．

●設計データのディレクトリの構成

　本書では，これからいくつかのパターンのシステムの実装を行いますが，それぞれの状態に対応した筆者の実装サンプルを様々なブランチ名で公開しています．`origin/start-point`は，他の人が公開済みのオープン・ソースのハードウェアとソフトウェアのみが含まれる最初の状態です．

　LEON-mjpegディレクトリ内にできた，`grlib-gpl-1.022-b4095`ディレクトリは，筆者自身がAeroflex Gaisler社のWebサイトからダウンロードしてきたGRLIB（オープンソース・ハードウェアのIPコア群と開発環境）をsourceforge内に展開したものです．

　また，Snapgear-2.6-p42ディレクトリは，筆者がAeroflex Gaisler社のWebサイトからダウンロードしてきた，LEONシステム用のLinuxソース・コードです．

　GRLIBは，図1.3のようなディレクトリ構成になります．多数のディレクトリがありますが，実際に作業を行うのはdesigns以下のディレクトリです．必要

図1.3　GRLIBのディレクトリ構成

なファイルを各ディレクトリから集めてくるmakeコマンド・スクリプトが準備されています．libディレクトリの中には，各種のIPコアのRTLソース・コードがあり，LEON3プロセッサやイーサネットMACコアなどのRTLソース・コードを読むことができます．

また，docディレクトリにはGRLIB User's ManualとGRLIB IP Cores Manualが存在しています．GRLIBの使い方のマニュアルと個別のIPコアのマニュアルです．

Linuxソース・コードは，kernel version 2.6です．LEONシステム用のデバイス・ドライバも含まれています．

● 開発ソフトウェアのダウンロードとインストール

Linuxシステムを構築するために必要なソフトウェアをダウンロードしてインストールします．使用するソフトウェアは，以下のものです．

(1) FPGAマッピング・ソフト
  Xilinx ISE Webpack（Linux版）または
  Altera QuartusII Web edition（Linux版）

RTL設計データをFPGAにマッピングするためのソフトウェアです．各自の持っているFPGAに合わせてXilinx社もしくはAltera社のWebサイトからダウンロードしてインストールしてください．

なお，無償ModelSimシミュレータのLinux版は，Altera版のみが提供されています．筆者は，ISE11 QuartusII 9を使用しています．開発環境のMakeスクリプトにはバージョン依存性がありますので，同一バージョンをダウンロードして使用してください．

GRLIBのRTLは，Xilinx社やAltera社などのデバイス固有のテクノロジに依存しない形で記述されているので，マッピングの指定を変更することでXilinx向けの開発を行う読者でも，Altera版ModelSimシミュレータを使用できます．したがって，Xilinx FPGAボードで開発を行う読者もAltera版ModelSimシミュレータはインストールしておきましょう．

(2) GHDL simulator

オープン・ソースのVHDLシミュレータです．GNU gccのテクノロジを利用して，VHDLのシミュレーションを行います．Xilinx社やAltera社から提供される無償版のModelSimでもシミュレーションできますが，LEONシステム全体のシミュレーションは無償版の制限行数を超えるため，実行に非常に時間がかかります．

行数制限のない有償版を使用できる環境をお持ちの方は，そちらを使用されてもかまいません．GHDLのWebサイト（http://ghdl.free.fr/）よりLinux版をダウンロードしてインストールしてください．

(3) Bare-C cross compiler system for LEON

パソコン上で，SPARC V8用の実行バイナリを生成するクロス・コンパイラです．LEONプロセッサ上でOSなしで動作するプログラムを作成するプログラムを作成するときに使用します．

設計時において，LEONプロセッサをコンフィグレーションした後にトップ・レベル検証を行いますが，その際にメモリ・モデル上にテスト・プログラムのバイナリをリンクさせて実行します．テスト・プログラム・バイナリは，このコンパイラを用いて作成します．

Aeroflex Gaisler社のWebサイトよりダウンロードし，/optディレクトリにインストールします．また，GRLIB環境でmakeコマンドで呼び出せるようにPATHを通しておきます．

(4) GRMON Debug Monitor for LEON systems

FPGAにマッピングされたLEONシステムと通信するためのソフトウェアです．あらかじめ，LEONシステムにDSU（Debug Support Unit）というIPを埋め込んでおくことによって，ホスト・コンピュータから通信できます．

このソフトウェアを用いて，FPGAボード上のメモリに実行したいソフトウェア・バイナリを転送します．また，レジスタ値や指定アドレスのメモリ値を読み書きできるので，デバッグにも使用します．Aeroflex Gaisler社のWebサイトよりダウンロードします．

GRMONは，評価版ライセンスで公開されており，定期的にダウンロードし直す必要があります．最新のGRMONは，glibcのバージョンの違いによっては，CentOS 5では動作しないようです．Ubuntuなどの他のLinuxで動作させるか，Windows版のGRMONを含むツールGRToolsをダウンロードしてインストールします．

(5) LEON GLibC Cross-compiler（gnu tool chain）

パソコン上でSPARC V8用の実行バイナリを生成するクロス・コンパイラで，LEONシステム上のLinux用のツール・チェインです．Linuxをソース・コードからコンパイルする際やLinux用のアプリケーションをコンパイルする際に使用します．

Aeroflex Gaisler社のWebサイトよりダウンロードし，/optディレクトリに展開します．展開すると，/opt/sparc-Linux-3.4.4ディレクトリができるので，makeコマンドで呼び出せるようにPATHを通しておきます．ln -s /opt/sparc-Linux-3.4.4 /opt/sparc-Linuxコマンドにより，リ

ンクを張ります．

以上で，必要な開発ソフトウェアの準備ができました．

1.3 LEONシステムの設計フローとサポート・ボードへのマッピング

●LEONシステムのコンフィグレーション

GRLIBでは，よく使用されている40種を超える市販のFPGAボードを公式にサポートしており，簡単にマッピングできるように環境を整えた状態で公開しています．

designsディレクトリに移動すると多数のサブディレクトリが存在し，このディレクトリ一つ一つがFPGAボードに対応しています．Xilinx社のML50xシリーズやAltera社のNEEKといったよく使用されている評価ボード用のディレクトリが並んでいます．

各ボードに対応したピン配置ファイルもすでに準備されており，各FPGAにマッピングできるLEONシステムのコンフィグレーションもすでに済んでいます．FPGA開発ツールISEやQuartusのFPGAマッピング・ソフトの設定も準備済みで，簡単にSoCが実現できるようになっています．

まず，LEONシステムの設計フローを理解するために，サポート・ボードの一つであるGR-XC3S-1500へのマッピングを行ってみましょう．このボードは，Aeroflex Gaisler社の協力会社Pender Electronics社が作成しているボードです．実際に，このボードを持っていない方でも設計フローを理解することができるので，まずはleon3-gr-xc3s-1500ディレクトリに移動して本書の説明どおりにマッピングまで行ってみてください．

その後，各自の持っているボードに対応するディレクトリで同じように実行することにより動作させることができます（ボードごとに搭載できるSoCの機能は異なる）．サポート・ボードの中に，読者が持っているボードがない場合の対応については，次章で解説します．

(1) LEONシステム・コンフィグレーションの開始

まず，ディレクトリdesigns/leon3-gr-xc3s-1500に移動します．ここにはMakefileが準備されており，ほとんどの作業をmakeコマンドで行います．

```
make xconfig
```

とコマンドを打ち込むと，LEONシステム・コンフィグレーション・ウィンドウが立ち上がります（図1.4）．

すでにボードに合わせてコンフィグレーション済みなので，あまり操作をする必要がないのですが，コンフィグレーションを理解するために，主要な項目を順番に見ていきます．

最初に，Synthesisボタンをクリックすると，別のウィンドウが立ち上がります（図1.5）．ここでは，論理合成に関するコンフィグレーションを行います．Target technologyにはXilinx-Spartan3が選択されています．FPGA typeには，XC3S-1500が選択されています．他の設定は，nを選択します．

(2) クロック周辺の設定

Nextボタンをクリックすると，Clock generationコンフィグレーションGUIが立ち上がります（図1.6）．クロックの生成には，Xilinx-DCMを使用します．こ

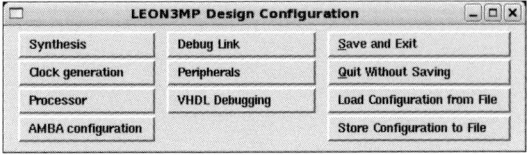

図1.4　LEONシステム・コンフィグレーションGUI

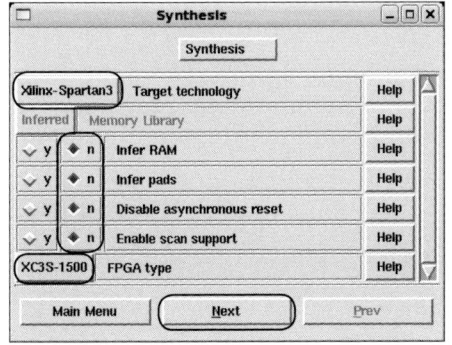

図1.5　SynthesisコンフィグレーションGUI

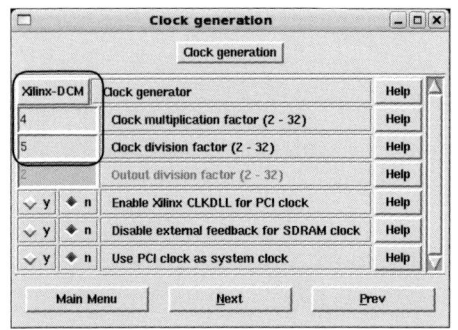

図1.6　Clock generationコンフィグレーションGUI

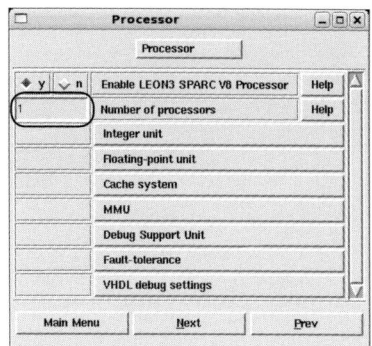

図1.7　Processor コンフィグレーション GUI

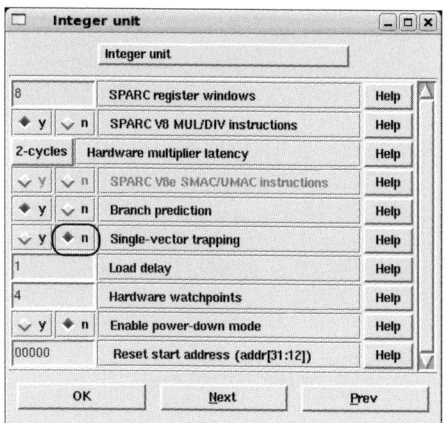

図1.8　Integer unit コンフィグレーション GUI

のボードに供給されているクロックは50MHzです．Spartan3では，LEONシステムは40MHzで論理合成・配置配線できるので（構成により異なる），DCMのクロック生成分周比は，4/5を指定しています．

Nextボタンをクリックすると，Processorコンフィグレーション GUI が立ち上がります（図1.7）．LEONシステムは，SMP（Symmetric Multi-Processing）による複数プロセッサ構成にも対応していますが，今回はシングルプロセッサを指定します．

(3) CPU 周辺の設定

Nextボタンをクリックすると，Integer unit コンフィグレーション GUI が立ち上がります（図1.8）．最初の設定項目が，先に説明したSPARCアーキテクチャのレジスタ・ウィンドウの数です．

SPARC V8 MUL/DIV instructions は，MUL/DIV命令を実装するかどうかを決めています．このオプションを変更すると，コンパイラに与えるオプションが変わります．実装しない場合は，より小さな命令の集合で実現されます．Single-vector trappingに対応しているOSはeCosのみなので，nに変更します．

(4) FPU 周辺の設定

Nextボタンをクリックすると，FPUコンフィグレーション GUI が立ち上がります（図1.9）．FPUはGPLライセンスでは公開されていません．ただし，XilinxとAlteraにマッピングしたネット・リストが評価ライセンスとして公開されているので，そちらをダウンロードすればマッピングすることができます．FPUを使用する場合には，ライセンスの違いに注意してください．今回は，FPUは使用しません．

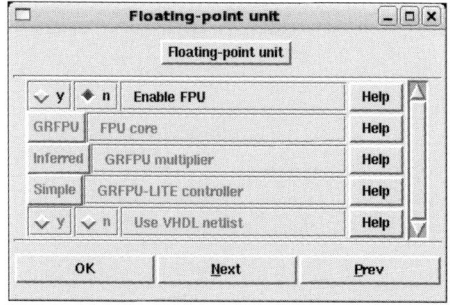

図1.9　FPU コンフィグレーション GUI

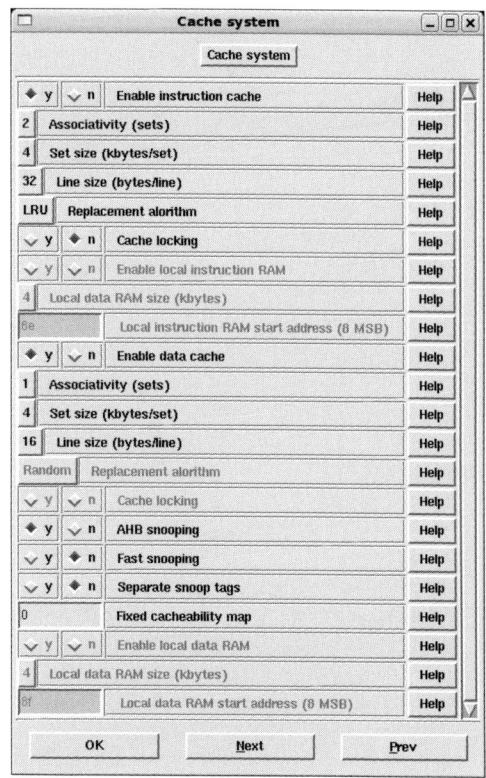

図1.10　Cache system コンフィグレーション GUI

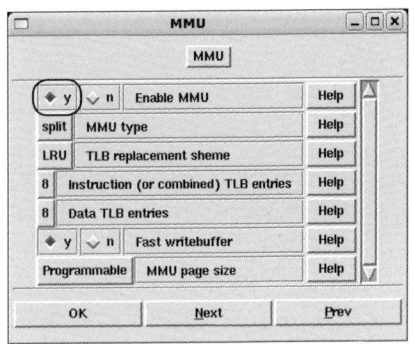

図 1.11 MMU コンフィグレーション GUI

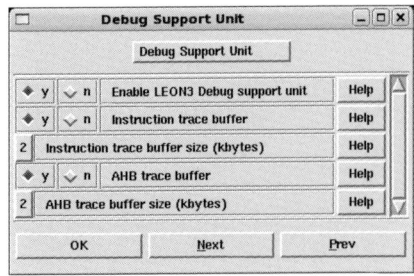

図 1.12 Debug Support Unit コンフィグレーション GUI

(5) キャッシュ周辺の設定

Nextボタンをクリックすると，Cache systemコンフィグレーションGUIが立ち上がります（図1.10）．キャッシュのあり/なしやサイズ，アルゴリズムなどを選択できます．

Nextボタンをクリックすると，MMUコンフィグレーションGUIが立ち上がります（図1.11）．MMUのあり/なしやMMUの詳細を設定することができます．Linuxは，ハードウェアに必ずMMUを必要とするので，MMUありを選びます．OSを使用しない，またはuClinuxなどを用いて小さなシステムを開発する際は，MMUなしを選べます．

(6) デバッグ・ユニット周辺の設定

Nextボタンをクリックすると，Debug Support UnitコンフィグレーションGUIが立ち上がります（図1.12）．Debug Support Unit（DSU）は，LEONシステム特有のIPコアです．図1.13に，Debug Support Unitの概念図を示します．

DSUは，LEON3プロセッサと密接に結合しており，LEON3プロセッサをデバッグ・モードに遷移させることができます．デバッグ・モードに入ったとき，プロセッサ・パイプラインはホールドされ，各種レジスタはDSUのAHBスレーブ・インターフェースを通して読み書きできるようになります．

図1.13中のデバッグ・ホストは，ホスト・コンピュータ上のGRMONソフトウェアです．このソフトウェアと通信ができるハードウェアをLEONシステムにあらかじめ埋め込んでおくことにより，GRMONからレジスタの読み書きが可能になり，ホスト・コンピュータからLEON3プロセッサの状態を検査できるようになります．デバッグのために，開発段階ではDSUを必ずシステムに含めておくべきです．

図1.13を見ると，GRMONの接続先として，RS-232-C，PCI，Ethernet…など，いろいろ存在していますが，GPLライセンスで通信用に埋め込むハードウェアが公開されているのは，RS-232-C，Ethernet，JTAGです．後ほど，Debug Linkのコンフィグレーションの項で選択します．

その他に，Instruction trace bufferとAHB trace bufferを埋め込むことができます．それぞれ，実行されたinstructionとAMBAバス命令を記録しておくバッファ

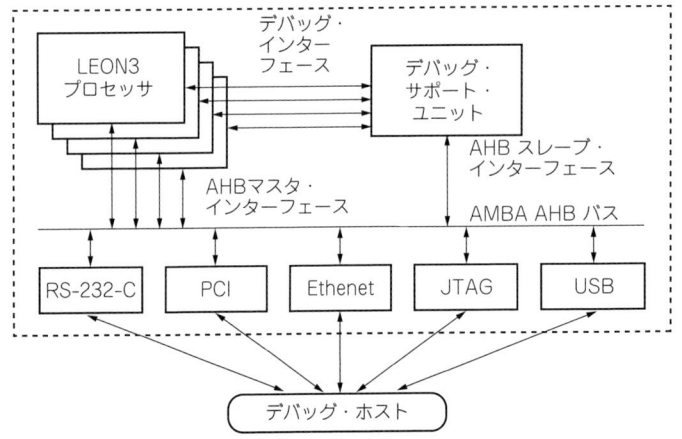

図 1.13 Debug Support Unit の概念図（GRLIB IP Core User's Manual より引用）

図 1.14 Fault-tolerance コンフィグレーション GUI

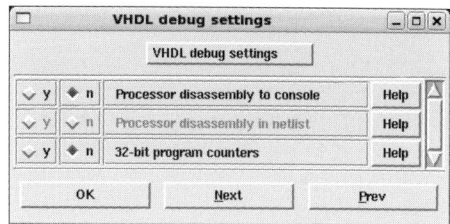

図 1.15　VHDL debug settingsコンフィグレーション GUI

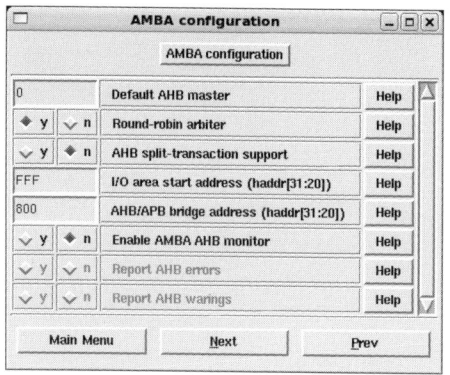

図 1.16　AMBAバス・コンフィグレーション GUI

で，こちらもGRMONソフトウェアから読み取ることができるようになっており，デバッグに使用できます．

(7) フォールト・トレラント関連の設定

Nextボタンをクリックすると，Fault-toleranceコンフィグレーションGUIが立ち上がります（図1.14）．SEU対策を行ったフォールト・トレラントは，商用ライセンスでしか取り扱っていないのでnのままにします．

(8) VHDLデバッグ・セッティング関連の設定

Nextボタンをクリックすると，VHDL debug settingsコンフィグレーションGUIが立ち上がります（図1.15）．ここはデバッグ用の特別オプションなので，そのままの設定にしておきます．

(9) AMBAバス・コンフィグレーション関連の設定

Nextボタンをクリックすると，AMBAバス・コンフィグレーションGUIが立ち上がります（図1.16）．ここでは，デフォルトAHBマスタの指定や，splitトランザクションを使用するかどうかの指定があります．

I/Oエリア・スタート・アドレスとありますが，これはいわゆるIntelアーキテクチャなどで言うI/Oエリアとは関係ありません（SPARCアーキテクチャはメモリマップドI/O）．後ほど詳しく説明しますが，LEONシステムではAMBA plug&playという固有の手法が用いられており，各IPコアに固有のIDやバス・アドレス情報を埋め込み，そのデータをAHB/APBコントローラが読み込んで，バス回路を構成するようになっています．その情報をどのアドレスに集めるかを指定する項目なので，基本的にこのままにしておいてください．

(10) デバッグ・リンク・コンフィグレーション関連の設定

Nextボタンをクリックすると，Debug LinkコンフィグレーションGUIが立ち上がります（図1.17）．ここでは，先に説明したDSUとGRMONが通信をするために埋め込むハードウェアを指定します．今回は，RS-232-CとEthernetによって通信します．

通信速度が高速なので，Ethernetのデバッグ・コミュニケーション・リンク（EDCL）を通常使いますが，ハードウェアの最初の立ち上げの際に最も確実な通信手段がRS-232-Cなので，そちらも埋め込んでおきます．

USBのコミュニケーション・リンクも項目として上がっていますが，商用ライセンスのみなので選択しないでください．

EDCLは，OSが立ち上がる前のソフトウェア・バイ

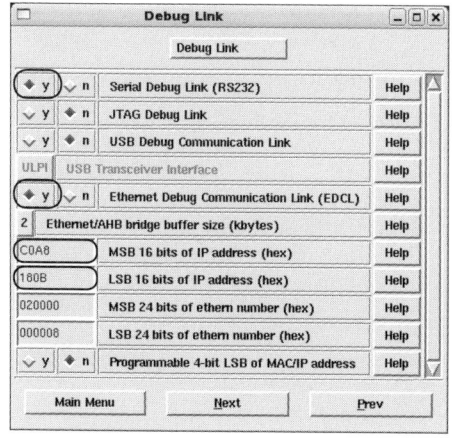

図 1.17　Debug Link コンフィグレーション GUI

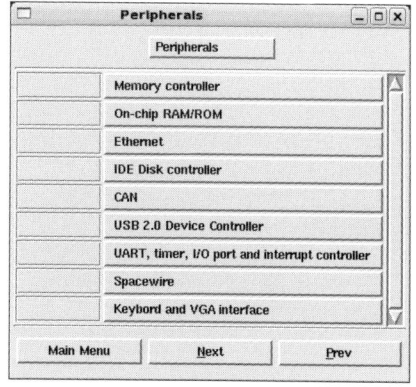

図 1.18　周辺IPコア・コンフィグレーション GUI

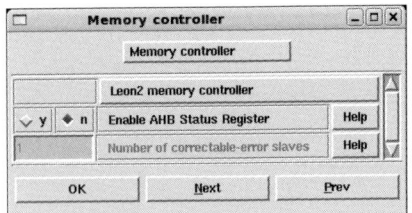

図1.19 Memory controller コンフィグレーションGUI

ナリのメモリ書き込みにも用いるため，ハードウェアのみで簡単なEthernet通信を行うことができるように設計されています．そのため，LinuxのIPアドレスとは別に，EDCL自体がIPアドレスを最初から（リセット後のレジスタの初期値として）持っています．

ここで丸印を付けた部分（EDCLのIPアドレス）は，各自のネットワーク環境に合わせて指定してください．筆者のネットワーク環境では，192.168.24.xxのIPアドレスしか許されていないため，192.168.24.11を16進数で指定しています．

● **LEONシステム周辺のコンフィグレーション**

Nextボタンをクリックすると，周辺IPコアのコンフィグレーションGUIが立ち上がります（図1.18）．

(1) メモリ・コントローラ関連の設定

Nextボタンをクリックすると，メモリ・コントローラ・コンフィグレーションGUIが立ち上がります（図1.19）．さらに，Nextボタンをクリックすると，LEON2メモリ・コントローラの詳細設定GUIが立ち上がります（図1.20）．

LEON2メモリ・コントローラは，LEON2プロセッサ開発時に同時に開発されたメモリ・コントローラです．SDRAM，PROM，SRAMを同時に接続できます．LEONシステムでも，このメモリ・コントローラを用

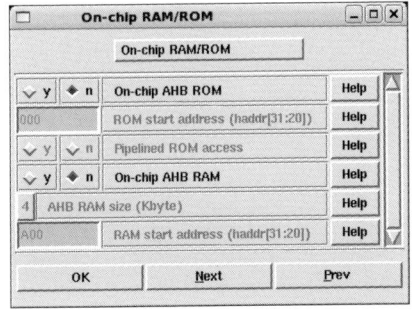

図1.21 On-chip RAM/ROM コンフィグレーションGUI

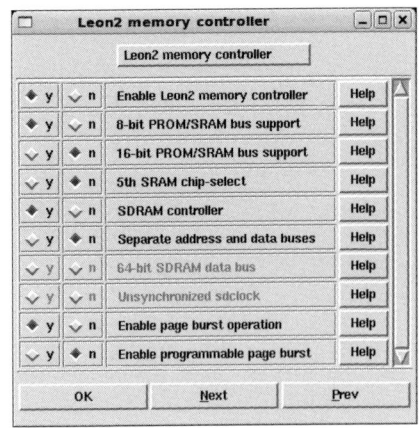

図1.20 Leon2 memory controller コンフィグレーションGUI

います．バス・ビット幅もすでに設定済みなので，そのままにします．

(2) ROM&RAM 関連の設定

Nextボタンをクリックすると，AMBA AHBバスに直接接続できるROM，RAMのコンフィグレーションGUIが立ち上がります（図1.21）．したがって，ROMデータをシステムに埋め込みたい場合に指定できます．ELFファイルからROM用VHDLファイルを作るユーティリティも付属しています．

AHB RAMは，SDRAMよりも応答サイクルが速いスクラッチパッド・メモリが必要な場合に指定します．今回は，どちらも使用しません．

(3) Ethernet，IDE，USB 関連の設定

Nextボタンをクリックすると，EthernetコンフィグレーションGUIが立ち上がります（図1.22）．Ethernet MACコアは使用するので，yを指定します．ギガビット・イーサネットは，商用ライセンスのみが提供されています．

さらに，Nextボタンをクリックしていくと，IDE Disk controller，CAN，USB 2.0 Device controllerコンフィグレーションGUIが順番に立ち上がります．こ

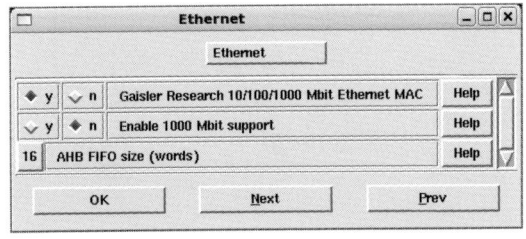

図1.22 Ethernet コンフィグレーション GUI

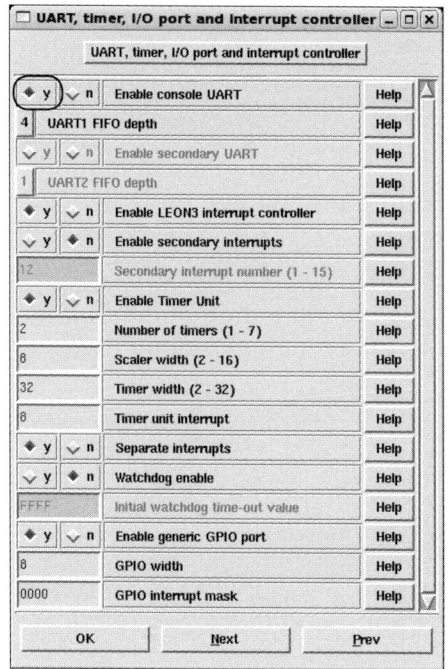

図1.23 UART,タイマ,I/Oポート,割り込みコントローラ・コンフィグレーションGUI

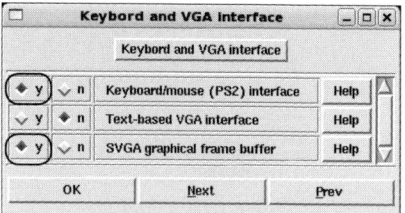

図1.24 Keyboard VGAコンフィグレーションGUI

れらはすべて,デフォルトのままにしておきます（USB2.0 Device controllerは商用ライセンスのみ）.

(4) UART,タイマ,I/O,割り込み関連の設定

Nextボタンをクリックすると,UART,タイマ,I/Oポート,割り込みコントローラのコンフィグレーションGUIが立ち上がります（図1.23）.

今回は,SVGAコントローラを使用してディスプレイに直接コンソールを出力しますが,最初にハードウェアを立ち上げるまでに最も動作が確実なUART出力コンソールもハードウェアに含めておきます.

LinuxのコンソールをSVGAコントローラを使用して出力するかUART出力するかは,kernelブート時に与えるコマンド・ラインで指定します.

ホスト・コンピュータのRS-232-C端子と接続し,TeraTermのような端末エミュレータソフトを起動することで,コンソール出力がホスト・コンピュータ上に現れます.割り込みコントローラとタイマは,Linuxには必須なのでyにしてください.

Nextボタンをクリックすると,Space wireコンフィグレーションGUIが立ち上がりますが,GPLライセンスでは公開されていないので,nにします.

(5) キーボードとVGA関連の設定

さらにNextボタンをクリックすると,Keyboard,VGAコンフィグレーションGUIが立ち上がります（図1.24）.KeyboardとSVGA graphical frame bufferを使用します.

kernelコマンド・ラインでコンソールをUART指定した場合と,SVGA graphical frame bufferを指定した場合の違いを図1.25に示します.

SVGAコントローラIPコアは,設定レジスタで指定したAHBバス上の外部メモリをフレーム・バッファとして使用します.プロセッサとは無関係にメモリ上に

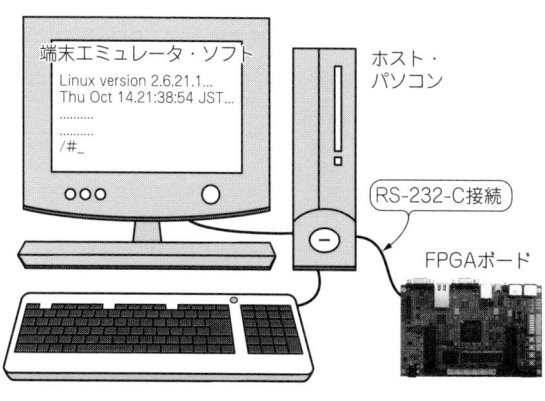

(a) コンソールをUART指定した場合

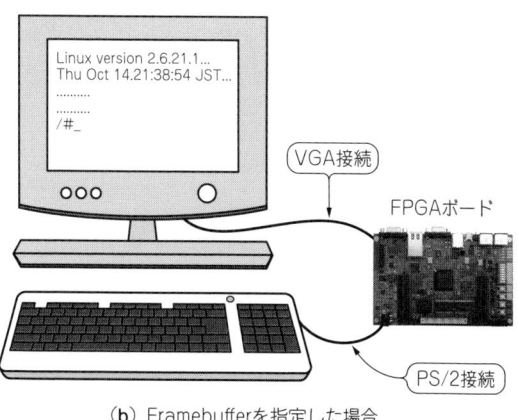

(b) Framebufferを指定した場合

図1.25 コンソールのUART出力とFramebuffer出力の違い

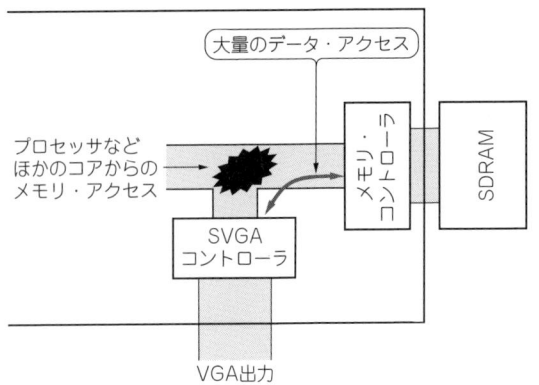

図1.26 SVGAコントローラとほかのコアとのバス競合

リスト1.1 LEONシステム用コンフィグレーション・ファイル（config.vhd）

```
------------------------------------------------
-- LEON3 Demonstration design test bench
-- configuration Copyright (C) 2009 Aeroflex Gaisler
------------------------------------------------

library techmap;
use techmap.gencomp.all;

package config is
-- Technology and synthesis options
  constant CFG_FABTECH : integer := spartan3;
  constant CFG_MEMTECH : integer := spartan3;
  constant CFG_PADTECH : integer := spartan3;
  constant CFG_NOASYNC : integer := 0;
  constant CFG_SCAN : integer := 0;
-- Clock generator
  constant CFG_CLKTECH : integer := spartan3;
  constant CFG_CLKMUL : integer := (4);
  constant CFG_CLKDIV : integer := (5);
～以下略～
```

置かれた画像データを自律的にアクセスし，Hsync，Vsyncなどのディスプレイ信号を含めたビデオ信号を出力し続けます．

出力画面サイズやピクセル当たりの使用RGBビット数はレジスタで設定することができますが，SVGAコントローラIPコアとメモリとの通信量は，設定によってはかなり大きくなるため，通常のプログラムが置かれるメイン・メモリ上でフレーム・バッファを共有にした場合，プロセッサのメモリ・アクセスと競合することに注意してください（図1.26）．

（6）VHDLコンフィグレーションほかの設定

Nextボタンをクリックすると，VHDLコンフィグレーションGUIが立ち上がります．ここはデフォルトのままにしておきます．

Main menuボタンをクリックするとGUIウィンドウが消えます．図1.4のMain menu GUIに戻り，Save and Exitをクリックします．確認のためのOKをクリックすると，LEONシステムのコンフィグレーションは終了です．

●**LEONシステムのコンフィグレーションの仕組み**

grlib-gpl-1.0.22-b4095/designs/leon3-gr-xc3s-1500のディレクトリには，config.vhdというVHDLファイルが存在します．リスト1.1のように，定数変数を多数定義しています．これまでのGUIでのコンフィグレーションは，このファイルを変更することによってシステムに反映されています．

同じディレクトリに，leon3mp.vhdというVHDLファイルが存在しますが，このファイルがFPGAのトップ・モジュールを定義しているファイルです．このファイルの中で，リスト1.2に示すように先ほどのconfig.vhdを読み込んでコンフィグレーションを設計に反映させる仕組みです．

leon3mp.vhdの中で，Ethernet MACコアをインスタンスしている部分がリスト1.3です．config.vhdファイルで定義されている変数CFG_GRETHの値によって，インスタンスを行うか行わないかのスイッチになっていることが分かります．さらに，多数の変数がgeneric文を使用してコアに引き渡されていることが理解できます．

リスト1.2 config.vhdで設定した変数の読み込み（leon3mp.vhd）

```
use work.config.all;
```

リスト1.3 Ethernet MACコアのインスタンス化（leon3mp.vhd）

```
eth0 : if CFG_GRETH = 1 generate -- Gaisler ethernet MAC
  e1 : grethm generic map(
    hindex => CFG_NCPU+CFG_AHB_UART+CFG_AHB_JTAG+CFG_SVGA_ENABLE,
    pindex => 13, paddr => 13, pirq => 13, memtech => memtech,
    mdcscaler => CPU_FREQ/1000, enable_mdio => 1, fifosize => CFG_ETH_FIFO,
    nsync => 1, edcl => CFG_DSU_ETH, edclbufsz => CFG_ETH_BUF,
    macaddrh => CFG_ETH_ENM, macaddrl => CFG_ETH_ENL, enable_mdint => 1,
    ipaddrh => CFG_ETH_IPM, ipaddrl => CFG_ETH_IPL, giga => CFG_GRETH1G)
  port map( rst => rstn, clk => clkm, ahbmi => ahbmi,
    ahbmo => ahbmo(CFG_NCPU+CFG_AHB_UART+CFG_AHB_JTAG+CFG_SVGA_ENABLE),
    apbi => apbi, apbo => apbo(13), ethi => ethi, etho => etho);
end generate;
```

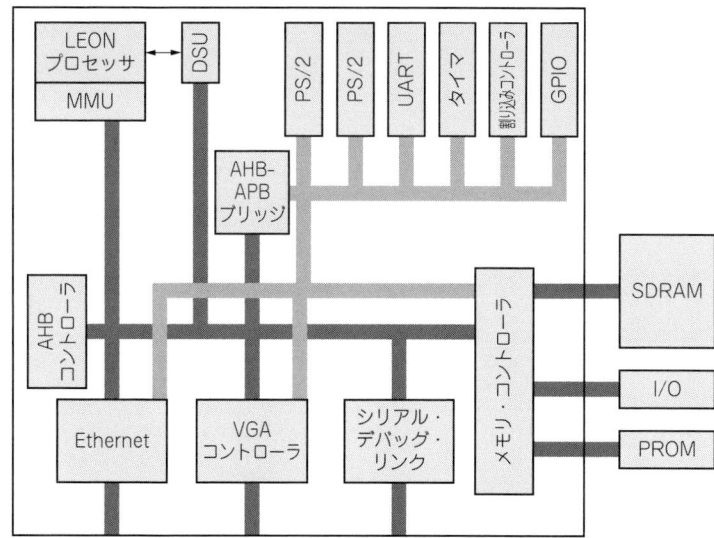

図1.27 コンフィグレーションしたシステム構成

●LEONシステムの構成

これまでのコンフィグレーションの結果，図1.27のようなシステム構成になりました．LEONシステムでは，AMBA AHB/APBバスが採用されています．さらに，独自の方法としてAMBA plug&playというアドレス指定の方法がとられています．

後ほど，詳細を説明しますが，アドレス指定の結果，今回のシステムのアドレス・マップは表1.3のようになります．

●LEONシステムのトップ・レベル検証

コンフィグレーションが終了したら，トップ・モジュールが確定するので，検証を行います．多数の論理シミュレーション・ツールをサポートしていますが，ここではオープンソースのGHDLを使用します．

`grlib-gpl-1.0.22-b4095/designs/leon3-gr-xc3s-1500`ディレクトリには，トップ・モジュールである`leon3mp.vhd`があります．このトップ・モジュールを検証するテスト・ベンチとして`testbench.vhd`が用意されています．

表1.3 コンフィグレーションしたシステムのアドレス・マップ

名前	バス	物理アドレス	備考
LEON3プロセッサ	AHBマスタ		
Debug serial Link	AHBマスタ		
	APB	0x80000700 ～ 0x800007FF	
SVGAコントローラ	AHBマスタ		
	APB	0x80000600 ～ 0x800006FF	
Ethernet MAC	AHBマスタ		
	APB	0x80000D00 ～ 0x80000DFF	
LEON2 メモリ・コントローラ	AHB	0x00000000 ～ 0x1FFFFFFF	PROM
		0x20000000 ～ 0x3FFFFFFF	SRAM（拡張）
		0x40000000 ～ 0x7FFFFFFF	SDRAM
	APB	0x80000000 ～ 0x800000FF	
AHB/APBブリッジ	AHB	0x80000000 ～ 0x800FFFFF	
DSU	AHB	0x90000000 ～ 0x9FFFFFFF	
APB UART	APB	0x80000100 ～ 0x800001FF	
割り込みコントローラ	APB	0x80000200 ～ 0x800002FF	
タイマ	APB	0x80000300 ～ 0x800003FF	
PS/2	APB	0x80000400 ～ 0x800004FF	
PS/2	APB	0x80000500 ～ 0x800005FF	
GPIO	APB	0x80000800 ～ 0x800008FF	

リスト1.4 システム検証用プログラム（systest.c）

```
main()
{
    report_start();
    base_test();
    greth_test(0x80000d00);
    report_end();
}
```

```
sparc-elf-gcc -I../../software/leon3  -O2 -g
              -msoft-float systest.c -L./ lib3tests.a
              -o systest.exe

sparc-elf-objcopy -O srec systest.exe sram.srec
sparc-elf-objcopy -O srec systest.exe sdram.srec
```

図1.28 SDRAMバインド・バイナリ・コンパイル時のメッセージ

```
Scanning libraries
  grlib: stdlib util sparc modgen amba
  unisim: ise
  dw02: comp
  synplify: sim
  techmap: gencomp inferred dw02 unisim maps
  eth: comp core wrapper
  gaisler: arith memctrl leon3 misc net uart sim
  jtag greth
  esa: memoryctrl
  fmf: utilities flash fifo
  spansion: flash
  gsi: ssram
  work: debug
```

図1.29 GRLIBライブラリ・サーチのメッセージ

testbench.vhdでは，トップ・モジュールの他に，SDRAMやPROMなどの周辺デバイスやテスト専用モジュールgrtestmodが接続されています．

SDRAMとPROMには，sdram.srecファイルやprom.srecファイルによってプログラム・バイナリがバインドされています．このプログラム・バイナリは，システム検証をするためのC言語プログラムをコンパイルして生成したものです．ソース・コードは，同ディレクトリにあるsystest.c（リスト1.4）です．

ここで，どのようにしてsrecファイルができているか確認してみましょう．

`touch systest.c`

とコマンドを打ち込み，systest.cファイルを更新した後に，

`make soft`

と打ち込むと再コンパイルが始まります．図1.28のようなメッセージが出力され，最初に通常の実行ファイル（.exe）がコンパイルされ，そのファイルを元に

srecファイルを生成していることが分かります．また，関数の実体が，../../software/leon3に存在していることも分かります．

実際にそのディレクトリの中身を見てみると，多数のテスト・プログラムが存在しています．これらの関数を用いることで，自分の望むテスト・プログラムを生成することが可能です．

実際に，ソフトウェアをVHDLシミュレータ上で実行する形でトップ・レベルの検証を行っているため，メッセージを出力するコンソールがありません．そのため，トップ・レベル検証専用モジュールgrtestmodをI/O出力に接続してテストの進行をモニタし，grtestmodがシミュレータ上にメッセージを出力する構造になっています．

それでは，実際にトップ・レベル検証を行ってみましょう．

`make ghdl`

とコマンドを打ち込みます．すると，最初に図1.29のようなメッセージが順に出力されます．GRLIBでは，grlib-gpl-1.0.22-b4095/lib以下に置かれているIPコアやRTLモジュールを自動的にスキャンしていく仕組みが用いられています．

このメッセージは，スキャン中に表示されます．スキャン終了後，GHDLが起動され，各IPコアがコンパイルされていきます．最終的にtestbench.vhdがコンパイルされて，実行モジュールtestbenchが生成されます．

`./testbench`

と入力して実行モジュールを動作させると，シミュレーションが開始されます．

図1.30のように，最初に構成される各IPコアのリストが表示された後に，プロセッサ，割り込みコントローラ，タイマ，…，と順番にテストが行われているメッセージが出力されます．

```
LEON3 GR-XC3S-1500 Demonstration design
GRLIB Version 1.0.22, build 4095
Target technology: spartan3  , memory library:
spartan3
ahbctrl: AHB arbiter/multiplexer rev 1
ahbctrl: Common I/O area at 0xfff00000, 1 Mbyte
ahbctrl: AHB masters: 6, AHB slaves: 8
ahbctrl: Configuration area at 0xfffff000, 4 kbyte
ahbctrl: mst0: Gaisler Research       Leon3 SPARC
V8 Processor
〜中略〜
**** GRLIB system test starting ****
Leon3 SPARC V8 Processor
  CPU#0 register file
  CPU#0 multiplier
  CPU#0 radix-2 divider
  CPU#0 cache system
  CPU#0 memory management unit
Multi-processor Interrupt Ctrl.
Modular Timer Unit
  timer 1
  timer 2
  chain mode
Generic UART
GR Ethernet MAC
Test passed, halting with IU error mode

testbench.vhd:375:6:@2419348ns:(assertion failure):
       *** IU in error mode, simulation halted ***
./testbench:error: assertion failed
./testbench:error: simulation failed
```

図1.30 システム検証GHDL実行時のメッセージ

リスト 1.5　Hello World プログラム

```
#include <stdio.h>

main()
{
  printf("Hello world!\n");
}
```

```
grlib> load helloworld.exe
section: .text at 0x40000000, size 20144 bytes
section: .data at 0x40004eb0, size 2740 bytes
total size: 22884 bytes (6.7 Mbit/s)
read 161 symbols
entry point: 0x40000000
grlib> run
Hello world!

Program exited normally.
grlib>
```

図 1.31　Hello World プログラムのロードと実行

最後に，Test passed, halting with IU error mode と出力された後に，simulation failed とメッセージが出力されます．これは，システムのテストをメモリ・モデルにプログラム・バイナリを置くという形で実現しているため，CPU を強制的にエラー・モードに入れることでしか，シミュレーションを終了させる方法がないためです．

よって，このようにメッセージが出力された場合は，問題なくトップ・モジュールの検証が終了したということになります．

● LEON システムの FPGA へのマッピング

次に，FPGA へのマッピングを行います．まず，ISE へのパスが通っていることを確認してください．パスが通っていない場合は，Xilinx ISE をインストールしたディレクトリにある settings32.sh を source しておきます．

`make ise-launch`

と打ち込むと，lib ディレクトリをサーチして ISE のプロジェクト・ファイルを生成した後に，ISE のウィンドウが立ち上がります．

必要な設定は行われているため，オプションを操作したい場合は設定を行い（サンプル・データのマッピングでは必要ない），そのまま通常どおり generate programing file を実行させることにより，論理合成と配置配線が行われてビット・ファイル（拡張子 .bit）が生成されます．サポート・ボードの場合は，ピン指定の ucf ファイルもすでに準備されているので，これだけでマッピングは終了です．

生成された leon3mp.bit を FPGA にコンフィグレーションして，ハードウェアは完成しました〔Altera FPGA を用いたボードの場合，`make ise-launch` ではなく，`make quartus-launch` で Quartus が立ち上がる．その後，通常の Altera FPGA 用のファイル（拡張子 .sof）を生成する〕．

● GRMON による LEON システムとの通信

FPGA ボードに LEON システムを実装できたので，Ethernet ケーブルをコネクタに挿してネットワークと接続し，GRMON ソフトウェアでホスト・コンピュータから通信してみます．

`./grmon/grmon-eval/Linux/grmon-eval -u -eth -ip 192.168.24.11`

とコマンドを打ち込むことで通信が始まります（IP アドレスは環境に合わせる）．

-u オプションは，コンソール出力を GRMON のウィンドウに出力するオプションです．コンフィグレーションで，バスに接続された IP コアのリストが表示された後にコマンドの受け付け状態になります．ここで，

`info sys`

とコマンドを打ち込むと，もっと詳細なアドレス・マップが表示されます．

`info reg`

と打ち込むと，各 IP コアのレジスタ値が表示されます．GRMON には，デバッグに便利なコマンドが多数準備されており，help コマンドで一覧が表示されます．コマンドの詳細は，マニュアルを参照してください．

LEON システムと通信ができたので，今度はソフトウェアを実行してみます．ホスト・コンピュータのほかのターミナルに移動し，リスト 1.5 のように簡単な Hello World プログラム（helloworld.c）を記述してコンパイルします．コンパイル方法は，先ほどのシステム検証用ソフトを make したときのメッセージを真似すれば簡単です．

`sparc-elf-gcc -O2 -g -msoft-float helloworld.c -o helloworld.exe`

で，SPARCV8 で実行可能な helloworld.exe ファイルができあがります．GRMON のターミナルへ戻り

`load helloworld.exe`

で，FPGA ボードの SDRAM にこのバイナリを転送します．run コマンドを実行すると，GRMON のターミ

ナルに「Hello World！」と表示が現れ，プログラムが正常終了したメッセージが現れます（図1.31）．

以上で，無事プログラムを実行でき，ハードウェアが問題なく動作していることを確認できました．

第1部

第2章 オープンソース ソフト&ハードによる FPGAへのLinuxシステムの構築

LEONシステムで動作するLinuxのビルドと
非サポート・ボードへの移植の基本

2.1 Linuxイメージのビルド

●Linuxコンフィグレーション

ハードウェアの準備が整ったので，次はソフトウェアを準備します．第1章で設計したハードウェア上で実行するLinuxイメージを生成します．ここでは，主要な設定項目について説明します．

まず，カレント・ディレクトリを$LEON_HOME/snapgear-2.6-p42へ移動します．

```
make xconfig
```

とコマンドを打ち込むと，Linuxコンフィグレーション GUIが立ち上がります（図2.1）．Vender/Product Selectionボタンをクリックすると，Vendor/Product 選択GUIが立ち上がり，Vendorはgaisler，Productはleon3mmuが選択されています．ここはそのままにして，Nextボタンをクリックします．

次に，Gaisler/Leon2/3 MMU options GUIが立ち上がります（図2.2）．最初の項目はシステムのMUL/DIV命令用ハードウェア実装の有無を入力します．今回は，これらの機能を実装したのでyを選択しています．

次の項目は，FPUのハードウェア実装の有無を入力します．これらの項目によって，コンパイラに与えるオプションが変わります．ハードウェアを実装していない場合は，もっと小さな命令の複合に置き換えられます．

また，今回はSDRAM上にファイル・システムを持つので，Initial root filesystemにはinitramfsを選択します．ネットワーク上の他のコンピュータにファイル・システムを持つNFS（Network File System）を使用することもでき，その際にはNoneを選択します．

NFSを使用する設定の詳細は，SnapGear Linux for LEON Manualを参考にしてください．

カーネル起動時に与えるコマンド・ラインについては，今回はSVGAコントローラを通してフレーム・バッファにコンソールを出力するために，次のようなコマンドを指定しました．

```
console=tty0,38400 video=grvga:640x480@60,16,614400
```

画面は，VGAサイズで16ビット・カラーです．カーネル・コマンド・ラインの詳細をコントロールしたい場合は，SnapGear Linux for LEON manulを参照してください．

Nextボタンをクリックすると，Kernel/Library/Defaults選択GUIが立ち上がります（図2.3）．Kernel Versionは，Linux-2.6.21.1を選択します．また，Libc Versionは，glibc-from-compilerを選択します．そして，Customize Kernel SettingsとCustomize Vendor/User Settingsをyにします．

これらを選択することにより，それぞれKernelコンフィグレーションGUIとアプリケーション・ソフト

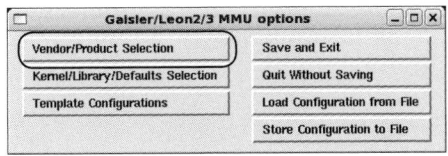

図2.1 Linuxコンフィグレーション GUI

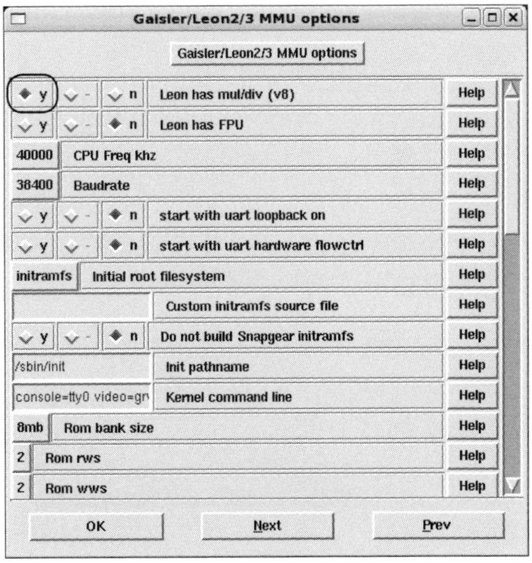

図2.2 MMU options コンフィグレーション GUI

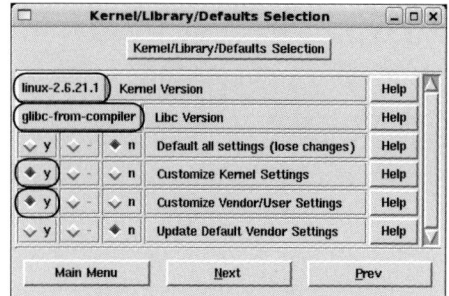

図2.3 Kernel/Library/Defaults 選択 GUI

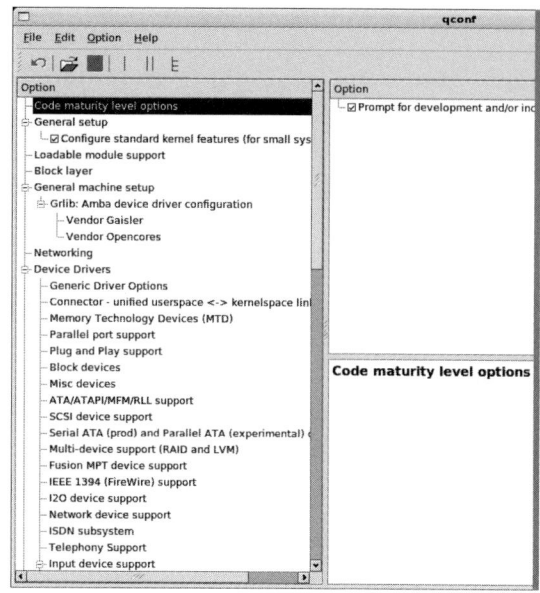

図2.4 Kernel コンフィグレーション GUI

ウェア設定GUIが，後ほど立ち上がるようになります．

Nextボタンをクリックすると，templateコンフィグレーションGUIが立ち上がります．ここでは何も指定せずに，Main Menuボタンをクリックして最初のGUI（図2.1）に戻ります．

Save&Exitボタンをクリックすると，Customize Kernel Settingsを選択していたため，ターミナルにメッセージが流れた後，カーネル・コンフィグレーションGUIが立ち上がります（図2.4）．

● カーネル・コンフィグレーション

ここでは，通常のLinuxカーネル・コンフィグレーションのように，必要なものを自由にコンフィグレーションするだけなので，主要な項目についてのみ説明します．なお，括弧の中は変数名です．

General machine setupの中のRunning on SoC'Leon'（LEON）と Running on grlib's Leon3（LEON3）をチェックします（図2.5）．General machine setupのGrlib：Amba device driver configuration 中の /proc filesystem（AMBA_PROC）と print AMBA PnP info（AMBA_PNP_PRINT）をチェックします．

/proc/bus/ambaにAMBAバスのデバイス情報が現れ，ブート時にコンソールに表示されます（図2.6）．Vender Gaislerの項目の中からGrlib apbuart serial console（GRLIB_GAISLER_APBUART）およびGrlib's ethermac driver（GRLIB_GAISLER_GRETH）をチェックします（図2.7）．

ネットワークを使用するのでNetworkingの中から，Unix domain sockets（UNIX），TCP/IP networking（INET），その下のIP：kernel level autoconfiguration（IP_PNP）をチェックします（図2.8）．

PS/2キーボード入力を使用するので，Device driversの中のInput device supportから，Keyboards（INPUT_KEYBOARD）ならびに AT keyboard（KEYBORAD_ATKBD）をチェックします（図2.9）．さらに，Input device supportの下にある，Hardware I/O portsの中から，grlib ps2 keyboard controller（SERIO_LEON3）をチェックします（図2.10）．

画面表示にはフレーム・バッファを使用するので，Graphics supportの中からSupport for frame buffer devices（FB）をチェックし，その下からGaisler svga framebuffer support（FB_GRVGA）をチェックします（図2.11）．

Graphic supportの下にある，Console display driver

図2.5 Running on SoC'Leon'（LEON）と Running on grlib's Leon3（LEON3）をチェック

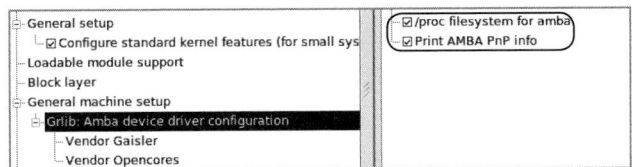

図 2.6 /proc filesystem（AMBA_PROC）と print AMBA PnP info（AMBA_PNP_PRINT）をチェック

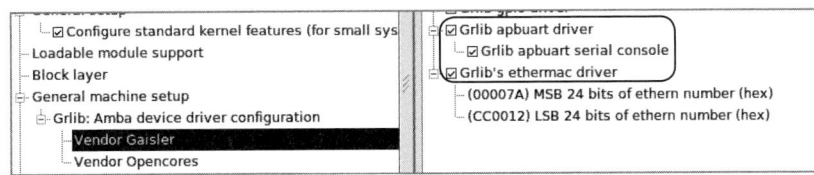

図 2.7 Grlib's ethermac driver（GRLIB_GAISLER_GRETH）をチェック

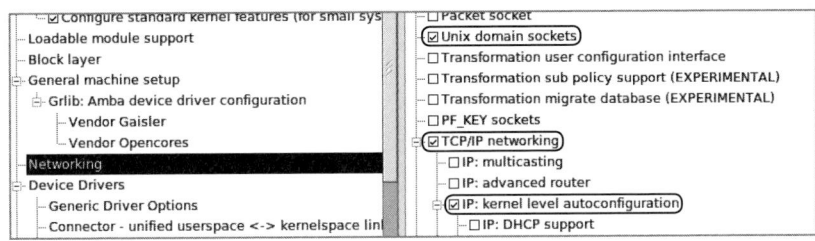

図 2.8 IP:kernel level autoconfiguration（IP_PNP）をチェック

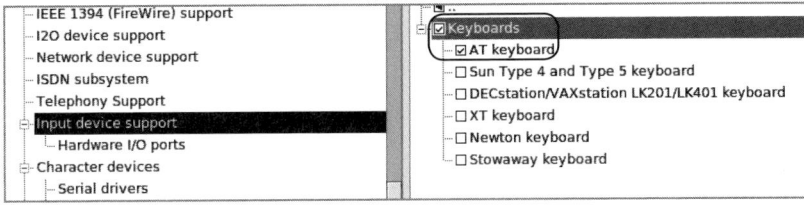

図 2.9 AT keyboard（KEYBORAD_ATKBD）をチェック

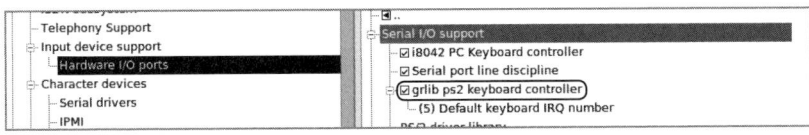

図 2.10 grlib ps2 keyboard controller（SERIO_LEON3）をチェック

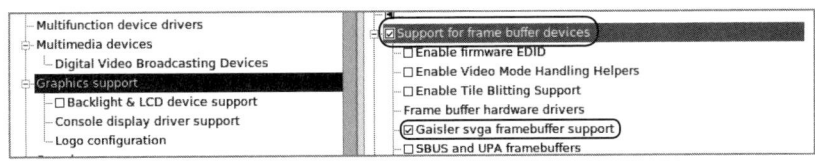

図 2.11 Gaisler svga framebuffer support（FB_GRVGA）をチェック

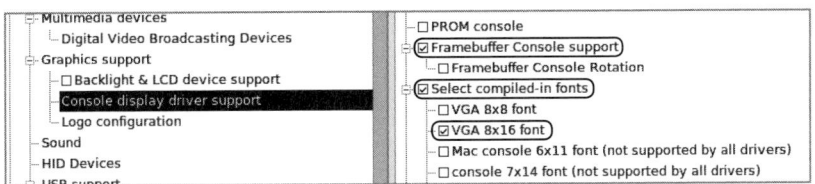

図 2.12 VGA 8x16 font（FONT_8x16）をチェック

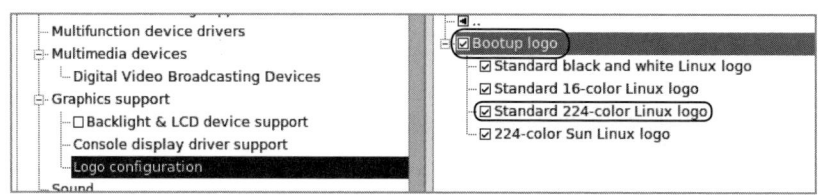

図2.13 Standard 224-color Linux logo（LOGO_LINUX_CLUT224）をチェック

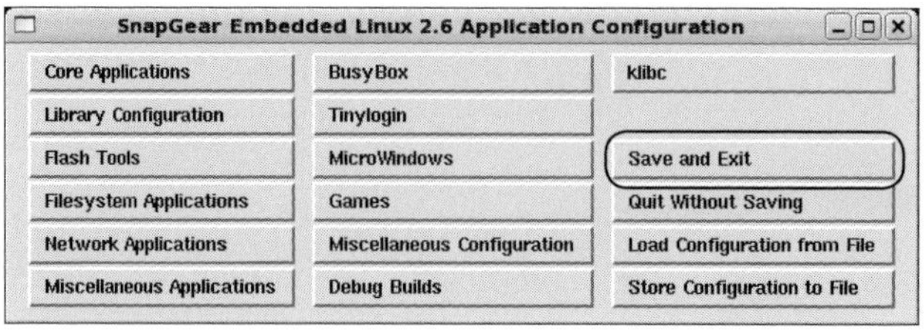

図2.14 application コンフィグレーション GUI

supportをクリックし，Framebuffer Console support（FRAMEBUFFER_CONSOLE）をチェックします．また，select compiled-in fonts（FONTS）をチェックし，下にあるVGA 8x16 font（FONT_8x16）をチェックします（図2.12）．

さらにGraphic supportの下にある，logo configurationをクリックし，Bootup logo（LOGO）をチェックします．その下に出てくる，Standard 224-color Linux logo（LOGO_LINUX_CLUT224）にもチェックを入れます（図2.13）．

コンフィグレーションが終了したら，FileメニューからSaveして終了します．

● **アプリケーション・コンフィグレーション**

カーネル・コンフィグレーションGUIが消えた後，アプリケーション設定にチェックを入れていたため，application configuration GUIが現れます（図2.14）．

リスト2.1 Linux スタートアップ・スクリプト（rcS）

```
#!/bin/sh
mount -t proc none /proc
mount -t sysfs none /sys
mount -t devpts devpts /dev/pts
mount -t tmpfs -o size=1M tmpfs /var/tmp

hostname sparky

/sbin/ifconfig lo up 127.0.0.1 netmask 255.0.0.0
/sbin/ifconfig eth0 up 192.168.24.80     ← IPアドレスの指定

route add 127.0.0.1 dev lo
route add default dev eth0

/bin/portmap &
```

Linuxをブートするだけなら特に設定をする必要がないので，このままSave and Exitボタンをクリックします．

特に追加したいアプリケーションがある場合は，ここで追加してください．その際，アプリケーションによっては，SPARC V8のコンパイラに通らないものもあるので注意が必要です．

以上で，コンフィグレーションが終了しました．

● **起動時のrcスクリプトの変更**

これでLinuxイメージをコンパイルする準備ができたのですが，コンパイルの前にLinux起動時に自動的に実行されるrcスクリプトを変更します．

$LEON_HOME/snapgear-2.6-p42/romfs 以下がコンパイル時にルート・ファイル・システムとして組み込まれます．その下にある，etc/init.d/rcSがLinuxブート後に自動的に読み込まれるスタートアップ・スクリプトです（リスト2.1）．

その中で，ifconfigコマンドによってネットワークを起動している行があります．その行で指定しているIPアドレスを自分のネットワーク環境で許可されるものに変更しておきます．

こうすることによって，Linuxが起動した時点でネットワークに接続されます．筆者の環境では192.168.24.xxのIPアドレスしか許されないので，192.168.24.80にしています．このIPアドレスは，EDCL（Ethernet経由によるデバッグ機能，第1章参照）のIPアドレスとは別のものであることに注意してください．

写真2.1　GR-XC3S-1500 FPGAボード

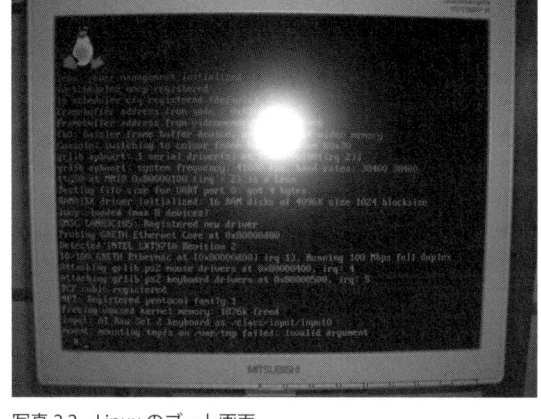

写真2.2　Linuxのブート画面

●Linuxイメージ・コンパイル

準備が整ったので，make dep；makeでコンパイルします．しばらくコンパイル作業が続いた後，$LEON_HOME/snapgear-2.6-p42/imageにLinuxイメージができあがります．DSU（debug support unit）からFPGAボードのSDRAMに転送してブートするためのイメージは，image.dsuです．

●FPGAボードでのLinuxブート

今回は，キーボードとディスプレイを使用するので，FPGAボードのVGA端子にディスプレイを，PS/2端子にキーボードを，LANコネクタにEthernetケーブルを接続し（写真2.1），先ほど生成したbitファイルをFPGAにコンフィグレーションします．ハードウェアの準備ができたら，以前と同様にGRMON（デバッグ・モニタ）で接続しますが，今回は実行時のオプションが異なります．$LEON_HOMEディレクトリで，

```
./grmon/grmon-eval/Linux/
grmon-eval -nb -nswb -eth -ip
192.168.24.11
```

とコマンドを打ち込みます．-nb -nswbオプションはMMUを使用するシステムとGRMONで接続する際に与えるオプションです．

システムとGRMON接続が完了し，コマンド受付け状態になったら，以下のコマンドで先ほど生成したLinuxイメージをSDRAMにロードします．

```
load ./snapgear-2.6-p42/images/
image.dsu
```

ロードが完了したら，runコマンドで実行します．しばらくすると，ディスプレイ上にLinuxのシンボル・マークのペンギンが現れ，起動メッセージが流れていきます．コマンドの受け付け状態になり，キーボード入力できるようになれば，Linuxのブート完了です（写真2.2）．

lsなどのようなLinuxコマンドを入力して，正しく動作するかを確認してみましょう．また，pingコマンドでネットワーク接続ができていることも確認できます．

2.2 BLANCAへのポーティング

●全体構成

LEONシステムはオープンソースなので，GPLで公開されたIPコアに関しては，RTLソース・コードが公開されています．したがって，Aeroflex Gaisler社のWebサイトで公開されているサポート・ボード以外のFPGAボードへ実装することも問題なく可能です．

そこでここでは，組み込みシステム開発評価キット（CQ出版，以降BLANCA）へポーティングしてみました．BLANCAをお持ちの読者なら，実際にLEONシステム上でLinuxを起動することができます．また，サポート・ボード以外のFPGAボードをお持ちの読者の方は，ポーティングを行う際の参考にしてください．

BLANCAは，A/VプロセッサとI/Oプロセッサの二つのFPGAが搭載されたボードで，周辺I/Oはどちらかの FPGA に接続されています．SDRAM と UART（二つのうちの片方），RGB出力はA/Vプロセッサに，UART（もう片方）とEthernet PHY，PS/2は，I/Oプロセッサに接続されています．A/VプロセッサとI/Oプロセッサは，ボード上の配線で接続されています．

今回，コンフィグレーションしたLEONシステムは，

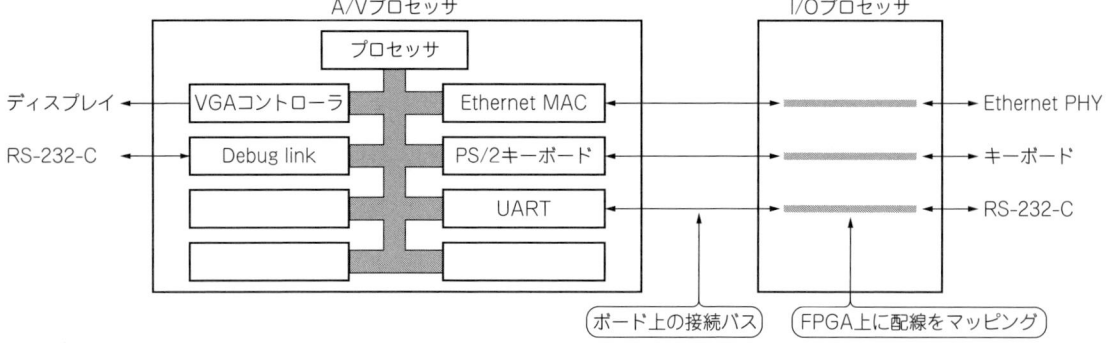

図 2.15 BLANCA のマッピング構成

A/Vプロセッサのみでも十分入るサイズです．そこで，図2.15のように，システムに含まれるIPコアをすべてA/Vプロセッサ側にマッピングし，I/Oプロセッサ側には信号線のみをマッピングするという方針をとりました．これらに対応するソース・コードは，net-mjpegというブランチで見ることができます．

● 設計ディレクトリ

GR-XC3S-1500と同様に，designsディレクトリにBLANCA-AVPというディレクトリを作成します．A/Vプロセッサは，使用しているFPGAがGR-XC3S-1500と同じなので，leon3-gr-xc3s1500ディレクトリをコピーしました．

Makefile（リスト 2.2）の中身を読むと，grlib-gpl-1.0.22-b4095/board/（ボード名）/Makefile.incを読み込んでいる①ことが分かります．対応するディレクトリを作成し（こちらもgr-xc3s-1500をコピーして対応可能），そのディレクトリを読み込むようにMakefileを変更しています．

Makefile.inc中でデバイス名やパッケージを示す変数を定義し，②で指定しています．GRLIBでは，libディレクトリにあるライブラリを自動で読み込みにいく仕組みになっていますが，③,④に必要のないライブラリやディレクトリを読み込まないように指定して，高速化することができます．

このように変更することで，サポート・ボードと同

リスト 2.2 設計ディレクトリ中の Makefile

```
include .config

GRLIB=../..TOP=leon3mp
BOARD=BLANCA-AVP
include $(GRLIB)/boards/$(BOARD)/Makefile.inc      ← ①Makefile.incの読み込み
DEVICE=$(PART)-$(PACKAGE)$(SPEED)                  ← ②デバイスとパッケージの指定
UCF=leon3mp.ucf
QSF=$(GRLIB)/boards/$(BOARD)/$(TOP).qsf
EFFORT=high
ISEMAPOPT=-timing
XSTOPT=
SYNPOPT="set_option -pipe 0; set_option -retiming 0; set_option -write_apr_constraint 0"
VHDLSYNFILES=config.vhd ahbrom.vhd vga_clkgen.vhd leon3mp.vhd
VHDLSIMFILES=testbench.vhd
SIMTOP=testbench
#SDCFILE=$(GRLIB)/boards/$(BOARD)/default.sdc
SDCFILE=default.sdc
BITGEN=$(GRLIB)/boards/$(BOARD)/default.ut
CLEAN=soft-clean
VCOMOPT=-explicit
TECHLIBS = unisim
LIBSKIP = core1553bbc core1553brm core1553brt gr1553 corePCIF ¥
          tmtc openchip hynix cypress ihp gleichmann gsi spansion    ← ③読み込まないライブラリ
DIRSKIP = b1553 pcif leon2 leon2ft crypto satcan pci leon3ft ambatest ddr ¥
          haps ascs slink coremp7
FILESKIP = grcan.vhd                                                  ← ④読み込まないディレクトリ
include $(GRLIB)/bin/Makefile
include $(GRLIB)/software/leon3/Makefile
################## project specific targets #########################
```

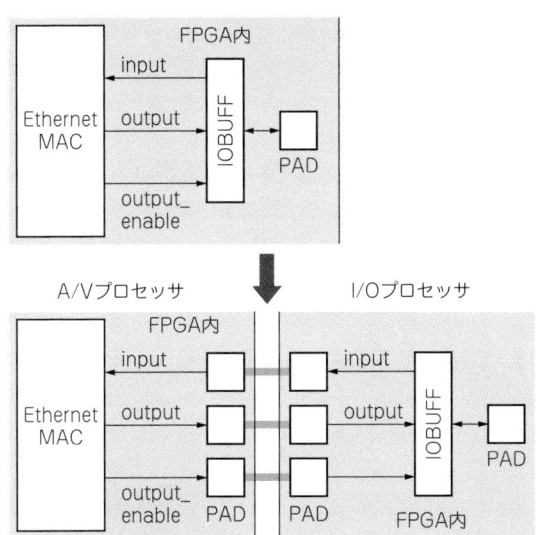

図 2.16 双方向信号の対応

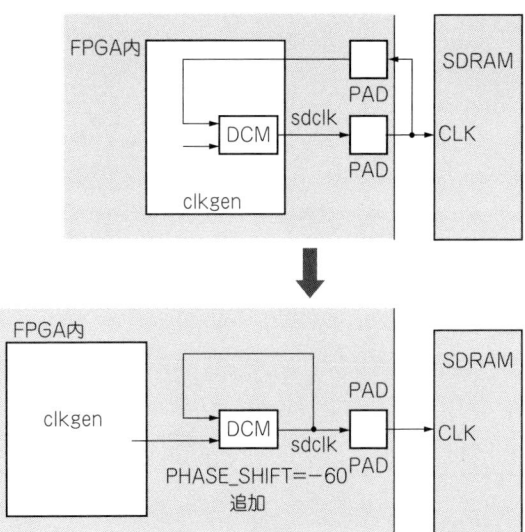

図 2.17 SDRAM クロック信号位相調整の対応

様に設計ディレクトリで,

　　make ise-launch

とコマンドを入力すれば，Xilinx社のFPGA設計ツールISEが立ち上がります．

　同じようにして，I/Oプロセッサも`grlib-gpl-1.0.22-b4095/designs`と`grlib-gpl-1.0.22-b4095/board`にBLANCA-IOPというディレクトリを作成し，`Makefile`と`Makefile.inc`を修正しています．

● 設計の変更点
(1) 周辺I/Oの設定変更

　ボードの仕様書を見ながら，A/VプロセッサとI/Oプロセッサの両方とも，周辺LSIと正しく接続されるようにピン配置ファイル(.ucf)を作成します．A/VプロセッサとI/Oプロセッサをつなぐシステム・バスについては，I/Oプロセッサ越しに周辺LSIとA/Vプロセッサ内のIPコア出力が正しく接続されるように自由に割り当てます．

　A/Vプロセッサから出力される信号のうち，MDIOと二つのPS2_CLK，PS2_DATAは，入出力双方向信号です．そのままI/Oプロセッサに渡すことができないので，図2.16のようにIPコアから出力されるinput, output, output_enableの3信号のまま出力して，I/Oプロセッサに入力します．そして，I/Oプロセッサの中でIOBUFマクロを使用して，一つの信号にまとめて出力します．

　etx_clk，erx_clkは，I/Oプロセッサから，A/Vプロセッサに渡される信号ですが，クロック信号なので，いったんBUFGマクロで入力を受けてFPGA内のクロック配線に入力されるようにします．

(2) SDRAM周辺の設定変更

　GR-XC3S-1500には，SDRAMに供給するクロック(sdclk)のタイミングを自動で調整するためのフィードバック入力が存在します．FPGAからボードにクロックが出力されて，再びFPGA内部に戻ってくるまでの信号遅延を与えることによって，FPGA(Spartan3)内蔵のDCM (Digital Clock Manager)で自動調整しています．

　BLANCAには，このフィードバック入力がないので，図2.17のようにsdclk出力の直前にDCMモジュールをVHDLソースに直接書き込んで追加しています．

　同時に，LEONシステム・ハードウェア・コンフィグレーションの設定(第1章の図1.6)で，Disable external feedback for SDRAM clockをyに変更します．追加したDCMには，筆者がマッピング後に調整した位相差を与えています．

　この位相差は，ハードウェアに何らかの変更を加えて再度配置配線した場合には，再調整が必要となる可能性があるので注意してください．位相差の調整は，配置配線済みのデータをFPGAエディタで開くことにより，簡単に修正できます．

　メモリ・コントローラには，SDRAMのみを接続しています．BLANCAで使用されているSDRAMのVHDLモデルがMicron Technology社からは提供されていないため，残念ながらトップ・レベル検証はでき

リスト2.3
generic文による
オプション指定

```
eth0 : if CFG_GRETH = 1 generate -- Gaisler ethernet MAC
  e1 : grethm generic map(
    hindex => CFG_NCPU+CFG_AHB_UART+CFG_AHB_JTAG+CFG_SVGA_ENABLE,
    pindex => 13, paddr => 13, pirq => 13, memtech => memtech,
    mdcscaler => CPU_FREQ/1000, enable_mdio => 1, fifosize => CFG_ETH_FIFO,
    nsync => 1, edcl => CFG_DSU_ETH, edclbufsz => CFG_ETH_BUF,
    macaddrh => CFG_ETH_ENM, macaddrl => CFG_ETH_ENL, enable_mdint => 0,
    ipaddrh => CFG_ETH_IPM, ipaddrl => CFG_ETH_IPL, giga => CFG_GRETH1G,
    phyrstadr => 6)
  port map( rst => rstn, clk => clkm, ahbmi => ahbmi,
    ahbmo => ahbmo(CFG_NCPU+CFG_AHB_UART+CFG_AHB_JTAG+CFG_SVGA_ENABLE),
    apbi => apbi, apbo => apbo(13), ethi => ethi, etho => etho);
end generate;
```

（3）Ethernet周辺の設定変更

GR-XC3S-1500では，Ethernet PHYからの信号がMII（Media Independent Interface）以外にPHYからの割り込み線が存在していますが，BLANCAには存在していません．また，MDIOのPHYアドレスがBLANCAでは6になっています．

これらの設定をEthernet MAC IPコアに与える必要があります．これは，リスト2.3のようにVHDLのgeneric文で指定します．それぞれ，enable_mdint, phyrstadr変数で指定しています．GRLIBの各コアに与えるオプションは，マニュアルに詳細が説明されているので，そちらを参照してください．

そのほかに，uart_enやsdckeのような周辺LSIへのイネーブル信号などを追加しました．これらの変更をした後に，make ise-launchコマンドでISEを立ち上げて，同じようにbitファイルを生成します．

●Linuxブート

写真2.3のように，BLANCAにイーサネット・ケーブル，VGAケーブル，キーボードなどを接続して，FPGAへbitファイルをマッピングします．後は，同様にしてGRMONで接続してLinuxイメージをロードして実行すると，第1章の写真1.2と同じ画面が現れて，Linuxがブートします．

写真2.3　BLANCA FPGAボード

＊　　　＊　　　＊

第1部では，オープンソース・ハードウェアを用いてLinuxシステムを構築する方法について解説をしました．ここで使用した設計用ソフトウェアもすべて無償ですので，FPGAボードさえ購入すれば，自宅で簡単にLinuxシステムを構築できます．

ハードウェアもソフトウェアも，すべて産業レベルのソース・コードが存在していますので，ソース・コードを読むだけでも勉強になります．また，ソース・コードはGPLライセンスに従って自由に改変できますので，自分で設計したIPを追加したり，ソフトウェアを追加することによって，新たなシステム開発のベースにすることができます．

第2部

第3章 motionJPEG再生システムを例にFPGAによるSoCを開発する目的

オープンソース ソフト&ハードにより SoC を開発するメリットと第 2 部の構成について

第2部では，いよいよ本格的にFPGAを使ってSoCの開発を行います．本書で開発するシステムは，ネットワーク経由でmotionJPEGファイルを読み込み，それをデコードして画面に表示するという，motionJPEG動画ストリーム再生用SoCです．まず，ソフトウェアだけでJPEGファイルをデコードし，その速度を体感します（第4章）．次にJPEGデコード処理の一部をハードウェア化してみます（第5章）．実際に，JPEGデコード処理全体をハードウェア化することにより，どれだけシステムを高速化できるかを体験してください（第6章）．最後に，システムをネットワーク対応にすることで，motionJPEG動画ストリーム再生システムが完成します（第7章）．

第1部では，オープンソースCPUであるLEON3をFPGAにマッピングし，その上でオープンソースOSであるLinuxを載せたシステムを動作させました．ここからは，オープンソース・ハードウェアが自由に改変できるという利点を用いて，SoCの開発を行います．

3.1 motionJPEG再生システムを例に

● FPGAでSoCを開発できる！

最近のLSIは，複数のプロセッサが搭載されてOSが動作する非常に複雑で高度なSoC（System on Chip）となっています．したがって，SoCの開発は，とても個人でできるものではありませんが，半導体技術の進歩はFPGAの低価格化，大容量化ももたらしてくれました．そのため個人で購入できる金額のFPGAボードに，小さなSoCを搭載することが可能になりました．

ここでは，SoC開発のエッセンスを体験するために，図3.1のようなネットワーク越しのmotionJPEG再生システムをFPGA上で開発します．

第2部では，次の2点を目標としています．

（1）ソフトウェアで処理の間に合わない部分をハードウェア化するというSoC開発のエッセンスを学習する

（2）一つのシステムをオープンソースのSoC，OS，ソフトウェアを使用して実現することにより，それらの使用方法を理解し，今後読者が自由に使いこなして独自のSoCを開発できるようになる

現在，多数のSoCが開発されていますが，その理由にはさまざまなものがあります．例えば，複数のチップで構成されるシステムをより微細化したプロセスを使い1チップにまとめてローコスト化を進めたものや，低消費電力なシステムを作るためにソフトウェアではなくハードウェアで実現したものなどがあります．

また，新機能を実現するシステムを開発する際に，ソフトウェアでは処理が間に合わない部分をハードウェア化したSoCを開発することは，最もよくある理由の一つです．

● ハードウェア化による高速化を体感できる！

最新のLSIは，微細化により性能が向上しているためmotionJPEGをソフトウェアのみで容易に再生できますが，かつてコンピュータ上で動画を扱うことが可能になりはじめた時期には，ハードウェアでサポートすることにより実現していました．

時を経て，motionJPEGがソフトウェアで扱えるようになるとともに，FPGAがその当時のシステムすべてを実現できる規模になりました．当時のLSIのように，FPGA上でソフトウェアによるJPEG処理では厳しい部分をハードウェア化することを体験することにより，他の同様な問題にも通じるエッセンスを学ぶことができます．そして，ハードウェア化を行う部分を追加していくごとに，動画のフレームレートが上昇することで，ハードウェア化による高速化を体感するこ

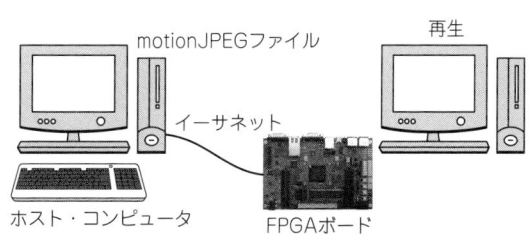

図3.1 motionJPEGストリーム再生システム

とができます．

　また，解説は理論的なことよりも実際の作業に焦点を当てています．すでに教科書で基本的なことを知っていても，実際に動作させることにより理解が深まるものです．通常の解説書とは異なり，自宅で動作させてみようと思われる方の助けとなるように，作業のための情報を順次載せていきます．したがって，最後まで実際に動作させた読者が振り返ってみると，SoC開発の概要をつかめているようになるはずです．

● **すべてオープンソースで！**

　第2部では，第1部で使用したオープンソース（ソフトウェア＆ハードウェア）に加えて，次のオープンソース・ソフトウェアを使用します．

- JPEGソフト
  JPEG Library（International JPEG Group）

　オープンソース・ソフトウェアは，いったん使用方法をマスタした後は，ライセンス条項を守る限り自分のプロジェクトで自由に使用することができます．読

（a）GR-XC3S-1500（Pender electronics 社）

写真3.1　筆者が動作確認したターゲットFPGAボード

者も，自由に自分のSoCの開発に挑戦してください．

　現在，使用可能なソフトマクロCPUは，多数存在しています．どのCPUを用いても，SoC開発の本質的な部分は同じようなものです．今回LEON3というCPUを使用している理由は，豊富な動作実績とライセ

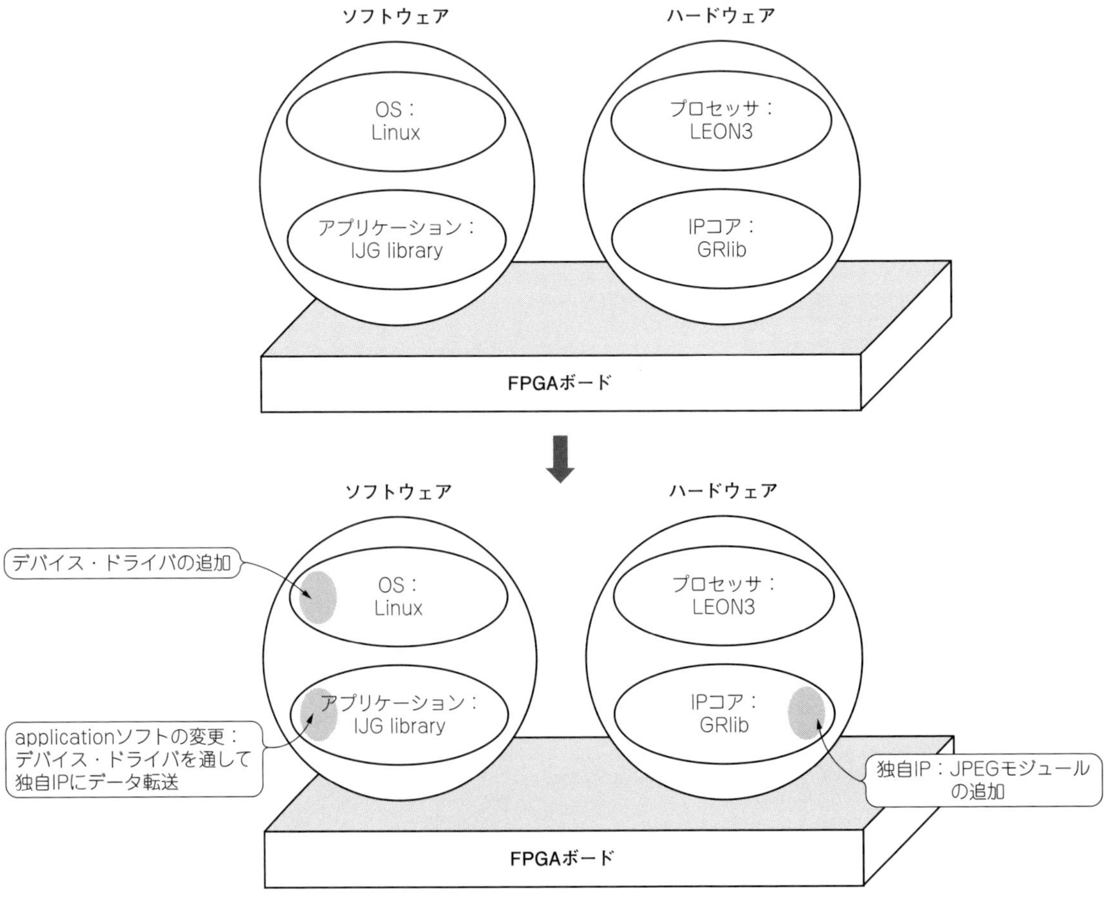

図3.2　システムの開発に使用するオープンソースと新規開発部分

(b) 組み込みシステム開発評価キット (CQ 出版社)　　　　(c) Nios II Embedded Evaluation Kit (Altera 社)

ンスがGPLであるという特徴によります．

　オープンソースの将来性はコラムで述べているように，バザール開発の有効性が大きく寄与するのではないかと言われています．そこで，本章でもソフトとハードの両方がGPLライセンスであるという利点を活かし，ソフトとハードをセットにした形でインターネット上でアクセスができるようにしています．

　第2部では，図3.2に示すようにソフトウェアのOS（デバイス・ドライバ）とユーザランド・アプリケーション部分に独自のものが追加されています．ハードウェアは，IPコアに独自のものが追加され，全体のバス接続を変更しています．オープンソース・ソフトウェアとオープンソース・ハードウェアのインストール方法や開発環境，使用方法は第1部で説明していますので，そちらで確認してください．

● ターゲットとするFPGA評価ボード

　FPGAボードについては，次の三つのボードは筆者が動作確認を行っています（写真3.1）．
- GR-XC3S-1500
- 組み込みシステム開発評価キットBLANCA
- Nios II Embedded Evaluation Kit（NEEK）（ボードの仕様上，ネットワーク機能を無効にして動画再生のみを実現）

　第1部にも書いたように，図3.2のFPGAボードとの境目はオブジェクティブに開発を行うので，Xilinx社，Altera社のベンダを問わずに実装することが可能です．ただし，今回設計するネットワークmotionJPEG再生システムを実現するためには，FPGAデバイスのサイズとボードの周辺回路には制限があります．

　FPGAデバイスのサイズは，Spartan-3（XC3S1500）で95％程度の使用率，Altera NEEKで85％程度の使用率となりましたので，読者の手元にある他のFPGAボード上に今回設計するシステムのハードウェアが搭載可能かどうかの参考にしてください．

　周辺回路としては，VGA出力とEthernet接続が必要になります．Ethernet接続ができない場合にはストリーム再生には対応できませんが，メモリ上のmotionJPEGを再生するシステムまでは開発が可能です．

　設計環境としては，筆者はXilinx ISE 11とaltera QuartusII 9を，CentOS 5.2上で使用しています（さらにCentOSは，Windows上のVMware serverの上で実行している）．Xilinx社のFPGAのボード使用時においても，Altera ModelSim無料版を使用しています．

　MakeスクリプトにおいてXilinx ISEにはバージョン依存があるので，Xilinx FPGAを使用する場合は同バージョンのISEをダウンロードして使用してください．

3.2 gitについて

● 開発ディレクトリ構造

　第1部で説明したように，オープンソースのホスティング・サービスSourceforgeからgitを使用して設計データのリポジトリをコピーします．

　すると，図3.3のようなディレクトリ構成になります．ここで`grlib-gpl-1.0.22-b4095`以下がハードウェアに関するデータ，`snapgear-2.6-p42`以下がソフトウェアに関するデータです（図3.3のディレクトリ構成の中には，`origin/start-point`ブランチにはまだ存在していないディレクトリもあるが，これから構築していく）．

　これらはオープンソースの設計データを筆者が展開し，独自開発の部分を追加・変更したものです．

```
┌─ grlib-gpl-1.0.22-b4095 ─┬─ bin
│                          ├─ boards
│                          ├─ designs ──┬─ leon3-gr-xc3s-1500-mjpeg など
│                          ├─ lib       └─ work_ip
│                          ├─ software     kuri
│                          .
│                          .
│                          .
└─ snapgear-2.6-p42 ───────┬─ linux-2.6.21.1 ─┬─ kernel
                           ├─ lib             └─ drivers ── kmjpeg
                           ├─ config
                           ├─ users ──┬─ jpeg-6b
                           .          └─ jpeg-6b-host
                           .
                           .
```

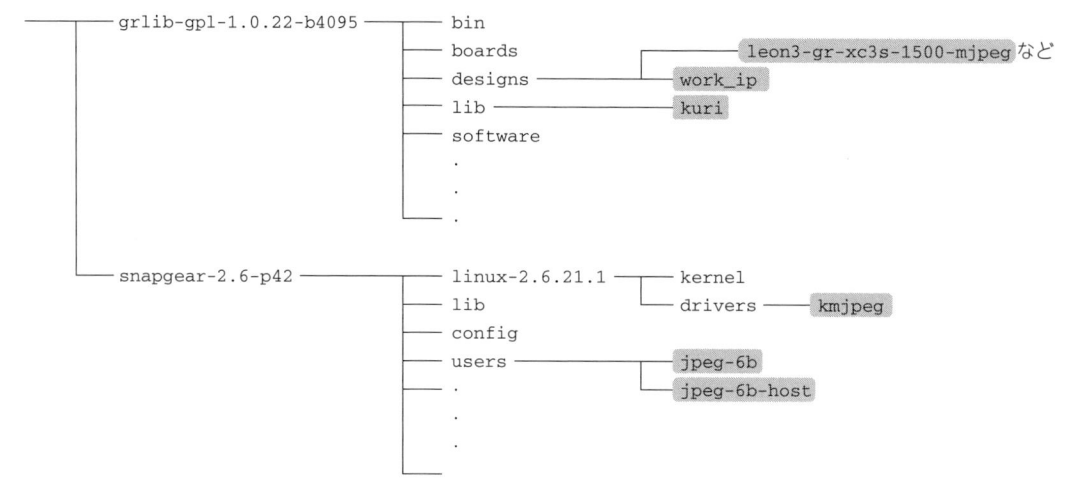

図3.3 開発ディレクトリ構造

`grlib-gpl-1.0.22-b4095`，`snapgear-2.6-p42`はAeroflex Gaisler社のWebよりダウンロードしたデータを元にしています．`snapgear-2.6-p42/users`以下に，IJGのWebよりダウンロードしたjpegライブラリのソースを展開しています．

`jpeg-6b`のディレクトリはFPGA上のシステムに組み込むプログラム開発ディレクトリとして，`jpeg-6b-host`のディレクトリはFPGAボード上でのソフ

コラム3.1 オープンソースについて

オープンソースについては，現在でも誤解があるようですが，「ソースコードを公開して，誰でも改変，再配布できるようにしよう」という目的であり，ビジネスと相反する概念ではありません．

Opensource initiativeのサイトで具体的なオープンソースの定義を見ることができます．再配布時にソース・コードを公開する必要があるので，どのようなビジネス・モデルを作るかという議論はありますが，ソフトウェアを有料で販売してもかまいません．

Redhat社のように，ソース・コードが公開されているLinuxをサービスと一緒に販売する会社もあります．Google社のように，複数のビジネス・モデルにまたがる事業において，他社が強みを持つ部分に高品質オープンソース・ソフトウェアを公開して自社の強みを高めるビジネスを行う会社もあります．

Linuxの成功により，オープンソースはビジネスの可能性を切り開きました．Eric S. Reymondの有名な論文「伽藍とバザール」では，Linuxが成功した理由はバザール開発スタイルにあり，オープンソースの発展はバザール開発の有効性が適用されることで起こるだろうと記されています（翻訳文は，Web上で読むことができる．http://cruel.org/freeware/cathedral.html）．

バザール開発とは，ネットワーク上にソース・コードを置いて，完成度が低い状態でもどんどん公開し，世界中から自主的な参加者を募り，良いコードがあればそれを取り込むことによって全体を成長させるように完成させようという開発スタイルです．当初は，そのような開発スタイルで，複雑なOSがまともに動作するはずはないと懐疑的に見られていましたが，Linuxは非常に多くのユーザを獲得しました．

バザール開発では，多数のベータ・テスタと共同開発者が集まれば，ほとんどすべての問題は見つけ出されて解決されるという思想に基づいています．Linuxは，世界中の至る所で書かれたソース・コードが集まってできあがっていますが，問題なく動作し，多数のユーザを獲得しています．その開発スタイルを支えるためのツールがgitです．

筆者は，今回初めてgitを使用しましたが，その開発思想に大きな感動を覚えました．単なる版数管理ではなく，図3.Aのように世界中の至る所でリポジトリを複製して個別に開発を進めることができます．そして，優れたものがあれば，他のリポジトリ

トを開発する前にPC-Linux上でソフトウェアを実行するディレクトリとして使用します．このように，設計データをネットワーク上に保持して自由に複数人数で改変していくことができること（バザール開発）が，オープンソースの最も大きな利点の一つです．

図中でグレーで示した部分が，図3.2で示した追加する部分に相当します．lib/kuriのディレクトリは，JPEGハードウェアIPコアが置かれるディレクトリです．そして，ハードウェアIPコアの開発や検証を行うディレクトリがdesigns/work_ipです．

さらに，ハードウェアIPコアを追加したSoCの開発・検証ディレクトリがdesigns/leon3-gr-xc3s-1500-mjpegなどです．これは，ボードによって異なります．drivers/kmjpegは，そのIPコアへデータを送るためのデバイス・ドライバの開発ディレクトリです．

● **ブランチの作成と切り替え**

git branchコマンドによって，開発ディレクトリの内容をごっそり（ハードウェア，ソフトウェア同時に）切り替えることができます．そこで，各章の状態に対応したブランチを準備しました．

git branchコマンドによって，ソフトウェアのみでmotionJPEGを再生するシステム，YCbCr-RGB変換のみをハード化した再生システム，JPEGをハード化した再生システム，ネットワーク対応した再生システムに切り替えることが可能です．

最初に，第1部で行ったように，次のコマンドを実行します．

```
git checkout -b mytrial origin/startpoint
```

（mytrialは自由に決めることができるブランチ名）

このようにすることで，Sourceforge内にあるgitサーバより，startpointというブランチ名で示されるソース・コードの状態をmytrialというブランチ名で読者のPC-Linuxマシンにコピーして開くことになります．startpointというブランチ名は，先に示したオープンソースのソース・コードを展開した状に取り込めるようになっています．

今回の製作では，ソフトウェアだけではなく，ハードウェア設計データ（RTL）もgitで管理しました．情報として，ネット上で公開できるものはすべて同様に取り扱うことができます．現在，SoCの設計複雑度に対する対処の必要性が盛んに言われていますが，FPGA技術がさらに発展したときにバザール開発が一つの解となる可能性があると筆者は感じています．

読者もハードウェアまで含めたオープンソース活動に参加してみませんか．オープンソース・ソフトウェア＋オープンソース・ハードウェア＝オープンソース・システムとして，新しいものを創り出す大きな可能性があります．自分のソース・コードを公開するのは気が引けると感じる方もおられるかもしれません．

筆者も，回路設計経験のほとんどはスケマティック設計であり，経験のあまりないRTLコードを公開することに少し抵抗がありました．しかし，「オープンソースを用いたSoC設計の学習」というコンセプトに賛同者が増えれば，ソース・コードの間違いは訂正されていき，賛同者が少なければ，また別のものを開発すれば良いと思います．開発したいものがあり，他の人の役に立つ可能性があれば，完成度が低くても公開して反応があるかを確かめれば良いだけです．「開発技術」以上に，「何を開発するか」が重要です．

多くの方が，ハードウェアまで含めたオープンソース活動に参加し，社会の大きな力となることを願っています．

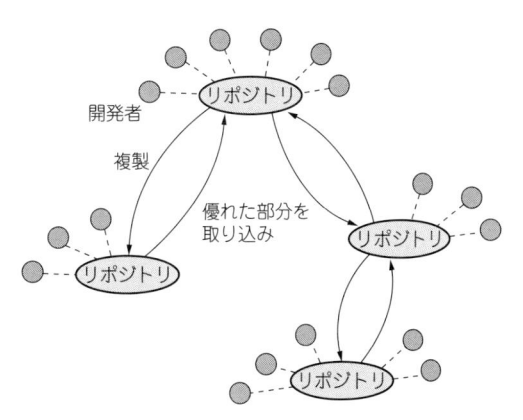

図3.A　リポジトリとは

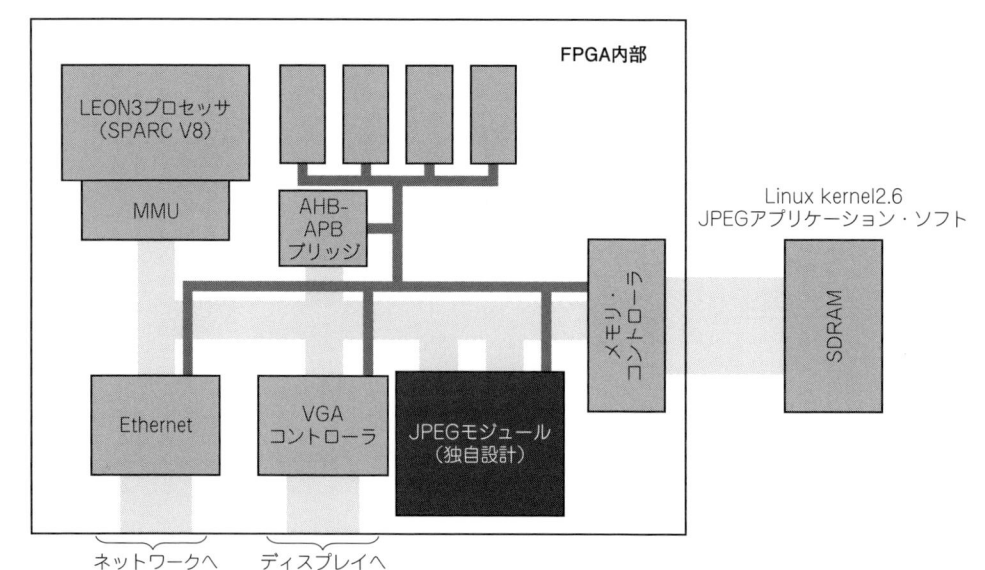

図 3.5　開発する SoC のアーキテクチャ

態です．まだ，独自に開発したソース・コードは一つも含まれていません．

　mytrial というブランチで，読者がいろいろとソース・コードを変更しても，いつでも startpoint の状態に戻ることができます．このように，各章の状態にソース・コード・ツリーをいつでも復帰できるので，どんどんブランチを切って失敗を恐れずに開発していきましょう．試しに，少し改変するテーマごとにブランチを切っていくのが，一般的な git を用いた開発スタイルです．

　git のそのほかの使用方法については，本章の範囲を越えるので説明しませんが，さまざまな便利なコマンドが実装されていますので，参考文献(1)などを参考にして，自由に使いこなせるようになれば開発者には大きなメリットがあります．

3.3　第 2 部の構成について

　第 2 部は，次のような構成になっています
[第 4 章]　JPEG アルゴリズムとソフトウェアによる motionJPEG 再生の実現
[第 5 章]　YCbCr-RGB 変換モジュールをハードウェア化するシステムの開発方法
[第 6 章]　JPEG 処理をハードウェア化したシステムの開発方法
[第 7 章]　motionJPEG 再生システムのネットワークへの対応

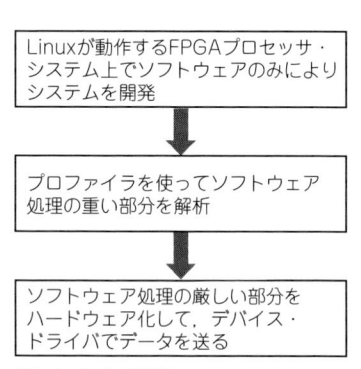

図 3.4　SoC の開発フロー

　最初に，第 1 部の解説で実現した FPGA 上の Linux システムを使って，ソフトウェアのみで motionJPEG 再生を行います．この場合，フレームレートも低く，紙芝居のような再生が行われます．

　次に，YCbCr-RGB 変換部分をハード化したシステムを実現し，motionJPEG 再生を行います．YCbCr-RGB 変換部分のみをハード化してもシステムの性能はあまり向上しませんが，この開発により，SoC 開発に必要な要素技術（プロファイラ使用法，バス・インターフェース設計，IP コア設計，デバイス・ドライバ開発）をすべて学ぶことができます．

　第 5 章が，本書の肝となるものです．第 5 章だけでも実際に自分で開発を行えば理解が深まります．その後，JPEG アルゴリズム全体をハード化し，motionJPEG 動画を再生できるシステムを動作させます．

　最終的に，図 3.4 のような SoC の開発フローを学び，図 3.5 のような SoC を自宅の FPGA ボード上で動作させます．

第2部

第4章 JPEGアルゴリズムとソフトウェアによるmotionJPEG再生の実現

JPEGデコード・アルゴリズムを理解し，IJGライブラリを使ったソフトウェアによるデコードを体感しよう

本章では，JPEGのソフトウェアとして業界標準となっているIndependent Jpeg Group（IJG）のライブラリを使用して，motionJPEGをFPGA上で再生することを目標とします．

4.1 JPEGのアルゴリズム

まず，JPEGのアルゴリズムの概要について説明します．実際に開発するのはデコード・システムですが，JPEGは画像データを効率よく圧縮するために開発されたアルゴリズムなので，ここではエンコードのアルゴリズムについて説明します．

デコードは，このアルゴリズムを逆方向に行えば実現できます．

●RGB形式からYCbCr形式へ

図4.1に，JPEGエンコードの概要を示します．最初に，入力されたRGB形式の画像をYCbCr形式のフォーマットに変換します．これは基本的に，

Y = 0.29900R + 0.58700G + 0.11400B
Cb = − 0.16874R − 0.33126G + 0.50000B + 128
Cr = 0.50000R − 0.41869G − 0.08131B + 128

という式で表せるもので，単に数値の表現方法を変更するものです（JPEGではレベル・シフトが同時に行われる）．

ただし，人間の目にはY成分にだけ敏感であるという特徴があるため，データのサンプリング時にCbとCr成分を間引くことが可能になります．この間引いたY：Cb：Crの割合によって，4：4：4や4：2：2，4：1：1と呼ばれるJPEG画像が存在します．Y成分に対して，同じ割合でサンプリングする画像を4：4：4としています．図4.2に，4：2：2の例を示します．

この図の例では，画面がMCUと呼ばれる16×16の画素に分けられています．そして，Y成分は8×8が4個の細かさで変換されていますが，Cb，Cr成分は横二つ分を一つの値で代表させることによって8×8が2個で変換されています．これにより，情報が間引かれて圧縮されることになります．

この圧縮では，人間の目の特性によりCb，Cr成分の8×8が4個の場合（4：4：4）の画像と差はあまり感じません．

- 1次元離散コサイン変換（1D Discrete Cosine Transform, DCT）は，図4.3のような行列演算で表される
- 2次元離散コサイン変換（2DDCT）は，この変換を繰り返して実現できる

これは，図4.4の右上のような8×8の2次元波形の重ね合わせで，元の絵を表現する正規直交変換です．Y，Cb，Crの成分それぞれを，8×8の単位で変換します．

変換後に，図中の基底波形それぞれを，どれぐらいの割合で重ね合わせると元図形になるかを表す8×8の係数行列が求まります．

基底波形のうち，左上の部分は単一の値となり，DC係数と呼ばれます．そのほかの63要素は，AC係数と呼ばれます．

DCTの式は，実際に計算するときは図4.5のような小数の行列演算として求めます．

●DCT変換と量子化

DCT変換そのものは正規直交変換なので，情報の圧縮は全く行われません．それでは，何故このような計算量の大きな変換を行っているのでしょうか？　その理由は，最後に行われるランレングス・ハフマン圧縮において，人間の目ではあまり変化を認識できないが，

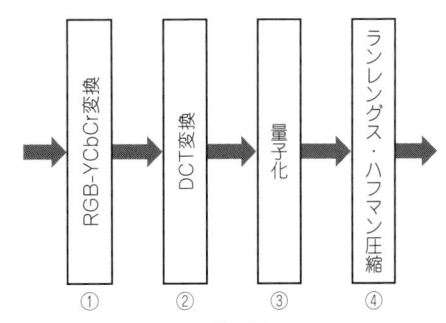

図4.1　JPEGエンコードの概要
（①RGB-YCbCr変換　②DCT変換　③量子化　④ランレングス・ハフマン圧縮）

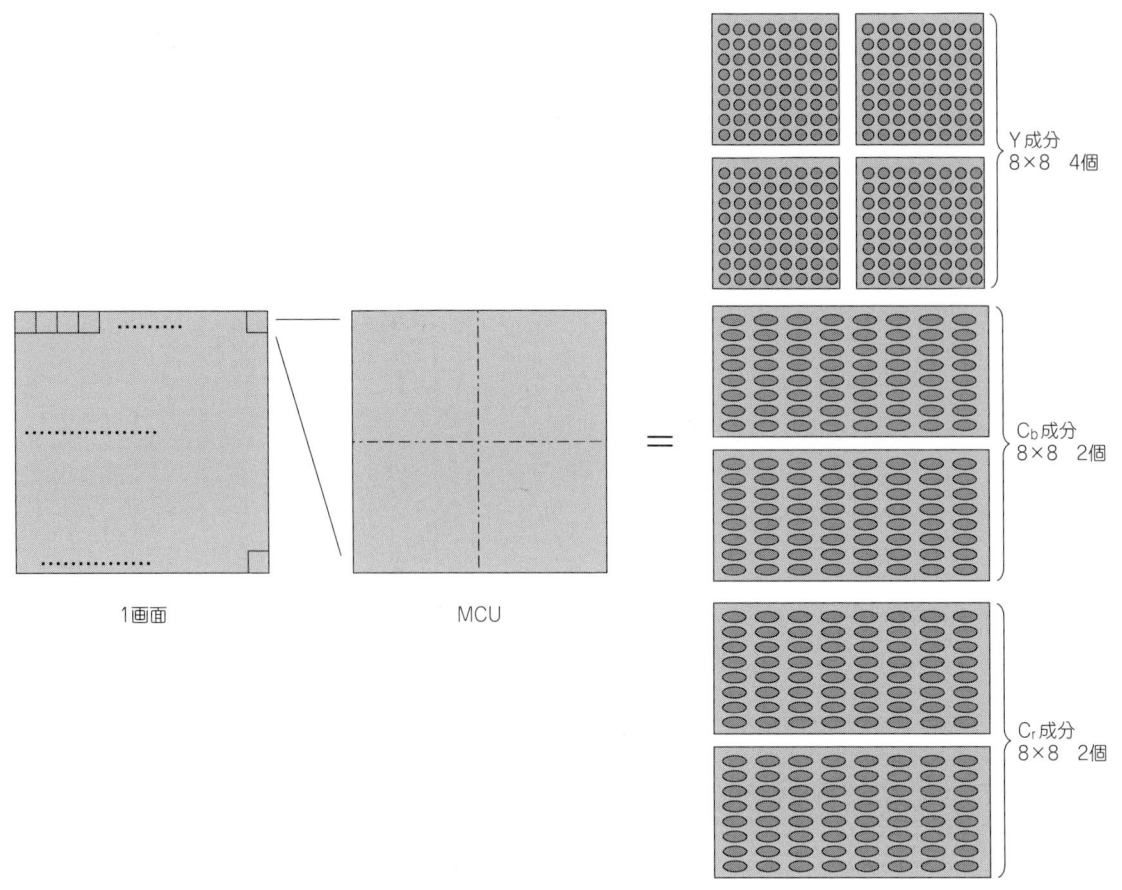

図4.2 JPEG 4：2：2の場合のデータの間引き

$$O = C^t \times R \times C \qquad O：出力 \quad R：入力$$

$$C = \begin{pmatrix} \frac{1}{2\sqrt{2}} & \frac{1}{2\sqrt{2}} & \frac{1}{2\sqrt{2}} & \frac{1}{2\sqrt{2}} & \frac{1}{2\sqrt{2}} & \frac{1}{2\sqrt{2}} & \frac{1}{2\sqrt{2}} & \frac{1}{2\sqrt{2}} \\ \frac{\cos(\frac{\pi}{16})}{2} & \frac{\cos(\frac{3\pi}{16})}{2} & \frac{\cos(\frac{5\pi}{16})}{2} & \frac{\cos(\frac{7\pi}{16})}{2} & \frac{\cos(\frac{9\pi}{16})}{2} & \frac{\cos(\frac{11\pi}{16})}{2} & \frac{\cos(\frac{13\pi}{16})}{2} & \frac{\cos(\frac{15\pi}{16})}{2} \\ \frac{\cos(\frac{2\times\pi}{16})}{2} & \frac{\cos(\frac{2\times3\pi}{16})}{2} & \frac{\cos(\frac{2\times5\pi}{16})}{2} & \frac{\cos(\frac{2\times7\pi}{16})}{2} & \frac{\cos(\frac{2\times9\pi}{16})}{2} & \frac{\cos(\frac{2\times11\pi}{16})}{2} & \frac{\cos(\frac{2\times13\pi}{16})}{2} & \frac{\cos(\frac{2\times15\pi}{16})}{2} \\ \frac{\cos(\frac{3\times\pi}{16})}{2} & \frac{\cos(\frac{3\times3\pi}{16})}{2} & \frac{\cos(\frac{3\times5\pi}{16})}{2} & \frac{\cos(\frac{3\times7\pi}{16})}{2} & \frac{\cos(\frac{3\times9\pi}{16})}{2} & \frac{\cos(\frac{3\times11\pi}{16})}{2} & \frac{\cos(\frac{3\times13\pi}{16})}{2} & \frac{\cos(\frac{3\times15\pi}{16})}{2} \\ \frac{\cos(\frac{4\times\pi}{16})}{2} & \frac{\cos(\frac{4\times3\pi}{16})}{2} & \frac{\cos(\frac{4\times5\pi}{16})}{2} & \frac{\cos(\frac{4\times7\pi}{16})}{2} & \frac{\cos(\frac{4\times9\pi}{16})}{2} & \frac{\cos(\frac{4\times11\pi}{16})}{2} & \frac{\cos(\frac{4\times13\pi}{16})}{2} & \frac{\cos(\frac{4\times15\pi}{16})}{2} \\ \frac{\cos(\frac{5\times\pi}{16})}{2} & \frac{\cos(\frac{5\times3\pi}{16})}{2} & \frac{\cos(\frac{5\times5\pi}{16})}{2} & \frac{\cos(\frac{5\times7\pi}{16})}{2} & \frac{\cos(\frac{5\times9\pi}{16})}{2} & \frac{\cos(\frac{5\times11\pi}{16})}{2} & \frac{\cos(\frac{5\times13\pi}{16})}{2} & \frac{\cos(\frac{5\times15\pi}{16})}{2} \\ \frac{\cos(\frac{6\times\pi}{16})}{2} & \frac{\cos(\frac{6\times3\pi}{16})}{2} & \frac{\cos(\frac{6\times5\pi}{16})}{2} & \frac{\cos(\frac{6\times7\pi}{16})}{2} & \frac{\cos(\frac{6\times9\pi}{16})}{2} & \frac{\cos(\frac{6\times11\pi}{16})}{2} & \frac{\cos(\frac{6\times13\pi}{16})}{2} & \frac{\cos(\frac{6\times15\pi}{16})}{2} \\ \frac{\cos(\frac{7\times\pi}{16})}{2} & \frac{\cos(\frac{7\times3\pi}{16})}{2} & \frac{\cos(\frac{7\times5\pi}{16})}{2} & \frac{\cos(\frac{7\times7\pi}{16})}{2} & \frac{\cos(\frac{7\times9\pi}{16})}{2} & \frac{\cos(\frac{7\times11\pi}{16})}{2} & \frac{\cos(\frac{7\times13\pi}{16})}{2} & \frac{\cos(\frac{7\times15\pi}{16})}{2} \end{pmatrix}$$

図4.3　1次元離散コサイン変換の係数を計算する行列

114	105	99	100	103	102	103	105
113	104	98	100	102	102	102	104
112	104	98	100	102	102	102	103
112	105	99	101	104	103	102	104
113	105	101	103	105	104	103	104
112	104	100	103	105	104	102	103
109	102	98	101	103	102	100	100
107	100	96	99	102	100	97	98

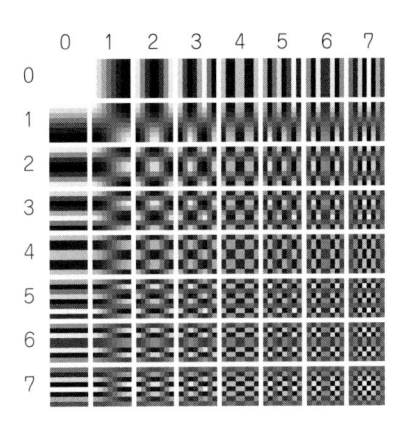

DCT →

8×8の波形をそれぞれ以下の係数倍して重ね合わせで実現可能

824	11.4	15.2	1.7	12.3	0.02	0.19	-0.43
5.76	-0.11	6.63	-0.2	0.98	1.63	-0.45	0.31
-7.28	0.18	0.0	0.32	0.33	-0.06	0.0	0.27
6.9	0.06	0.16	-0.23	0.27	0.60	0.29	0.37
0.25	0.21	0.0	-0.26	0.25	-0.81	0.0	0.58
-0.11	-0.23	0.01	0.0	-0.42	-0.37	-0.46	0.07
0.04	0.08	0.0	0.13	0.14	-0.03	0.0	0.11
0.04	0.2	-0.01	-0.16	-0.49	0.69	-0.09	0.21

図4.4　1次元離散コサイン変換の意味

$$\begin{pmatrix} 0.353553 & 0.353553 & 0.353553 & 0.353553 & 0.353553 & 0.353553 & 0.353553 & 0.353553 \\ 0.490393 & 0.415735 & 0.277785 & 0.097545 & -0.097545 & -0.277785 & -0.415735 & -0.490393 \\ 0.461940 & 0.191342 & -0.191342 & -0.461940 & -0.461940 & -0.191342 & 0.191342 & 0.461940 \\ 0.415735 & -0.097545 & -0.490393 & -0.277785 & 0.277785 & 0.490393 & 0.097545 & -0.415735 \\ 0.353553 & -0.353553 & -0.353553 & 0.353553 & 0.353553 & -0.353553 & -0.353553 & 0.353553 \\ 0.277785 & -0.490393 & 0.097545 & 0.415735 & -0.415735 & -0.097545 & 0.490393 & -0.277785 \\ 0.191342 & -0.461940 & 0.461940 & -0.191342 & -0.191342 & 0.461940 & -0.461940 & 0.191342 \\ 0.097545 & -0.277785 & 0.415735 & -0.490393 & 0.490393 & -0.415735 & 0.277785 & -0.097545 \end{pmatrix}$$

図4.5　1次元離散コサイン変換の行列演算の実際の数値

圧縮率は高いデータを作り出すためです．DCT変換と量子化は，そのようなデータを生成するための準備をするフェーズです．ランレングス・ハフマン圧縮のアルゴリズムは後ほど説明しますが，基本的に同じ数字が続いた場合に，数字と連続する個数にデータを置き直すことをベースとしています．よって，同じ数字が連続するデータを作り出すために，DCT変換と量子化という操作が行われています．

図4.6に示す8×8個の基底波形において，人間の目は左上の低周波成分には敏感で，右下の高周波成分に対しては鈍感です．その性質を利用し，各位置におけるデータを対応する値で割り算を行う量子化操作を行います．

この際，左上の低周波は小さな値で割り，右下の高周波は大きな値で割るように値を設定します（値は図ごとに設定され，テーブルとしてJPEGファイルに記録される）．このことにより，高周波成分には0が多くなりますが，人間の目では，それほど大きな劣化を認識しません．

そして，DCT変換で得られた値を左上から右下に向けて，図4.7のようにジグザグにデータを並べ替えます．

これらの操作により，この後で行われるランレング

08	06	05	08	12	20	26	31
06	06	07	10	13	29	30	28
07	07	08	12	20	29	30	28
07	09	11	15	26	44	40	31
09	11	19	28	34	55	52	39
12	18	28	32	41	52	57	46
25	32	39	44	52	61	60	51
36	46	48	49	56	50	52	50

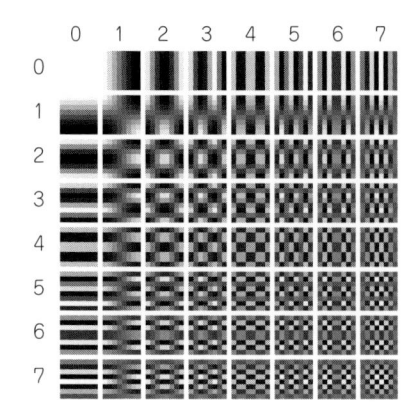

図 4.6　1 次元離散コサイン変換の量子化係数
DCT 演算結果のそれぞれの係数を対応する値で割る．
左上の定常波（一定値）は小さな値で割り，右下の高周波は大きな値で割る．
（高周波は精度を非常に粗くとっても人間には誤差判別しづらい）

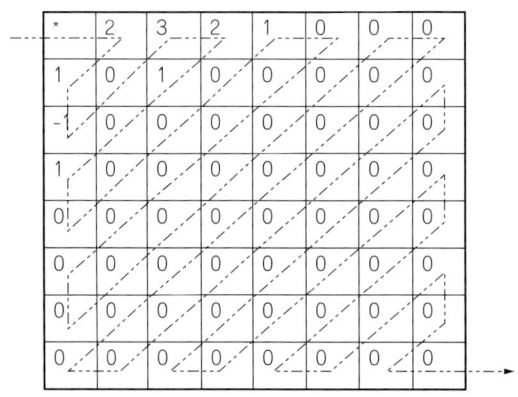

*	2	3	2	1	0	0	0
1	0	1	0	0	0	0	0
-1	0	0	0	0	0	0	0
1	0	0	0	0	0	0	0
0	0	0	0	0	0	0	0
0	0	0	0	0	0	0	0
0	0	0	0	0	0	0	0
0	0	0	0	0	0	0	0

左上からジグザグに列挙することにより，0 が並ぶ確率が高くなる
0 の連続はランレングス圧縮する

*, 2, 1, -1, 0, 3, 2, 1, 0, 1, 0, 0, 0, 1, 0, 0, 0, 0, ……

図 4.7　JPEG 圧縮におけるジグザグ・データ列

ス・ハフマン圧縮により圧縮率を高くしても，人間の目には変化を認識しづらいデータを生成することができました．

JPEG 圧縮におけるランレングス・ハフマン圧縮は，少し特殊な手法を用いています．詳細な説明は後の章に回し，ここでは，ランレングス圧縮とハフマン圧縮の概要について簡単に説明します．

●ランレングス圧縮とは

ランレングス圧縮は，同じ数字が続いたときにその個数を並べ全体のデータ量を減らします．Wikipedia でランレングス圧縮アルゴリズムの説明に用いられている簡単な例を見てみましょう．

「AAAAABBBBBBBBBAAA」は，「A5B9A3」と表現することができます．この例では，かなりのデータ量が圧縮されていることが分かります．JPEG では，前処理で '0' が多く出現するデータを生成しました．それを利用して，実際の数値 + 後ろに続く '0' の個数をセットで一つのコードに割り当てます．

例えば　2, 1, -1, 0, 3, 2, 1, 0, 1, 0, 0, 0, 0, 1, 0, 0, 0, 0, 1, 0, 0, 0, ………というデータがあった場合，

　20, 10, -11, 30, 20, 11, 14, 14, EOB

というようにまとめて，それぞれにハフマン・コードを割り当てます．

EOB というのは，64 個のデータ枠の最後まで残りすべて '0' が続くという意味のコードです．実際の画像では，高周波成分で多数 '0' が続くことは頻繁に発生するので，EOB が使用されて大幅な圧縮となることが多くなります．また，EOB 以外で 0 が 16 個以上連続す

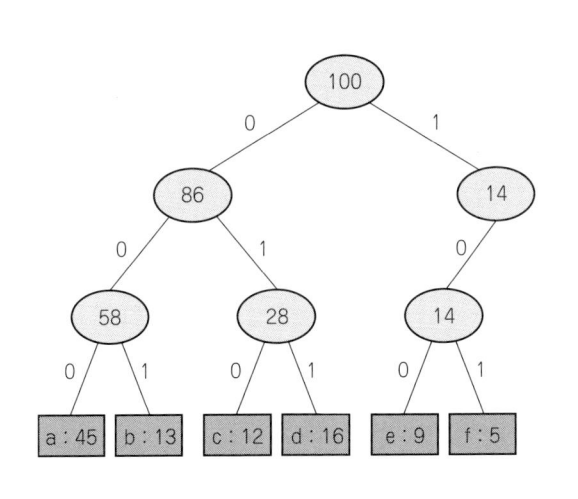

図4.8 二つのコードを表す二進木 [参考文献(2)より]

る場合，ZRLという'0'が16個連続することを意味するコードを割り当て，再度'0'の個数を数え始めます．

それぞれのコードを具体的にどのようなものにするのかについては，ハフマン圧縮というアルゴリズムを使用します．参考文献(2)の中でハフマン圧縮の説明に用いられていた例を見てみましょう．

●ハフマン圧縮の例

表4.1を見てください．a, b, c, d, e, fという6種類の文字を使用した100,000文字のデータがあるとします．通常の固定長符号では，それぞれ3ビットのデータを割り当てるので，3×100,000ビットのデータ量となります．一番上の行に，それぞれの文字の出現頻度が示されています．

出現頻度の高い文字に短いコードを割り当てたものが，可変長符号です．全体の45%を占める文字"a"に1ビットのコード'0'を割り当てました．他の文字は'1'から始まるコードを割り当てていますので，一意にデコードすることが可能です．

最も長いコードは4ビットとなりましたが，全体の45%を占める文字"a"に1ビットのコードを割り当てましたので，全体のビット数は大幅に短くなります．

●二進木による表現

これら二つのコードは，図4.8のような二進木で表現することができます．

二進木のリーフが，それぞれの文字を示しています．ルートからリーフにたどっていくことにより，それぞ

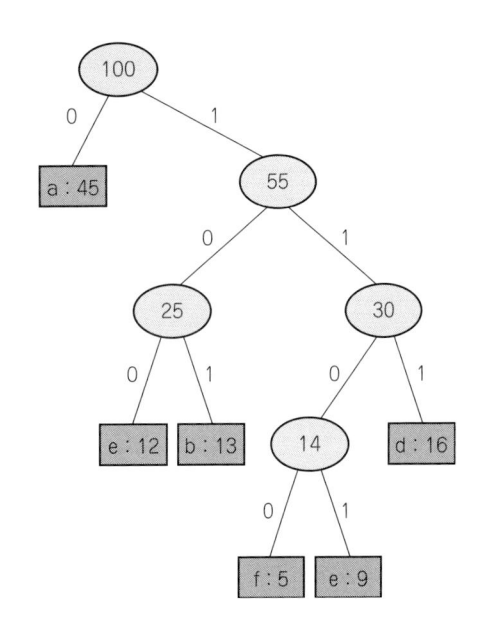

表4.1 ハフマン圧縮の例 [参考文献(2)より]

	a	b	c	d	e	f
出現頻度(%)	45	13	12	16	9	5
固定長符号	000	001	010	011	100	101
可変長符号	0	101	100	111	1101	1100

れのコードが分かります．

左の固定長符号の場合は，リーフにたどりつくまでに，必ず三つの節点を通ります．右のハフマン符号の場合は，それぞれのリーフにたどりつくまでに通る節点の数に差があります．

それぞれのリーフが表すデータの存在確率が与えられた場合，最も全体のコード長が短くなるような二進木を生成するグリーディなアルゴリズムが存在します．

二進木のアルゴリズムの詳細については，本書の範疇を越えるので省略します．参考文献(2)を参考にしてください．JPEGでは，各画像を圧縮するときに用いたハフマン・テーブルは，圧縮データとひとまとめにされます．

以上が，JPEGエンコードのアルゴリズムの概要です．どのような意図をもってJPEGアルゴリズムが開発されているかが理解できたと思います．ランレングス・ハフマン圧縮の部分については，AC係数やDC係数の扱い方が異なったり，正負の扱い方に規定があったりとJPEG特有のルールがありますが，その詳細については，後述するハフマン・デコードのハードウェアを設計する部分で説明します．

これからJPEGデコードのシステムを開発していきますが，基本的にこのエンコード・アルゴリズムの処理を"逆順に行う"ことによって画像をデコードできます．

4.2 IJGライブラリを用いたmotionJPEGの実装 ～PC-Linux編～

ここでは，FPGA上のLinuxシステムで，ソフトウェアによってmotionJPEG再生を行うシステムを動作させます．第1部の解説に従い，SourceforgeサイトのLEON-MJPEGプロジェクトのstart-pointブランチを，各自のPC-Linux上に複製します．

まずは，独自のハードウェアを含まないFPGA上のLinuxシステム用のハードウェアとソフトウェアのソースコードが，それぞれ`grlib-gpl-1.0.22-b4095`，`snapgear-2.6-p42`というディレクトリに存在しています．第1部の解説に従い，それぞれのソースコードをコンパイルし，FPGA上のLinuxシステムを動作させたところから開発を開始します．

なお，筆者が作成した本章の実装を，`origin/soft-only`というブランチ名で公開しています．

```
git checkout -b my-trial2 origin/
soft-only
```

（`my-trial2`は任意のブランチ名にできる）
とコマンドを打つことにより，読者のPC-Linux上に`my-trial2`というブランチ名で複製されます．各自の実装と比較してみてください．

● まずはソフトウェア・ベースで

いきなりFPGA上でJPEGソフトウェアを動作させるのではなく，最初にPC-Linux上でIJGライブラリを使用したmotionJPEG再生を行います．

今後の開発は，すべて図4.9のような順序で行われます．最初に，ホスト・コンピュータ（以後，PC-Linuxシステムと表記）上でソフトウェアのソース・コードを実行して，自分の設計が正しいかどうか確認します．ハードウェアを設計する際も，机上で設計したハードウェアのとおりに動作するモジュールをC言語で記述してPC-Linux上でmotionJPEGを再生して，机上の設計が正しいか確認します．

その後，PC-LinuxシステムでFPGA上のLEON3プロセッサ・ベースのLinuxシステム（以後，FPGA-Linuxシステムと表記）で動作するソフトウェアとハードウェアを生成します．

ソフトウェアは，FPGA-Linuxシステム用のクロス・コンパイラを使用することにより実現します．ハードウェアは，RTLで記述した後，ISEやQuartusIIなどの各FPGAベンダの設計ツールを使用して生成します．その後，生成されたソフトウェアとハードウェアをFPGA-Linuxシステムで実行します．

● ソース・コードの展開

まず，PC-Linux用実行モジュール開発ディレクトリ`snapgear-2.6-p42/user/jpeg-6b-host`へ移動します．

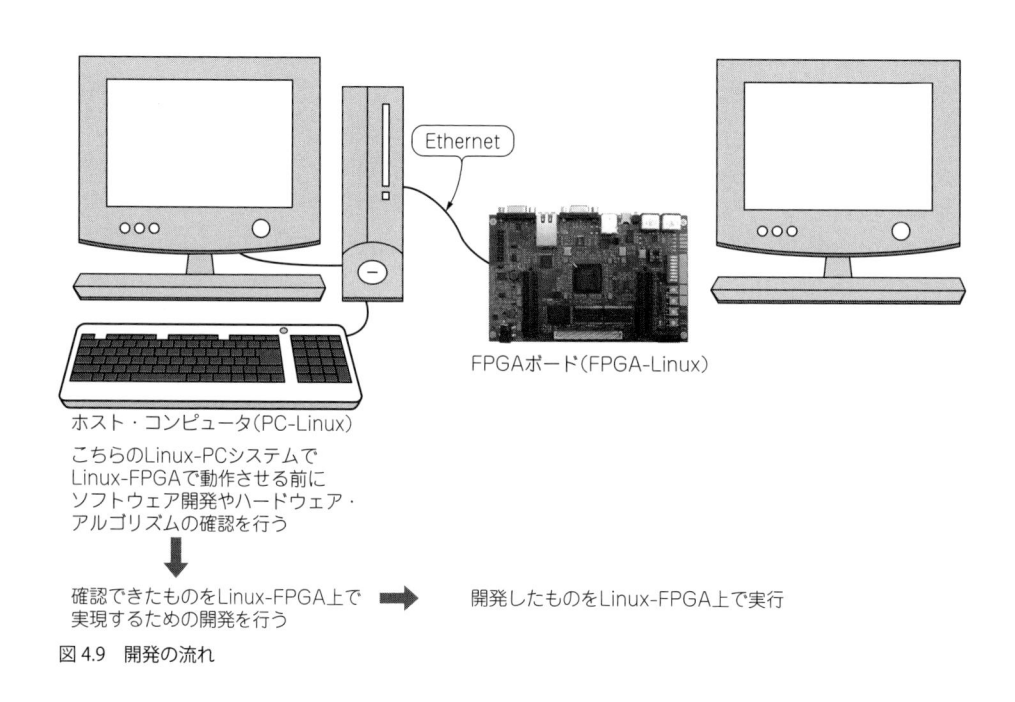

図4.9 開発の流れ

リスト 4.1 Window を生成する関数 `jinit_color_deconverter`

```
GLOBAL(void)
jinit_color_deconverter (j_decompress_ptr cinfo)
{
   ............
   if(setting_flag == 0){
       wininfo.dpy = XOpenDisplay(NULL);
       wininfo.win = XCreateSimpleWindow(wininfo.dpy,
                    DefaultRootWindow(wininfo.dpy),0,0,cinfo
                    ->output_width,cinfo->output_height,0,0,0);
       XMapWindow(wininfo.dpy, wininfo.win);
       wininfo.gc = XCreateGC(wininfo.dpy, wininfo.win, 0,0);
       wininfo.cmap = DefaultColormap(wininfo.dpy, 0);
       XFlush(wininfo.dpy);
   }
   setting_flag = 1;
   call_num = 0;
}
```

リスト 4.2 RGB 計算後に Window に書き込む部分を追加

```
  for (col = 0; col < num_cols; col ++ ) {
    y  = GETJSAMPLE(inptr0[col]);
    cb = GETJSAMPLE(inptr1[col]);
    cr = GETJSAMPLE(inptr2[col]);
    /* Range-limiting is essential due to noise introduced by DCT losses.  */
    outptr[RGB_RED] =   range_limit[y + Crrtab[cr]];
    outptr[RGB_GREEN] = range_limit[y +
                        ((int) RIGHT_SHIFT(Cbgtab[cb] + Crgtab[cr], SCALEBITS))];
    outptr[RGB_BLUE] =  range_limit[y + Cbbtab[cb]];
    //    outptr += RGB_PIXELSIZE;
    /* LEON-mjpeg project */
        pixcoldata = 0x0| ((outptr[RGB_RED]&0xf8)<<8) |
                          ((outptr[RGB_GREEN]&0xfc)<<3) |
                          ((outptr[RGB_BLUE]&0xf8)>>3);
    XSetForeground(wininfo.dpy,wininfo.gc,pixcoldata);
    XDrawPoint(wininfo.dpy,wininfo.win,wininfo.gc,col,call_num);
  }
```

リスト 4.3 ファイル書き出し部分をコメントアウト

```
  while (cinfo.output_scanline < cinfo.output_height) {
    num_scanlines = jpeg_read_scanlines(&cinfo, dest_mgr->buffer,
                                        dest_mgr->buffer_height);
    //    (*dest_mgr->put_pixel_rows) (&cinfo, dest_mgr, num_scanlines);
  }
```

ここに，IJGライブラリのソースが展開されています．
`./configure; make djpeg`
とコマンドを打ち込むことによって，IJGが提供しているJPEGデコード・プログラムdjpegが生成されます．djpegはJPEGファイルを入力とし，他のフォーマットへ変換するプログラムです．testimg.jpgというサンプルJPEGファイルが提供されているので，実際に，
`djpeg -bmptestimg.jpg > output.bmp`
とコマンド入力し，BMPフォーマットに変換してみてください．
`file output.bmp`
とコマンド入力し，bmpフォーマットに変更されていることを確認します．
`eog output.bmp`
とコマンド入力すると，画像の確認もできます．

このプログラムのソース・コードを変更することによって，motionJPEG動画をPC-Linuxシステムの画面で再生するようにします．サンプルmotionJPEGファイルとして，gfdl.mjpegとgfdl-qvga.mjpegを同ディレクトリに置きました．この動画は，インターネット上で GFDL（Gnu Free Document License）によって公開されている動画ファイルをffmpegを用いて変換したものです．

libjpeg.docとstructure.docにIJGライブラリについての解説が記述されているので，内容を確認しておきます．

djpegには，最初からBMPフォーマットに変換する機能が実装されているので，簡単に実現するために，その機能を利用してX-Window上に画面を表示する方法をとります．ソース・コードJdcolor.c中で，YCbCrデータをRGBデータに変換しています．

リスト 4.4　複数画像が含まれる JPEG ファイルへの対応法
(Structure.doc 内)

```
create JPEG decompression object
set source to tables-only file
jpeg_read_header(&cinfo, FALSE);
set source to abbreviated image file
jpeg_read_header(&cinfo, TRUE);
set decompression parameters
jpeg_start_decompress(&cinfo);
read data..
jpeg_finish_decompress(&cinfo);
```

　まず，最初のイニシャライズ関数 `jinit_color_deconverter()` 中に，画像サイズの Window を一つ生成する関数を作ります（リスト4.1）．関数 `ycc_rgb_convert()` 中で順にデータを RGB に変換した後に，そのまま Window に書き出す部分を追加します（リスト4.2）．また，`djpeg.c` のメイン関数の中で，これまでに実際にファイルに書き出していた部分が必要なくなるので，コメントアウトしてあります（リスト4.3）．

●パソコン上の Linux で motionJPEG 動画再生

　これらの変更により，JPEG ファイルを読み込んだ後に Window が開き，画像を表示することができるようになりました．次に，motionJPEG に対応させます．
　Structure.doc の Abbreviated datastreams and multiple images の節に複数画像が含まれる JPEG ファイルへの対応方法が記述されています．
　リスト4.4 が，通常の1枚の画像を含む JPEG ファイルを，IJG ライブラリを用いてデコードするプログラムの処理の順序です．`jpeg_read_header()` から `jpeg_finish_decompress` を繰り返すことで，複数画像を含む JPEG ファイルへ対応可能であると説明されています．
　`djpeg.c` の対応する部分を，一定回数 for 文で繰り返すように変更します．これらの変更を行った後に，

　　`djpeg -bmp gfdl.mjpeg`

を実行すると図4.10のように Window が開き，動画が再生されました（Linux の X-Window システムは16ビット・カラーに指定している）．

4.3　IJG ライブラリを用いた motionJPEG の実装 ～FPGA-Linux 編～

●FPGA 上の Linux で動画再生

　ここまでで，PC-Linux 上で IJG ライブラリを用いて motionJPEG を再生する方法を学習できました．次に FPGA-Linux 上で IJG ライブラリを用いて motionJPEG

図 4.10　X-Wndow 上での motionJPEG 動画再生

を再生します．
　最初に，クロス・コンパイル開発環境を整えます．SoC の開発は，ソフトウェアとハードウェア両方とも膨大なソース・コードとなるので，単純なコマンドでコンパイルできる環境を作っておくことは必須となります．次の三つのファイルを変更します．

(1) `snapgear-2.6-p42/user/jpeg-6b/Makefile`
(2) `snapgear-2.6-p42/config/config.in`
(3) `snapgear-2.6-p42/user/Makefile`

●開発環境の変更内容

(1) `Snapgear-2.6-P42/user/jpeg-6b` が，FPGA-Linux 上で実行する Linux イメージに含める JPEG デコード・プログラムの開発ディレクトリです．
　`./configure` で生成される Makefile は，`./configure` を実行したマシン用なので，これを FPGA 上のプロセッサ向けのクロス・コンパイルを行うように変更します．
　`snapgear-2.6-p42/user/****` が，さまざまなユーザランドのアプリケーションのソース・コードが配置されているディレクトリです．それぞれのディレクトリを見ると，Makefile が同じようなフォーマットで記述されていることが分かります．この記述方法に従い Makefile を作成します．
　リスト4.5のように変更することで，Linux イメージコンパイルのときに，同じ条件でクロス・コンパイルされることになります（今後の開発を考えて，`dmjpeg` という実行モジュール名に変更している）．
(2) 次に，Linux イメージ・コンパイルのコンフィグレーション項目に，`dmjpeg` が現れるようにします．それには，`Config.in` に，次の1行を追加します．

リスト 4.5　Makefile

```
EXEC1 = dmjpeg

OBJS1 = dmjpeg.o wrppm.o wrgif.o wrtarga.o wrrle.o wrbmp.o rdcolmap.o cdjpeg.o libjpeg.a

AR2= sparc-linux-ranlib

# Put here the object file name for the correct system-dependent memory
# manager file.  For Unix this is usually jmemnobs.o, but you may want
# to use jmemansi.o or jmemname.o if you have limited swap space.
SYSDEPMEM= jmemnobs.o

# decompression library object files
DLIBOBJECTS= jdapimin.o jdapistd.o jdtrans.o jdatasrc.o jdmaster.o \
            jdinput.o jdmarker.o jdhuff.o jdphuff.o jdmainct.o jdcoefct.o \
            jdpostct.o jddctmgr.o jidctfst.o jidctflt.o jidctint.o jidctred.o \
            jdsample.o jdcolor.o jquant1.o jquant2.o jdmerge.o
# library object files common to compression and decompression
COMOBJECTS= jcomapi.o jutils.o jerror.o jmemmgr.o $(SYSDEPMEM)
# These objectfiles are included in libjpeg.a
LIBOBJECTS= $(DLIBOBJECTS) $(COMOBJECTS)

all: $(EXEC1)

$(EXEC1): $(OBJS1)
        $(CC)   $(LDFLAGS)   -o $@ $(OBJS1) $(LDLIBS$(LDLIBS_$@))

libjpeg.a:  $(LIBOBJECTS)
        $(RM) libjpeg.a
        $(AR) rc libjpeg.a   $(LIBOBJECTS)
        $(AR2) libjpeg.a

romfs:
        $(ROMFSINST) /bin/$(EXEC1)

clean:
        -rm -f $(EXEC) *.gdb *.elf *.o
        -rm -f libjpeg.a
```

```
bool 'dmjpeg'CONFIG_USER_DMJPEG
```
(3) 次に，`snapgear-2.6-p42/user/Makefile`に，次の一行を追加します．

```
dir_$(CONFIG_USER_DMJPEG)+= jpeg-6b
```

これらの変更により，FPGA上のLinuxシステムでの開発環境が整いました．

第1部の説明と同じように，`snapgear-2.6-p42`ディレクトリで make xconfig してコンフィグレーション画面を出します．Miscellaneous Applicationsの項目でdmjpeg選択のチェックボックスが出現するので，チェックを入れます（図4.11）．

後は，第1部の説明と同じようにLinuxイメージを生成し，FPGAにマッピングしたシステム上でLinuxをブートさせると，dmjpegというアプリケーションが含まれていることが分かります．

コンフィグレーション時にftpもチェックしておき，先ほどと同じ testorig.jpg をFPGA-Linux上に取得したあと，

```
dmjpeg -bmp testorig.jpg > output2.
bmp
```

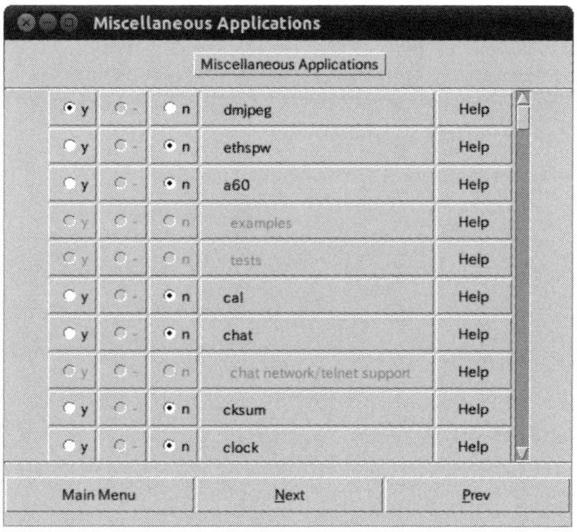

図4.11　Miscellaneous ApplicationsコンフィグレーションGUI

と実行してみましょう．生成された output2.bmp ファイルをPC-Linuxにftp転送して見てみると，正しくBMPファイル形式に変更できていることが分かります．これで，クロス・コンパイル開発環境が整いました．

4.3　IJGライブラリを用いたmotionJPEGの実装 ～FPGA-Linux編～

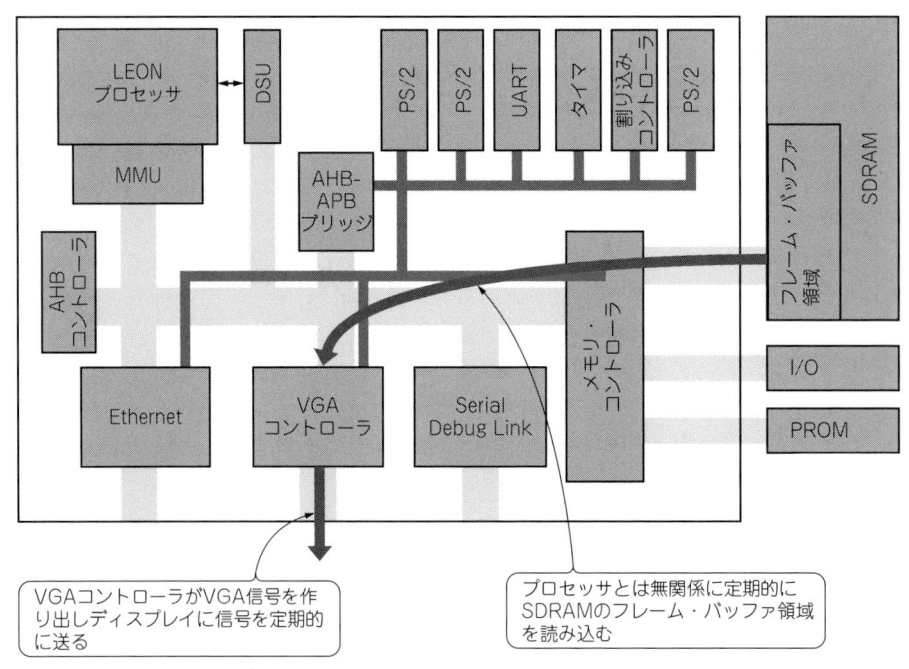

図4.12 SDRAM上のフレーム・バッファ領域の画像データがハードウェアによって表示されている

(吹き出し)VGAコントローラがVGA信号を作り出しディスプレイに信号を定期的に送る

(吹き出し)プロセッサとは無関係に定期的にSDRAMのフレーム・バッファ領域を読み込む

● **フレーム・バッファ上に直接描画**

これからPC-Lunuxのときと同様の変更を行って，motionJPEGを画面上で再生するように変更するのですが，FPGA-Linuxシステムは動作周波数が遅く，X-Windowを動作させた上で動画再生するにはCPUパワーが足りません．そこで，プログラムがLinuxのフレーム・バッファに，直接ピクセルごとに値を書き込むという方法をとります．

開発を開始するブランチstart-pointのハードウェアには，VGAコントローラがAHBバスに接続されています．VGAコントローラはハードウェアのレジスタを設定すれば，プロセッサとは無関係に自律的にSDRAMのフレーム・バッファ領域を定期的に読み込み，VGA信号を作り出してディスプレイに出力しています（図4.12）．

したがって，ソフトウェアからフレーム・バッファ領域に画像データを書き込めば，自動的にディスプレイに画像が表示されることになります．

FPGA-Linuxシステムで，これからクロス・コンパイルするソフトウェアは，ユーザランドのアプリケーションなので，そのままではフレーム・バッファ領域の物理アドレスを指定して書き込むということはできません（Linux上のユーザランド・アプリケーションは，アプリケーションごとの仮想アドレスで動作しているため）．

アプリケーションからフレーム・バッファへアクセスする方法は，簡単な決まったやり方があります．以下の説明の意味が分からない場合には，フレーム・バッファへのアクセスには決まったおまじないがあると考えて，今のところは理解できなくても同じように記述すれば良いと考えてください．

● **フレーム・バッファへの書き込み方法**

Linuxフレーム・バッファには，値を書き込むためのデバイス・ドライバioctlが準備されているので，その関数を用いて書き込みます．最初に，Linuxフレーム・バッファのファイル・ディスクリプタをオープンして格納します．IJGのソフトウェアは，JPEGデコード時にはjpeg_decompress_structという構造体にJPEGファイルの情報を格納して，各関数に渡していきます．Jpeglib.h中で定義されている構造体に，フレーム・バッファ用の情報格納メンバを追加します．dmjpeg.cのメイン関数で，JPEGデコード処理が始まる前に，ファイル・ディスクリプタ格納ルーチンを追加します（リスト4.6）

リスト4.6の中の，

```
cinfo->fd_framebuffer = open( "/dev/fb0", O_RDWR)
```

の部分で，デバイス・ファイルをリード/ライト・モードでオープンしています．フレーム・バッファを有効

リスト4.6 ファイル・ディスクリプタ格納ルーチン

```
  if(!(cinfo->fd_framebuffer = open( "/dev/fb0", O_RDWR))){
    fprintf(stderr,"Framebuffer open error!\n");
    exit(1);
  }
  if(ioctl(cinfo->fd_framebuffer, FBIOGET_FSCREENINFO, &(cinfo->fb_finfo))){
    fprintf(stderr,"Framebuffer fixed information get error\n");
    exit(1);
  }
  if(ioctl(cinfo->fd_framebuffer, FBIOGET_VSCREENINFO, &(cinfo->fb_vinfo))){
    fprintf(stderr, "Framebuffer variable information get error\n");
    exit(1);
  }
#ifdef DEBUG
  fprintf(stderr, "Framebuffer xsize:%d, ysize:%d, vbpp:%d\n",
          cinfo->fb_vinfo.xres, cinfo->fb_vinfo.yres, cinfo->fb_vinfo.bits_per_pixel);
#endif
  screensize = cinfo->fb_vinfo.xres * cinfo->fb_vinfo.yres * cinfo->fb_vinfo.bits_per_pixel / 8;
  cinfo->fbptr = (char *)mmap(0,screensize,PROT_READ | PROT_WRITE, MAP_SHARED,
                          cinfo->fd_framebuffer,0);
  if((int)(cinfo->fbptr) == -1){
    fprintf(stderr, "Can't get memory map of framebuffer device\n");
    exit(1);
  }
  cinfo->fb_yinc = cinfo->fb_vinfo.bits_per_pixel / 8;
}
```

リスト4.7 ピクセルごとに描画

```
      if(col%2 == 0){
        temppix = ( ((outptr[RGB_RED]&0xf8)<<8) | ((outptr[RGB_GREEN]&0xfc)<<3) |
                    ((outptr[RGB_BLUE]&0xf8)>>3));
      }else{
        pixcoldata = temppix << 16 |( ((outptr[RGB_RED]&0xf8)<<8) | ((outptr[RGB_GREEN]&0xfc)<<3)
                    | ((outptr[RGB_BLUE]&0xf8)>>3));
        location = ((col-1) * cinfo->fb_yinc) + call_num * cinfo->fb_finfo.line_length ;
        *((unsigned int *)(cinfo->fbptr + location)) = pixcoldata;
      }
```

にしたLinuxは，起動時に/dev/fb0というデバイス・ファイルを自動的に生成しています．なお，先ほどはコンソール出力をフレーム・バッファに指定しましたが，今回はフレーム・バッファを有効に設定してコンソールはシリアル出力とし，フレーム・バッファはJPEG画像の描画に使用します．

リスト4.6の後半部分では，オープンしたデバイス・ファイルにioctl関数でアクセスし，フレーム・バッファのサイズなどを取得しています．これは，すでに準備されている関数です．ioctlは，Linuxで一般的にデバイス・ファイルへのアクセスに使用される関数です．この段階では，リストどおりに記述すればフレーム・バッファ情報が取得できると理解して先に進んでください．

最後のmmap関数は，フレーム・バッファを連続したメモリ領域にマッピングしています．ここで得られたポインタを使用して，画面上のピクセルを読み書きすることが可能になります．

フレーム・バッファにアクセスする準備ができたので，PC-Linuxのときと同じように，jdcolorのycc_rgb_convert()中でピクセルごとに描画しま

す．今回は，取得したフレーム・バッファ・ポインタを使用して書き込みます（リスト4.7）

● FPGA上のLinuxでmotionJPEG動画再生

motionJPEGへの対応は，PC-Linuxのときと全く同じ変更を行います．

ここまで変更できたら，snapgear-2.6-p42ディレクトリで，

　　make xconfig ; make;

を実行します．図4.11のコンフィグレーション・ウィンドウで，dmjpegがLinuxイメージに含まれるようにチェックすれば，FPGA-Linuxシステムのイメージにdmjpegが含まれ，実行することができます．

　　dmjpeg -bmp gfdl-qvga.mjpeg

を実行するとフレームバッファ上で動画が再生されました（写真4.1）．

● 現時点では紙芝居程度の動画再生性能

FPGA上のLEON3プロセッサ・システムは，例えばGR-XC3S-1500に実装した場合，40MHz程度の周波数となります．動画再生といっても，紙芝居のような

写真 4.1　フレーム・バッファ上での motionJPEG 動画の再生

カクカク動作でしか再生することができません．しかし，これから CPU パワーを必要としている処理をハードウェア化することにより，フレームレートが上昇していきます．

　以上で，ソフトウェアのみによる FPGA-Linux システムでの motionJPEG 再生システムの開発が完了しました．ここまでの開発で，最初に PC-Linux でソフトウェア動作を確認してから，FPGA-Linux システム用の開発を行う利点を感じることができたのではないでしょうか．

　PC-Linux 上では，簡単に自分の考えた設計が正しいか確認できますが，FPGA-Linux システムでは実行するだけでも一手間かかり，ミスがあった場合の解析も大変です．これから一部処理をハード化していきますが，その際もハード化のアルゴリズムの確認を PC-Linux 上のソフトウェアで実装し，確認してから FPGA-Linux システムで開発するという手法をとります．

4.4　デバッグ方法

●gdbserver を用いる

　前節のように，FPGA-Linux システムでソフトウェアを実行したときに，動作が想定したとおりにならないことはよく起こります．通常の PC-Linux で開発したソフトウェアの挙動がおかしい場合は，`printf()` を埋め込んで挙動を表示させたり，デバッガを動作させて内部変数の値を表示させながらステップ動作させたりします．

　`printf()` デバッグは FPGA 上の Linux システムでも同じように行えます．ネットワーク接続された FPGA 上の Linux システムでは，デバッガも使用することができます．そこでここでは，gdbserver を用いて FPGA 上の Linux システムでソフトウェアをデバッガ解析する方法を学習します．

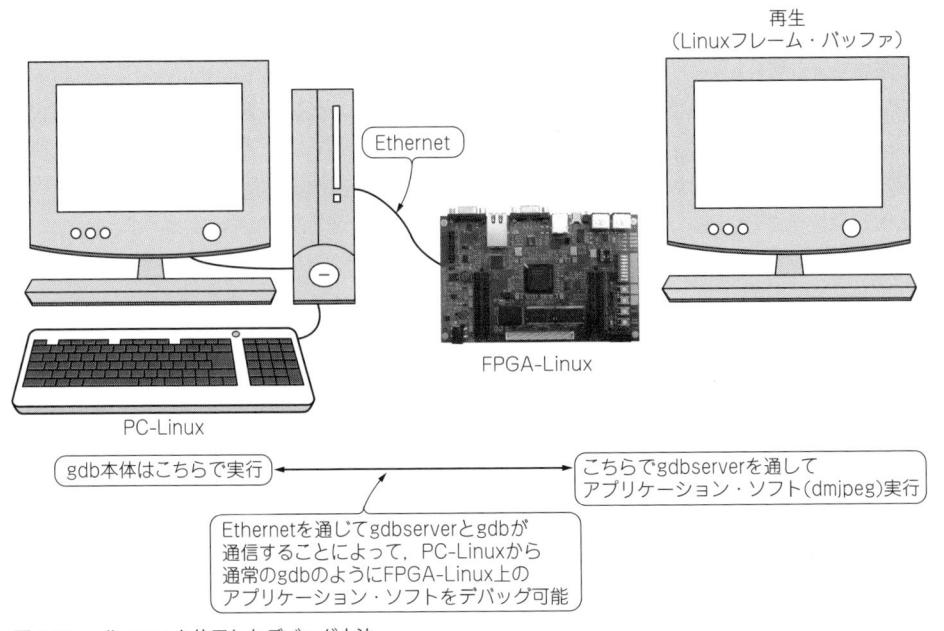

図 4.13　gdbserver を使用したデバッグ方法

FPGA上のLinuxシステムにおいて，CPUパワーは限られているために，gdbを動作させるのではなく，gdbserverと呼ばれるPC-Linux上のgdbと通信するための最低限の機能を持つプログラムを動作させます．この方法により，PC-Linux側からFPGA-Linux上で動作しているソフトウェアを，通常のデバッガを用いてデバッグできます（図4.13）．

● **デバッガの実行**

Linuxをmake xconfigによってコンフィグレーションする際に，gdbserverにチェックを入れLinuxイメージにgdbserverプログラムを含めておきます．また，デバッグするプログラムをコンパイルするとき（Makefile中）に-gオプションを付けておきます．通信のために，FPGA上のLinuxシステムのIPアドレスが必要となるので，/sbin/ifconfigを実行してIPアドレスをメモしておきます．

```
#[target] gdbserver :1234 /bin/
dmjpeg xxx.mjpeg
Process /bin/djpeg created;
pid = 31
```

gdbserverコマンドの後に，ポート番号，デバッグするプログラムと引数を指定します．実行プログラムは，フルパス指定が必要です．メッセージが出力され，gdbの接続待ちとなります．

PC-Linux側で，実行プログラムがあるディレクトリに移動してgdbを起動します．

```
#[host] sparc-linux-gdb djpeg
```

これでgdbが立ち上がります．その後，FPGA上のLinuxシステムで動作しているgdbserverと接続します．

```
(gdb) target remote 192.168.24.6:1234
(gdb) break main
(gdb) cont
```

（192.168.24.6の部分は先ほどメモしたIPアドレスを指定）

これで，通常のgdbと同じようにデバッグできます．変数の値を表示させたり，ステップ実行を行うことによってデバッグが簡単になります．

4.5 プロファイラを使ったボトルネック箇所の確認

ソフトウェアのみで動画再生するシステムが動作しました．次に，ソフトウェアの実行時に，どのような処理がCPU時間を消費しているのか，プロファイラを使用して調べます．

本来なら，FPGA上のLinuxシステムでプロファイラを実行するのですが，FPGA上での環境を整備できなかったので，PC-Linux上のソフトウェア動画再生に対してプロファイラを実行します．

実行結果は，IntelプロセッサでのCPU時間の使用なので，FPGA上のLinuxシステムとは異なりますが，大きな傾向をつかむことはできます．

● **gprofというコマンドを使用**

ここでは，gprofというコマンドを使用します．PC-Linux上でgprofを使用するために，djpegをコンパイルするときに-pgオプションを使用します．Makefileを変更しますが，このときにリンク時にも-pgオプションが必要なことに注意してください．

このオプションを付けてコンパイルした実行モジュールdjpegを，通常と同じように実行します（djpeg -bmp gfdl.mjpeg）．実行後に，同ディレクトリにgmon.outというファイルが生成されます．

```
gprof djpeg gmon.out
```

とgprofコマンドを実行すると，今回の実行時にどのような関数がCPU時間を使用したかの解析が行われます．リスト4.8は，筆者の環境での実行結果の一部です．

● **時間がかかっている処理**

jpeg_idct_islowという関数は，2次元DCT変換を行う関数です．ここで，非常に大きなCPU時間を使用しています．ycc_rgb_convertは，先ほど画面出力のために変更した関数です．YCbCr空間からRGB空間に変換するために，CPUパワーを使用しています．

ここで使用されているCPU時間はX-Windowへの描画が含まれているので，フレーム・バッファに直接書き込むFPGA-Linuxシステムよりも大きな値が出ているのではないかと予想されます．

decode_mcuは，ハフマン・デコード部分です．h2v2_fancy_upsample, sep_upsampleは，アップサンプル部分です．

JPEGエンコード・アルゴリズムの説明時に，YCbCr空間に変換するときにデータを間引くことを説明しましたが，アップサンプルはその逆変換で間引かれたデータからRGBデータを生成している部分です．

```
ハフマン・デコード        IDCT         YCbCr-RGB    その他の処理
```

図4.14 JPEGデコードをソフトウェアで処理したときのCPU使用時間の割合

リスト4.8 gprof実行結果の一部

```
Each sample counts as 0.01 seconds.
  %   cumulative   self              self    total
 time   seconds   seconds    calls  us/call us/call  name
48.98     0.24     0.24    1080000    0.22    0.22   jpeg_idct_islow
36.74     0.42     0.18      72000    2.50    2.50   ycc_rgb_convert
 6.12     0.45     0.03     180000    0.17    0.17   decode_mcu
 6.12     0.48     0.03      72000    0.42    0.42   h2v2_fancy_upsample
 2.04     0.49     0.01      72000    0.14    3.06   sep_upsample
 0.00     0.49     0.00    3307669    0.00    0.00   jpeg_fill_ビット_buffer
 0.00     0.49     0.00     339082    0.00    0.00   jpeg_huff_decode
 0.00     0.49     0.00     180000    0.00    0.00   jzero_far
 0.00     0.49     0.00      72000    0.00    6.81   jpeg_read_scanlines
 0.00     0.49     0.00      72000    0.00    6.81   process_data_context_
main
```

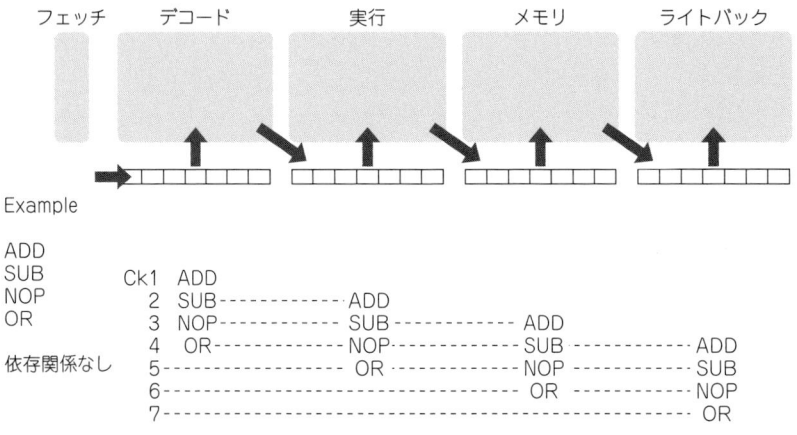

```
フェッチ    デコード    実行    メモリ    ライトバック

Example
ADD
SUB       Ck1  ADD
NOP        2   SUB ----------- ADD
OR         3   NOP ----------- SUB ----------- ADD
           4   OR  ----------- NOP ----------- SUB ----------- ADD
依存関係なし 5   ----------------- OR  ----------- NOP ----------- SUB
           6   ------------------------------------- OR  ----------- NOP
           7   ------------------------------------------------------- OR
```

図4.15 Integer Unit (IU) での処理の流れ

JPEGデコード・アルゴリズムは，デコードするJPEG画像データによって演算の重さが大きく異なるので，このデータがすぐに各処理の重さの割合を示しているわけではありません．しかし，大ざっぱな傾向をつかむことはできます．

以降で説明するときには，ハフマン・デコード部，2次元DCT部，YCbCr-RGB変換部（アップサンプルもここに含む）のCPU使用時間が，図4.14のような割合になっていると仮定します．

以降の章では，YCbCr-RGB変換，IDCT，Huffman decode部分をハードウェア化してシステムの性能を上げていきます．

4.6 ソフトウェアのみのシステムのデータの流れ

ここでは，ソフトウェアのみでmotionJPEGを再生するシステムで，どのようにデータが流れているかを理解します．以降の章でハードウェアが追加されたときに，データの流れがどのように変わっていくかを理解するためのベースとなります．

● Integer Unit(IU)，キャッシュ，SDRAM，Memory Management Unitの動作

図4.15のような，キャッシュにデータと命令が存在しているときのInteger Unit (IU)における処理の概要は，十分理解しているものとして説明します．この部分の詳細は，参考文献(3)などを参考にしてください．

図4.15では，参考文献(3)に従い5段のIUとなっていますが，実際のLEON3プロセッサのIUは7段のパイプラインです．処理するデータに依存関係がない場合は，パイプラインに順に命令とデータが流れて処理されていきます．データに依存関係がある場合は，命令と命令の間に何もしない状態を挿入したり，パイプ

(a) リード

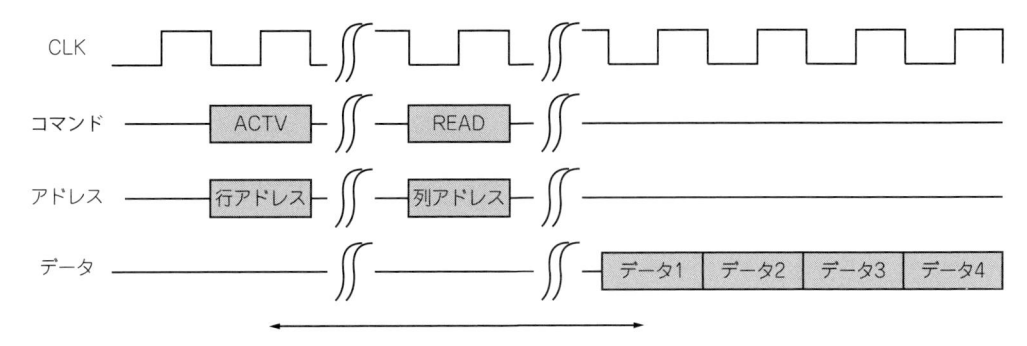

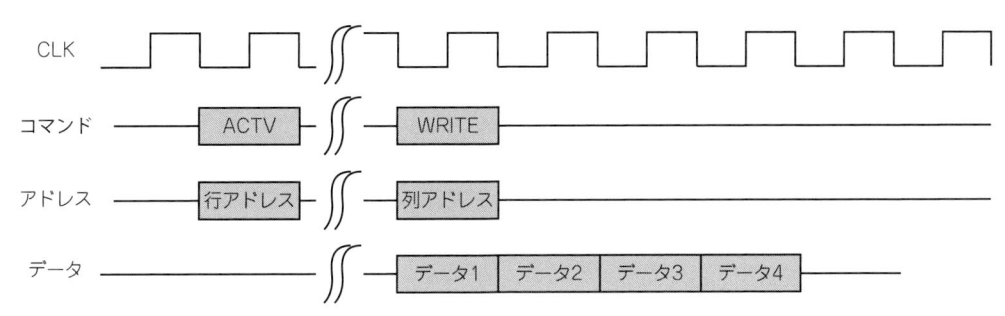

図4.16 SDRAMのリード/ライト時のデータの流れ

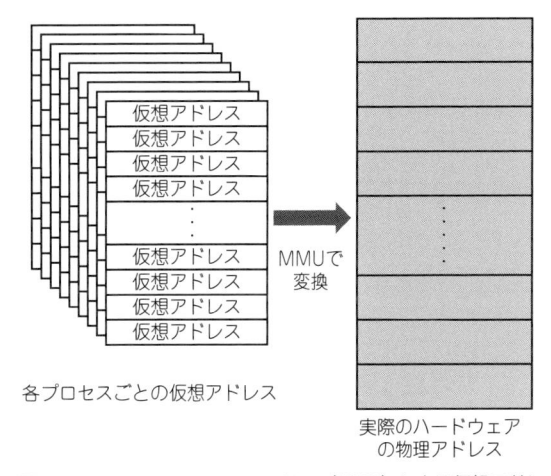

図4.17 Memory Management Unit（MMU）による仮想アドレスと物理アドレスの変換

ラインを飛ばしてデータを送るフォワーディングなどが行われ，なるべく詰めて命令が実行されるようなハードウェアとなっています．

以上のようなデータの流れが滞りなく行われるのは，命令キャッシュ（I-cache），データ・キャッシュ（D-cache）に必要なデータが存在している場合です．キャッシュは通常SRAMで構成され，リード/ライト・アクセスをした場合，次のクロックで値の読み書きが完了します．

SRAMは高速ですが，一つのメモリ・セルに必要とするトランジスタ数が多いため，あまり大容量のものをチップ内部に持つことはできません．プログラム全体のコード（命令）とデータをSRAM上にキープすることは難しいため，チップ外部のDRAMに必要なデータは保存されています．DRAMはメモリ・セルにトランジスタ一つしか使用しないため，SRAMよりも大容量化できます．その代わりにアクセス・スピードが遅く，データを読み書きするのに最低でも数クロック必要となることが普通です．

● **SDRAMのリード/ライト時のデータの流れ**

図4.16は，SDRAMのデータをリード/ライトするときのデータの流れのイメージ図です．例えば，リードの場合，リード命令とアドレスの指定で数クロック必要となり，その後指定したアドレスのデータがSDRAMより出力されます．連続したデータを読み出す場合（バースト・リード），連続するデータは1クロックごとに次々と出力されます．

これらのことから，非連続のばらばらのアドレスから8個のデータを読み出す場合と比較して，あるアド

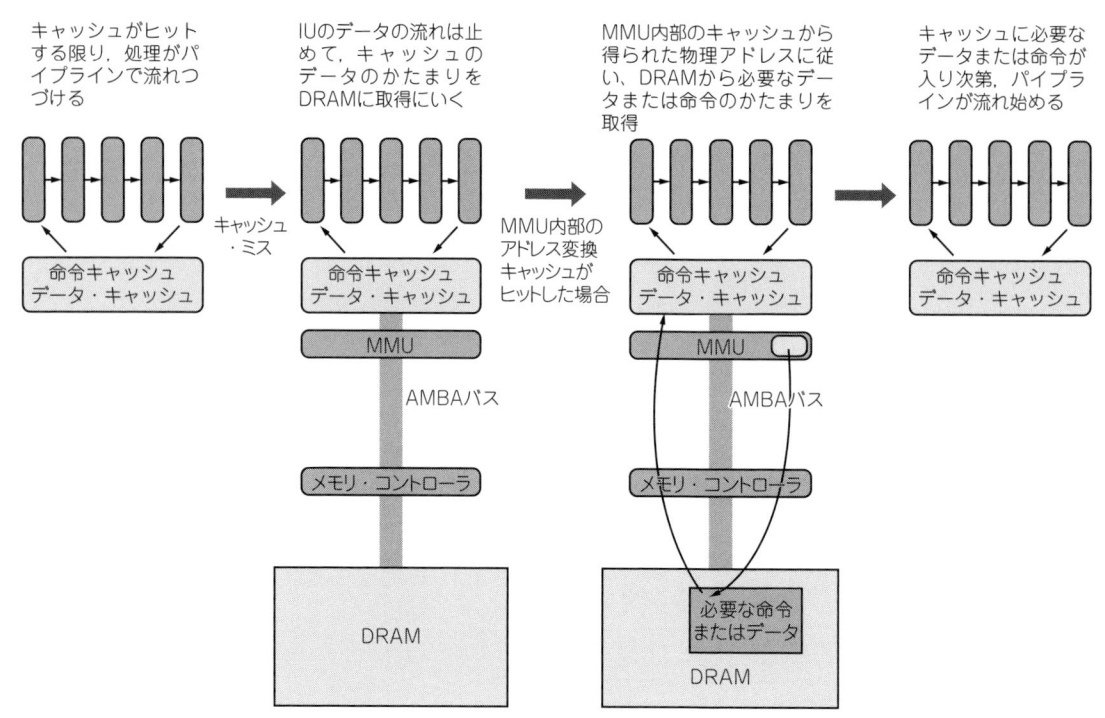

図4.18　キャッシュ・ミス時のデータの流れ（MMU内部のアドレス変換キャッシュがヒットした場合）

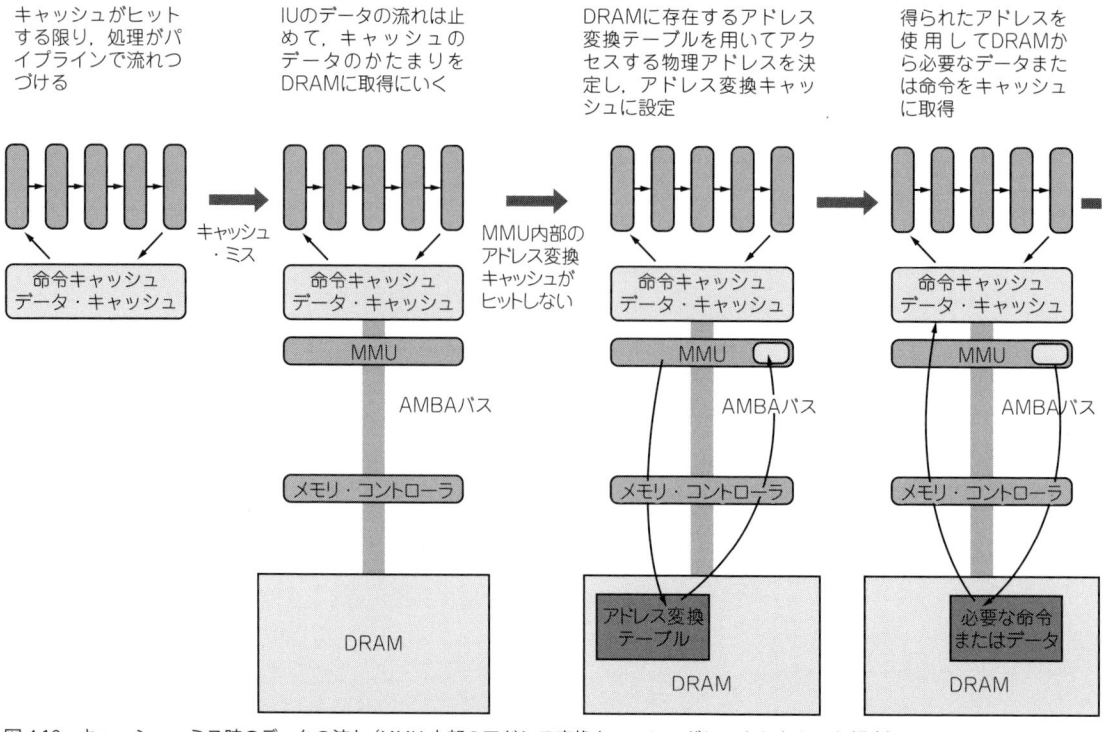

図4.19　キャッシュ・ミス時のデータの流れ（MMU内部のアドレス変換キャッシュがヒットしなかった場合）

レスから連続した8個のデータを読み出す場合に必要となるクロック数は大幅に少ないことが分かります．

Memory management unit（MMU）も，SoCでは非常に重要な部品です．図4.17のように，SoCの上で実行される，それぞれのプログラムはそれぞれの仮想アドレス空間で動作していますが，その仮想アドレス空間が実際のハードウェア上の物理アドレスでは，どこに相当するかを変換する部品がMMUです．各プログラムが実際にメモリにアクセスする際に，メモリのハードウェア上のアドレスにここで変換されます．

● **アドレス変換キャッシュ・ヒット時の処理**

図4.18は，命令キャッシュまたはデータ・キャッシュに必要なデータが存在せずに，メイン・メモリ上からキャッシュに取り込むことが必要になった際のデータの流れを示しています．MMU内部のアドレス変換キャッシュが，ヒットした場合の動作です．

命令キャッシュまたはデータ・キャッシュに必要な命令やデータが存在しなかった場合，IUのパイプライン処理がストップします．必要なデータをDRAMに取りにいくのですが，仮想アドレスからDRAM上の物理アドレスへの変換がMMUで行われます．

MMUの内部には，仮想アドレスから物理アドレスへのアドレス変換キャッシュが存在しており，メモリ・アクセス要求が来たときに対応する物理アドレスがアドレス変換キャッシュにあるかどうかチェックします．そこに物理アドレスが存在していた場合，その値を使用してDRAMへアクセスします．

DRAMへのアクセスはAMBAバスを通してメモリ・コントローラへアクセスし，メモリ・コントローラがDRAMへアクセスします．キャッシュのライン・サイズのデータをDRAMから取得します．アクセスしたい命令またはデータが届き次第，IUは再びパイプライン動作を行います．

このような動作を考えると，IUの処理が止まるキャッシュ・ミスが非常に大きな処理時間への負担となることが容易に想像できます．

● **アドレス変換キャッシュ・ミス時の処理**

次に，MMU内部の変換キャッシュがヒットしなかった場合を考えます．この場合は，さらに大きな処理が一つ追加されます（図4.19）．

MMU内部のアドレス変換キャッシュがヒットしなかった場合，DRAM上のアドレス変換テーブルへアクセスして物理アドレスを取得する処理が追加されます．アドレス変換テーブルから必要な物理アドレスを取得できた後に，実際にそのアドレスへアクセスしてキャッシュへ必要な命令またはデータを書き込みます．この場合は，さらに大きなクロック数を使用することが容易に想像できると思います．

以上のように，キャッシュ・ミスというものは非常に大きなペナルティを持っており，SoCを開発する際にはキャッシュの構造設計は全体のパフォーマンスに大きく影響を与えます．

LEONプロセッサ・システムでは，キャッシュ・サイズやキャッシュ・アルゴリズムを自由にコンフィグレーションすることが可能なので，さまざまなサイズに変更したハードウェアを生成して，実験を行うことができます．

第2部

第5章 YCbCr-RGB変換モジュールをハードウェア化するシステムの開発方法

ソフトウェア処理の一部分を実際にハードウェア化することにより，SoC開発のエッセンスを体験しよう

本章では，SoC開発のための要素技術の習得を目的として，YCbCr-RGB変換部分をハードウェアで処理するシステムを開発します．

YCbCr-RGB変換のみをハードウェア化しても，システムの性能はそれほど上がりませんが，ソフトウェア処理の一部をハードウェア化してシステムを動作させることが体験できます．本章だけでも自分で開発を行えば，自分専用のSoCを開発するための要素技術を習得することができます．

習得する要素技術は，RTLによるハードウェア設計，AMBAバスの仕様の理解とインターフェース設計，ユーザランド・アプリケーションからAMBA接続されたハードウェアにデータを送るためのデバイス・ドライバ設計などです．

● 本章で設計するハードウェア

本章で設計するハードウェアは，図5.1のように，YCbCr-RGB変換モジュールをAMBA AHBバスに追加したものになります．図5.1では，ここで開発するシステム内でのデータ処理を示しています．ハフマン（Huffman）デコードや2DIDCTは，これまでと同じようにソフトウェアで処理されます．

YCbCr-RGB変換部分は，2DIDCTが終わったデータをデバイス・ドライバによって追加したハードウェアに送ります．データを受け取ったYCbCr-RGB変換ハードウェアは，自律的にRGBデータに変換してメイン・メモリ中のフレーム・バッファにデータを送ります．

また，VGAコントローラは，プロセッサ処理とは関係なく自律してメイン・メモリ内のフレーム・バッファ領域のデータを読み取り，VGAポートからディスプレイ表示に合わせたタイミングで画面データを出力し続けています．これら三つの動作は，同時に起きていることに注意してください．

2DIDCTデータをYCbCr-RGB変換ハードウェアに転送した後，ユーザランドのアプリケーションは次のデータのハフマン・デコードを始めており，それと同時にYCbCr-RGB変換がハードウェアで行われています．ハードウェアによる処理はソフトウェアによる処理とは異なり，並列に処理を行うことができます．

5.1 AMBAバスの基礎知識

YcbCr-RGB変換ハードウェアを設計する前に，接続先のバスであるAMBAについて基本的なところを解説します．

● YCbCr-RGB変換回路の概要

ここでは，YCbCr-RGB変換ハードウェアの設計を行います．YCbCr-RGB変換は，次のような式で表される演算です．

R = Y + 1.40200 (Cr − 128)
G = Y − 0.34414 (Cb − 128) − 0.71414 (Cr − 128)
B = Y + 1.77200 (Cb − 128)

ハードウェアは，上記の演算を行うデータ・パス部分と，プロセッサからデータが書き込まれるAHBスレーブ・インターフェース部，このハードウェアが自律的にDRAMに計算結果を書き込むAHBマスタ・インターフェース部からなります．

LEONプロセッサ・システムは，32ビットのAMBAバスを採用しているので，ソフトウェアからこのハードウェアIPコアに送るデータも32ビット単位になります．しかし，JPEGのYCbCrデータは3×8ビット=24ビットなので，今回は32ビット幅の24ビットのみを使用します．設計者が，バスのデータのどの位置にどのデータが来るかを決めます．

このハードウェアIPから出力する計算結果も，32ビット幅のバスから出力されます．今回のLinuxシステムは，16ビット/ピクセル(bps)のフレーム・バッファを使用しています（R成分：5ビット，G成分：6ビット，B成分：5ビット）．そこで，2ピクセル分をまとめて32ビットとし，バスに送出するハードウェアIPを設計することにします．データ・パス演算を行った後に，2ピクセル分をハードウェアでまとめます．以上のことからざっくりと，図5.2のような概要図を書くことができます．

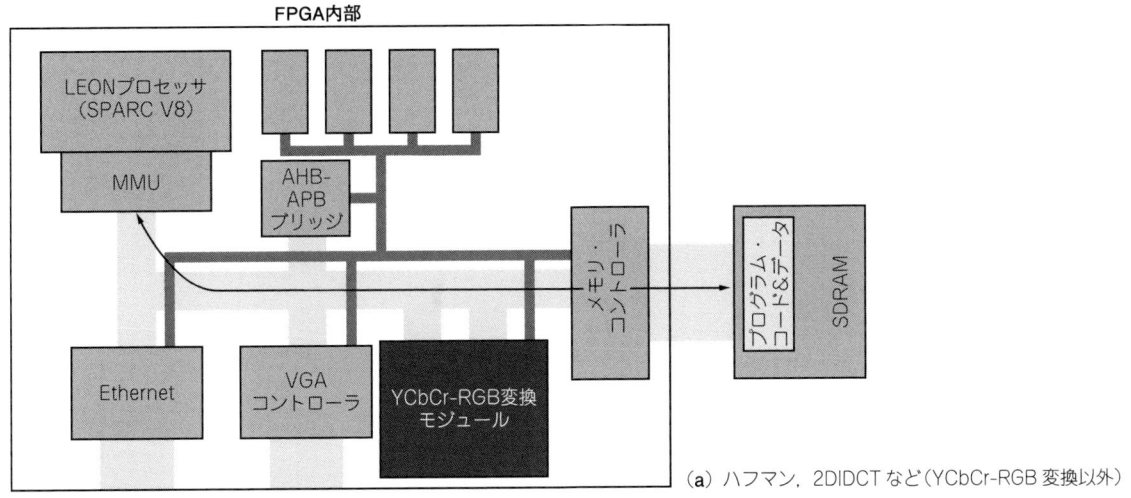

(a) ハフマン，2DIDCT など（YCbCr-RGB 変換以外）

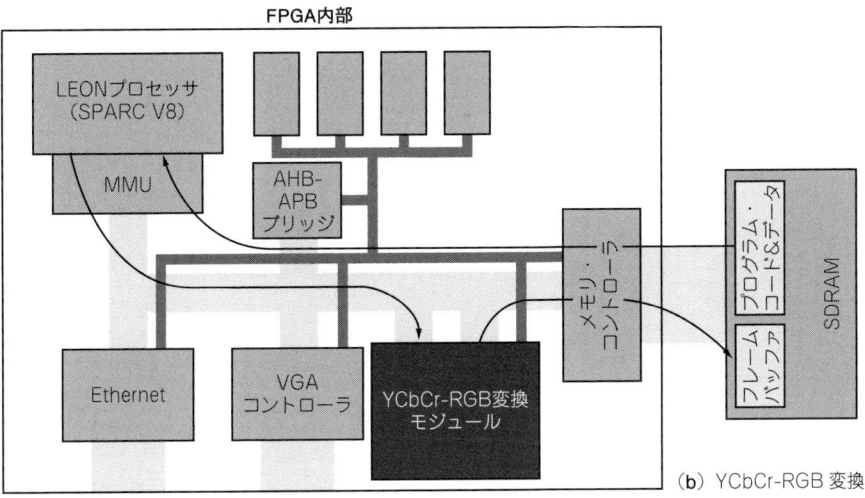

(b) YCbCr-RGB 変換

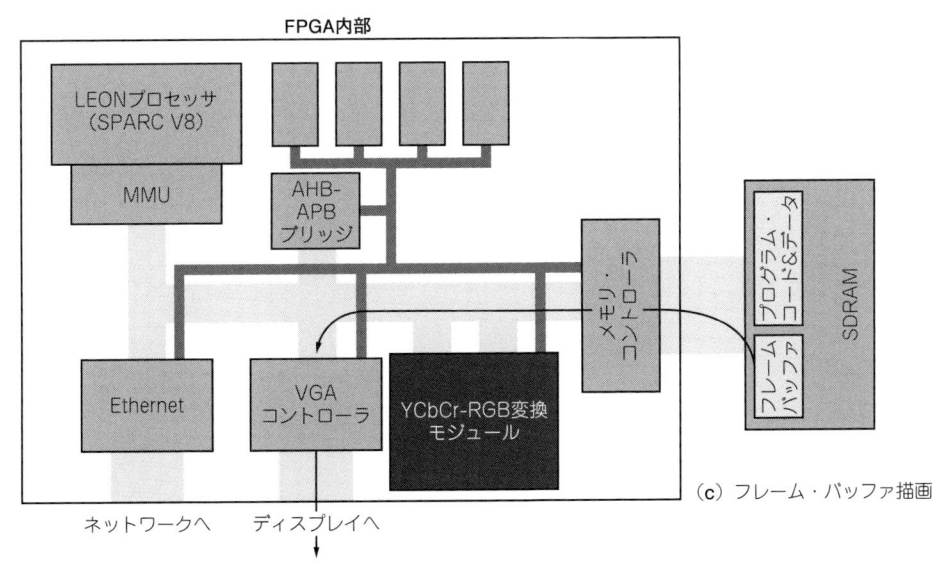

(c) フレーム・バッファ描画

図 5.1 開発するシステム内でのデータの流れ

5.1 AMBAバスの基礎知識

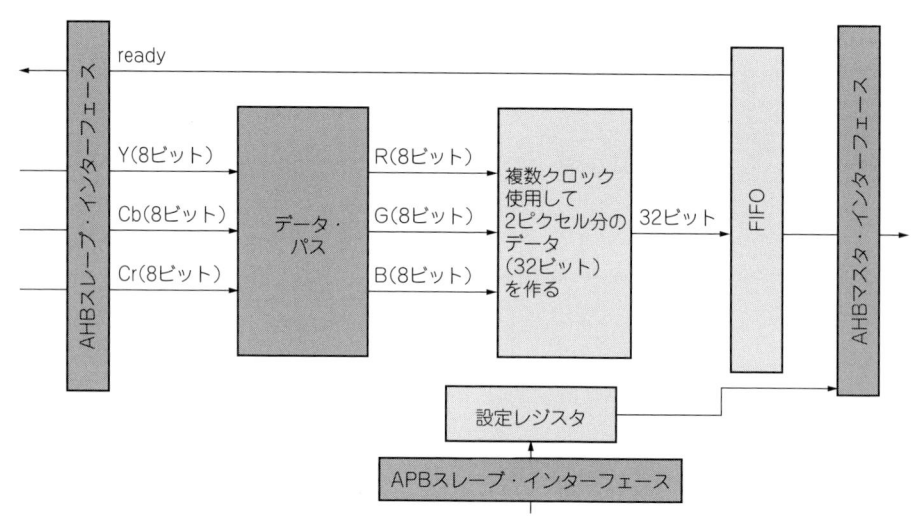

図5.2 YCbCr-RGB変換回路の概要

　フレーム・バッファのアドレスなどを設定する，様々な制御レジスタを用意し，APBスレーブ・インターフェース越しにソフトウェアから読み書きできるようにしています．

● **AMBAバスについて**

　ここでは，AMBAバスについて，もう少し詳しく説明します．

　AMBA（Advanced Microcontroller Bus Architecture）バスとは，ARM社が仕様を決定したLSI用の標準バスの一つです．多数のLSIで使用されています．AMBAバスは総称であり，用途別にAHB（Advanced High-performance Bus），APB（Advanced Peripheral Bus），AXI（Advanced eXtensible Interface）の各バスが存在します．今回のSoCでは，AHBとAPBが使用されています．

　AHBがメインのバスで，APBは応答速度やデータ量の要求が小さいものをまとめて使用しています．APBの信号は，AHB/APBブリッジを通してAHBコアからアクセスされます．

　AMBAバスはARM社が策定し，フリーで公開されているバス仕様で，ARM社のWebサイトや，Aeroflex Gaisler社のWebサイトからドキュメントをダウンロードすることができます．

　内容は，プロセッサやSDRAMコントローラ，イーサネットIPコアなどを接続して信号のやりとりを行うためのプロトコルを規定したものです．IPコアを開発する際に，AMBAバスに準拠したインターフェース回路を準備しておけば，AMBAバスを使用したSoCには簡単に追加することができます．

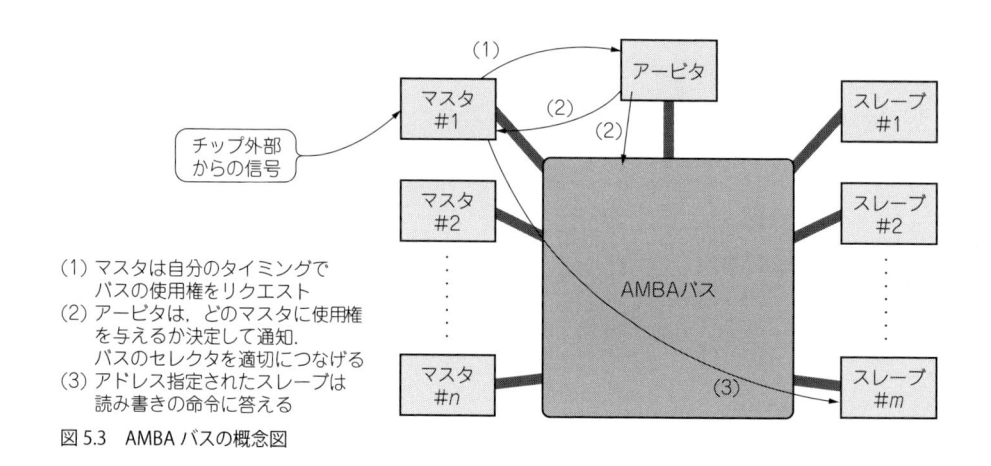

(1) マスタは自分のタイミングでバスの使用権をリクエスト
(2) アービタは，どのマスタに使用権を与えるか決定して通知．バスのセレクタを適切につなげる
(3) アドレス指定されたスレーブは読み書きの命令に答える

図5.3 AMBAバスの概念図

● マスタとスレーブ

　図5.3に，AMBAバスの概念を示します．ハードウェアIP自らがバスの使用要求を出すものがAMBAマスタで，マスタからの読み書き命令に答えるだけの動作をするものがAMBAスレーブであることに注意してください．

　前章で使用したSoCでは，LEON3プロセッサやEthernet IPコア，VGAコントローラIPコアなどがAMBAマスタとなっています．例えば，Ethernet IPコアは，チップ外部のEthernet PHYチップと接続されており，外部とネットワークの信号のやりとりを行っています．

　外部からネットワークを通してやってくる信号にシステムとして対処できるように設計しなければなりませんが，どのタイミングで信号がやってくるのかはシステム実行時の環境に依存し，設計時には分かりません．そのため，Ethernet IPコアは自分宛てのデータが到達したかどうかのチェックや自分宛てのデータのエラー・チェックなどを行い，データが受信できる状態であれば，メイン・メモリ上の最初に確保された領域にデータを溜めていきます．

　このような動作を行うためには，Ethernet IPコアが自律的に他のIPコアを読み書きできる必要があるため，AMBAマスタ・コアとして設計する必要があることが分かります．それに対し，GPIOコアは，プロセッサ（ソフトウェア）から一方的に読み書きされるだけなので，AMBAスレーブ・コアとして設計されます．

● バス使用権の割り当て

　AMBAマスタ・コアは，それぞれが自律的に独自のタイミングでバスの使用要求を出すので，要求がぶつかり合うことも当然起こります．そのような状態を考慮した上で，バスの使用権を割り振っていくモジュールがアービタです．

　AMBAバスの実装は，図5.4のようになっています．マスタもスレーブもアドレス信号線，書き込みデータ信号線，読み込みデータ信号線を持っています．

　マスタからのアドレス信号線と書き込み信号線は，すべてマルチプレクサに集められて，どれか一つだけが出力されます．どの出力を選択するかは，アービタが決定します．選択された，ただ一つのアドレス信号と書き込みデータ信号は，すべてのスレーブに接続されます．

　スレーブは，自分に対する読み出し命令であった場合は，信号を読み出し信号線に出力します．スレーブからの読み出し信号線はすべてマルチプレクサに集められて，どれか一つだけが選択されます．選択された読み出し信号は，すべてのマスタに接続されています．マスタは，自分が読み出し命令を出した場合のみ，読み出し信号線を正しいタイミングで取得します．

　上記がAMBAバスの基本構造です．このような構造上で，様々なタイミング・シーケンスが定義されており，それぞれのIPコアが自律的に動作して，正しくデータのやりとりを行うことができるようになっています．

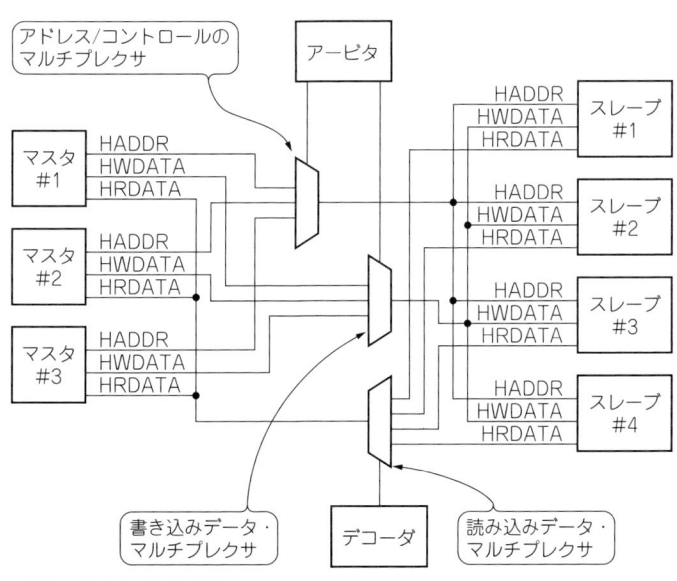

図5.4　AMBAバスの実装

5.1　AMBAバスの基礎知識

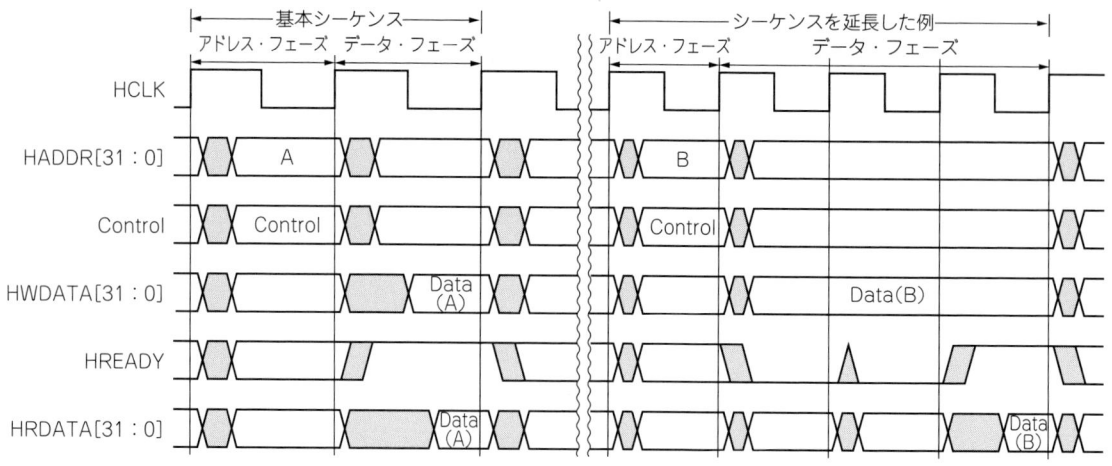

図5.5 AMBA AHBバスの基本的なタイミング・シーケンス

● **AMBAの基礎となるタイミング・シーケンス**

図5.5が，AMBA AHBバスのマスタとスレーブの信号のやりとりでもっとも基礎となるタイミング・シーケンスです．

マスタとスレーブの間の信号のやりとりは，アドレス・フェーズとデータ・フェーズに分かれています．アドレス・フェーズでマスタはアドレスと信号のやりとりごとに，コントロール信号を出力します．その次のクロックがデータ・フェーズで，書き込みの場合はマスタはこのタイミングで書き込み信号を送り出します．読み込みの場合は，このタイミングでスレーブが要求されたアドレスの値を出力します（図5.5の左側）．

スレーブは，マスタからの読み出し，書き込み要求があったときに即座に対応できるかどうかは分かりません．例えば，スレーブが読み出しに数クロックかかるメモリを使用しているかもしれませんし，何か別の動作を行っていて終了するまで対応できないような構造かもしれません．そのようなときは，スレーブはHREADY信号をアサートします（図5.5の右側）．

マスタはこの信号がアサートされたことを知ると，スレーブが自分の出した要求に即座に応答できないと判断し，書き込みの場合はHREADYのアサートが終了するまで書き込みデータを出力し続けます．読み出しの場合はHREADYのアサートが終了するまで，読み出しデータ線の値を無視します．

マスタとスレーブは，このようにデータ・フェーズの延長があった場合に，きちんと対応するように設計する必要があります．

● **複数のAMBA転送**

このアドレス・フェーズとデータ・フェーズが繰り返されることでシステムは動作していきますが，複数

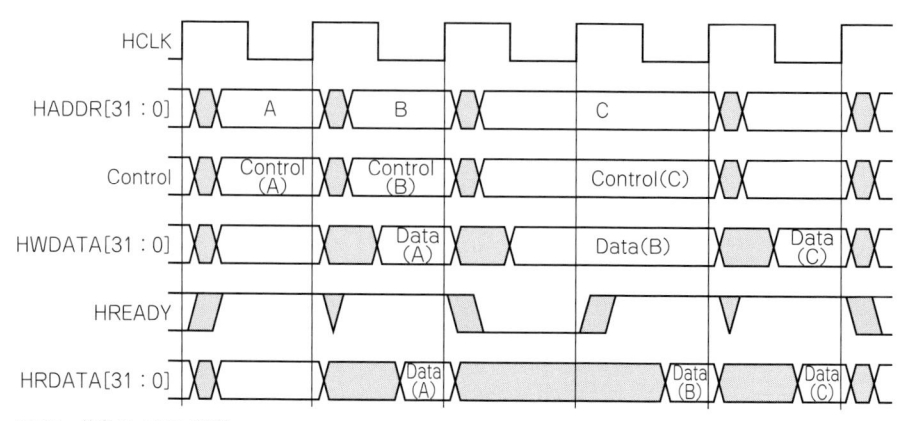

図5.6 複数のAMBA転送

第5章 YCbCr-RGB変換モジュールをハードウェア化するシステムの開発方法

リスト 5.1　jdcolor.c の YCbCr-RGB 変換演算部分

```
while (--num_rows >= 0) {
  inptr0 = input_buf[0][input_row];
  inptr1 = input_buf[1][input_row];
  inptr2 = input_buf[2][input_row];
  input_row++;
  outptr = *output_buf++;
  for (col = 0; col < num_cols; col++) {
    y  = GETJSAMPLE(inptr0[col]);
    cb = GETJSAMPLE(inptr1[col]);
    cr = GETJSAMPLE(inptr2[col]);
    /* Range-limiting is essential due to noise introduced by DCT losses. */
    outptr[RGB_RED]   = range_limit[y + Crrtab[cr]];
    outptr[RGB_GREEN] = range_limit[y +
                          ((int) RIGHT_SHIFT(Cbgtab[cb] + Crgtab[cr],
                                             SCALEBITS))];
    outptr[RGB_BLUE]  = range_limit[y + Cbbtab[cb]];
    outptr += RGB_PIXELSIZE;
  }
}
```

の AMBA 転送が行われるときに，次のアドレス・フェーズは，一つ前の AMBA 転送のデータ・フェーズと重ねることができます（図 5.6）．

このように，AMBA 転送を詰めて行うようにすることで，バスの使用効率を上げています．HREADY がアサートされたときに，2 番目（B）の AMBA 転送のスレーブからの応答が延長されているのと同時に，3 番目（C）の AMBA 転送のマスタからのアドレス信号やコントロール信号も延長されていることに注意してください．

5.2　YCbCr-RGB 変換ハードウェアの設計

●マスタとスレーブ両方を使うコア

本章で設計するハードウェア・ブロックは，AMBA マスタとスレーブ両方のインターフェースを持ちます（図 5.2 参照）．

ソフトウェア（プロセッサ）からデータの書き込みを受け入れる部分は，ソフトウェアからの読み書き命令に従うだけの AHB スレーブ・インターフェースとなります．

ただし，この IP コアの FIFO に空きがあって，データの受け入れ可能かどうかの READY 信号を AHB スレーブ・アドレスに出力しており，ソフトウェアは書き込みを開始する前にこの信号のチェックを行います．

FIFO に充分な空きがなく，READY 信号がアサートされていない場合は，ソフトウェアがウェイトして，しばらく時間をおいて再び READY 信号をチェックしに行く構成とします．

FIFO にある一定数のデータが溜まったときに，AHB マスタ・インターフェースは自律的にアービタに対してバスの使用権のリクエストを行います．バスの使用が許されたら，一定数のデータをバースト・ライトします．

バースト・ライトとは，一度の使用権において，連

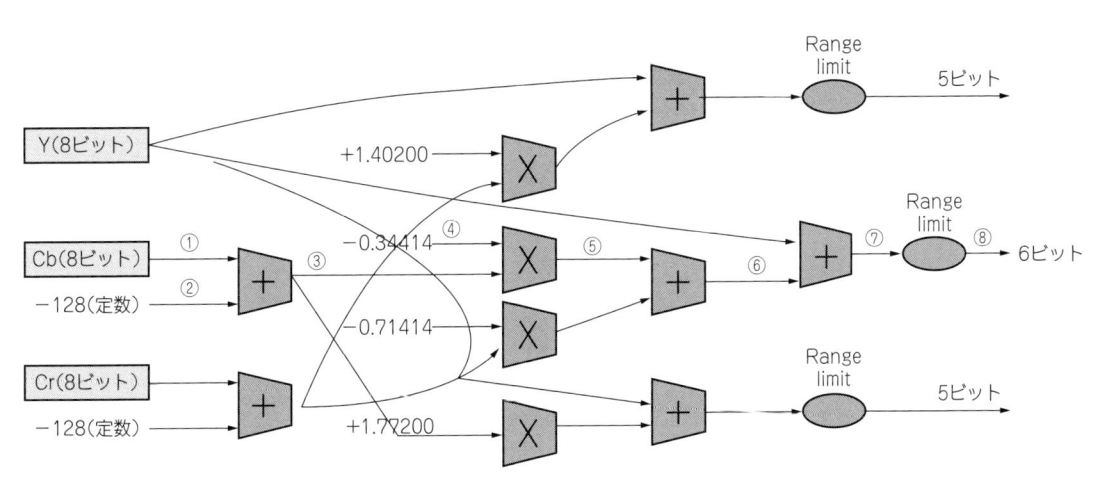

図 5.7　YCbCr-RGB 演算ハードウェア概要

続して複数のデータを読み書きするモードです．バスの使用を細切れにすることを避け，バス使用効率を上げます．

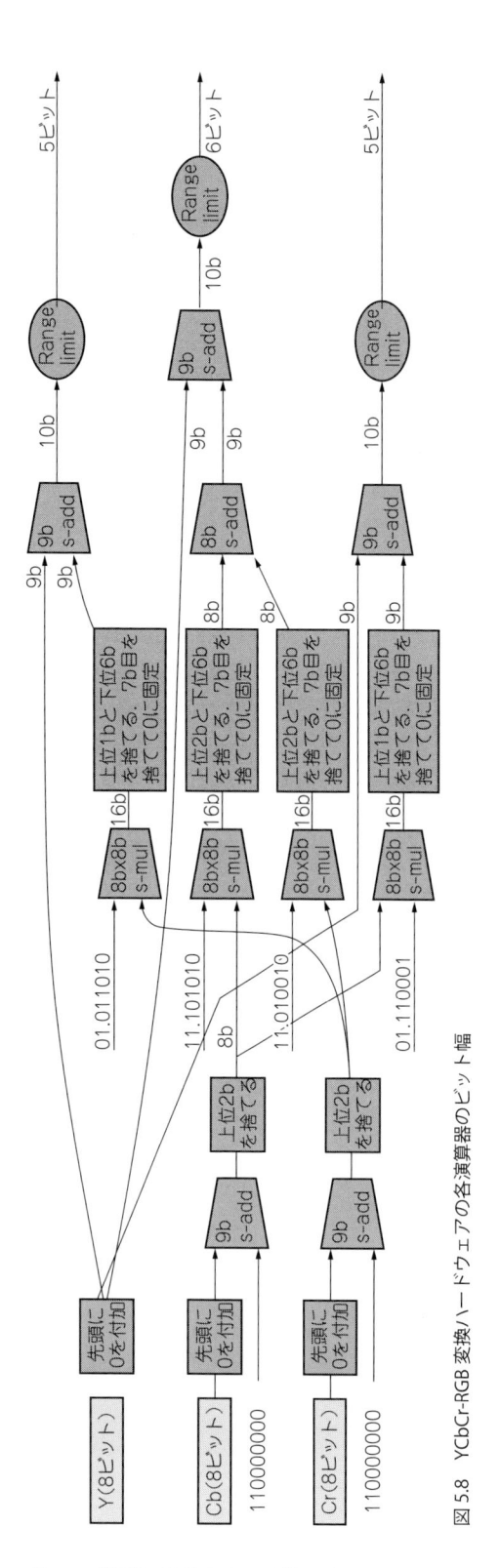

● **データ・パス部分の設計**

最初に，データ・パス部分を設計します．ここは，先ほどの式で示された演算を実際にハードウェアで行う部分です．

最初に，PC-Linux上でハードウェアに相当するCソース・コードを記述して，自分の考えたハードウェアの設計の正当性を確かめます．まず，jdcolor.cの該当部分を見て確認します（リスト5.1）．

ここで，range_limit()という関数は，マイナスの値であれば0に，255より大きな値であれば255にしてしまう関数です．このソフトウェアでYCbCr-RGB変換している部分をハードウェアIPのデータ・パス部分で計算することになります．

以上の演算を行うハードウェアは，図5.7のような構造になります．

楕円部分は，C言語中のRange_limit()相当の演算を行うハードウェアです．ここで，ソフトウェアをハードウェア化する際に演算器のビット幅をどのように設定するかという問題があります．ソフトウェアの場合，intやdoubleのように型を指定するとデータのビット幅が決定します．演算は，そのビット幅に応じて決まります．上記のように，複合的な演算をハードウェアで実現する場合，それぞれの演算のビット幅は設計者が自由に決めることができます．

ビット幅をどれだけにするかは，演算結果の精度と必要になるハードウェア・リソースとのトレードオフになります．今回は，図5.8のようなビット幅にしました．ビット幅の決定方法については，本稿の範疇を越えるので記述しません．参考文献(3)に，考え方が詳しく説明されているので参考にしてください．

設計者が許容できる誤差に合わせて，設計したビット幅のデータ・パスによって実際の画像がどの程度人間の目には劣化して見えるかを，C言語でチェックします．具体的には，先ほど見たC言語でのデータ・パス演算部分を，これから設計するハードウェアIPのビット幅と同じ演算精度に変更し，ソフトウェアでmotionJPEGを再生し，その精度がシステムとして問題ないかを確認します（リスト5.2）．

ここでは，ソフトウェアによる演算結果をいったんシフトして，上位または下位のビット情報を消し，それを元に戻すような作業を行うことによって，簡単に先ほど設計したハードウェア・データ・パスと同じ演算結果（誤差精度が同じ）を画面に出力してみました．また，この関数内で，演算前の数値と演算後の数値をprintf文で出力しています．これは，ハードウェア

図5.8 YCbCr-RGB変換ハードウェアの各演算器のビット幅

リスト5.2 ハードウェアのビット幅を検証するCコード

```
  while (--num_rows >= 0) {
    inptr0 = input_buf[0][input_row];
    inptr1 = input_buf[1][input_row];
    inptr2 = input_buf[2][input_row];
    input_row++;
    outptr = *output_buf++;
    for (col = 0; col < num_cols; col++) {
      y  = GETJSAMPLE(inptr0[col]);
      cb = GETJSAMPLE(inptr1[col]);
      cr = GETJSAMPLE(inptr2[col]);

      in_pattern = (y << 16 | cb << 8 | cr);
      fprintf(cinfo->in_yccrgbs, "%X\n", in_pattern);

      /* Range-limiting is essential due to noise introduced by DCT losses. */
      /*      outptr[RGB_RED] =   range_limit[y + Crrtab[cr]];
      outptr[RGB_GREEN] = range_limit[y +((int) RIGHT_SHIFT(Cbgtab[cb] + Crgtab[cr],SCALEBITS))];
            outptr[RGB_BLUE] =  range_limit[y + Cbbtab[cb]];*/
      //      outptr += RGB_PIXELSIZE;
      /* LEON-mjpeg project */
      /* HARDWARE check */
      tempy  = (unsigned char)y;
      tempcb = (unsigned char)cb;
      tempcr = (unsigned char)cr;

      tempr = y + (int)((((((cr - 128)<<24)>>24)*90)<<17)>>23) & 0xfffffffe);
      tempr2 = tempr & 0x00000200;
      if(tempr2 != 0)tempr = 0;
      tempr2 = tempr & 0x00000100;
      if(tempr2 != 0)tempr = 255;

      tempg =((y + ((((int)((((((cb - 128)<<24)>>24)*(-22))<<18)>>24) & 0xfffffffe)
              +(int)((((((cr - 128)<<24)>>24)*(-46))<<18)>>24) & 0xfffffffe))<<23)>>23))<<22)>>22;
      tempg2 = tempg & 0x00000200;
      if(tempg2 != 0)tempg = 0;
      tempg2 = tempg & 0x00000100;
      if(tempg2 != 0)tempg = 255;

      tempb = y + (int)((((((cb - 128)<<24)>>24)*113)<<17)>>23) & 0xfffffffe);
      tempb2 = tempb & 0x00000200;
      if(tempb2 != 0)tempb = 0;
      tempb2 = tempb & 0x00000100;
      if(tempb2 != 0)tempb = 255;

      outptr[RGB_RED]   = tempr & 0xff ;
      outptr[RGB_GREEN] = tempg & 0xff ;
      outptr[RGB_BLUE]  = tempb & 0xff ;

      pixcoldata = 0x0| ((outptr[RGB_RED]&0xf8)<<8) | ((outptr[RGB_GREEN]&0xfc)<<3)
             | ((outptr[RGB_BLUE]&0xf8)>>3);
      XSetForeground(wininfo.dpy,wininfo.gc,pixcoldata);
      XDrawPoint(wininfo.dpy,wininfo.win,wininfo.gc,col,call_num);

      if(call_flag ==0){
        fprintf(cinfo->out_upycc,"%x",(unsigned short)pixcoldata);
        call_flag =1;
      }else{
        fprintf(cinfo->out_upycc,"%x\n",(unsigned short)pixcoldata);
        call_flag = 0;
      }
    }
  }
```

のRTL設計の際のテスト・パターンを生成するためのものです．

以上のように書き換えたソフトウェアで，PC-Linux上でgfdl-qvga.mjpegを再生してみます．変更前とほとんど変わらない動画が出力されます．この精度で良いと判断すれば，データ・パスの概念設計は完了です．

●AHBスレーブ・インターフェースの設計

次に，AHBスレーブ・インターフェース部分の設計を行います．すでに見たように，AHBはアドレス・フェーズとデータ・フェーズに分かれています．スレーブは，図5.9のようにHREADY信号が受信可能な状態でHSEL信号がアサートされたときに，マスタから自分への通信が行われていると判断します．

ハードウェアIPへのデータをメモリで受け取った場

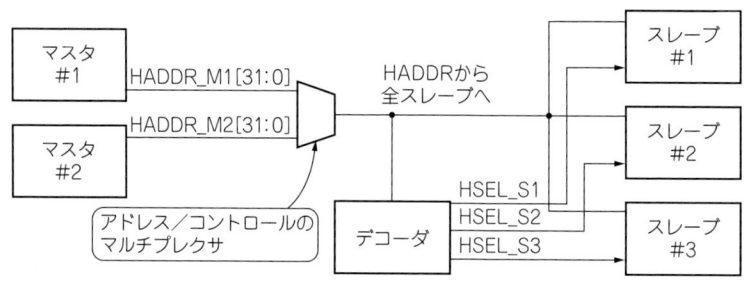

図5.9 AHBにおけるスレーブ選択信号

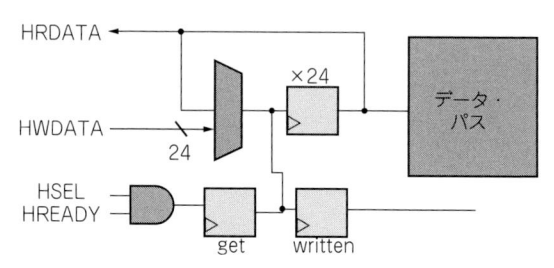

図5.10 設計したAHBスレーブ・インターフェース

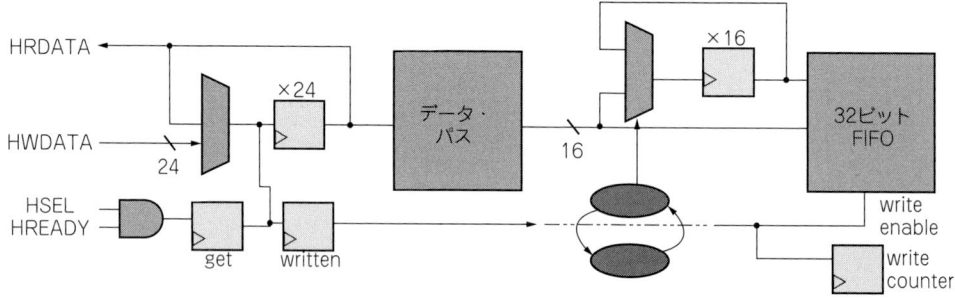

図5.11 AHBスレーブ・インターフェースと演算部分

合，リード動作の直後にライト動作が発生したときにデータがぶつかるので，少し複雑になります．今回のハードウェアは，図のようにデータをメモリで受けずにデータ・パスに流し込みます．

このハードウェアIPの外側部分がどのような構造になっているか分からないため，データ・パス部分を含めたパスがクリティカル・パスにならないようにAHBスレーブ・インターフェース部分のレジスタで受けます．書き込んだ直後のデータしか読み出すことができませんが，このようにすることで，回路は図5.10のように簡単になります．

このデータ・パスから出力されるRGBデータ2回分をまとめてFIFOに入力します（図5.11）．

FIFO自体は，2ポート・メモリを使用して実現します．図5.12に，2ポート・メモリを使用してFIFOを実現する概要図を示します．

ここで，FIFOの内部にたまっている要素数を使って，前後のモジュールに動作可能かどうか信号を送っているところに注意してください．FIFOにまだ書き込みする空きがある場合，READY信号をアサートします（AHBアドレスへのアクセスで読み出せる信号）．

ソフトウェアからこのモジュールにデータを送る際に，最初にこの信号をチェックしてから送ります．もし，十分な空きがない場合は，ソフトウェアが一定時間待ってから再びこの信号のチェックを行います．また，後段に対しては，ある個数以上の要素があれば，SDRAM上のフレームバッファに書き込みが可能であることをAHBマスタ・インターフェースに伝えます．

AHBマスタ・インターフェースは，この信号を受けたらバスのリクエストを開始し，アービタからバスの使用権を獲得できたときに，実際にデータを送り出します．

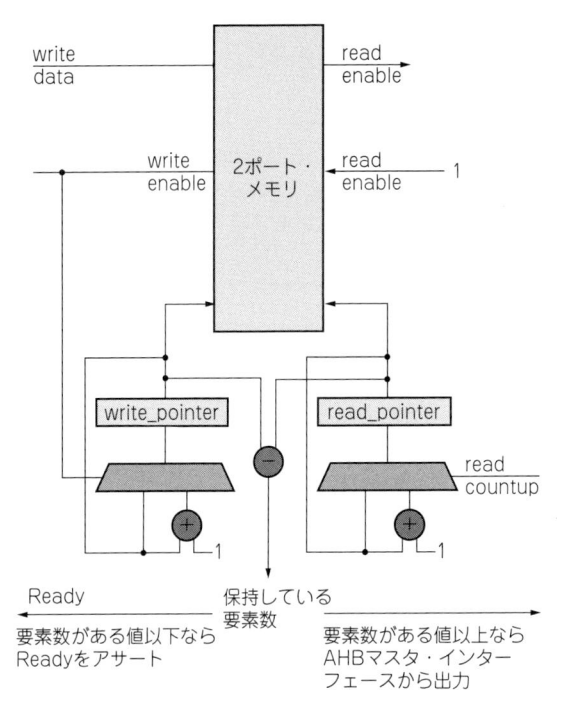

図5.12　2ポート・メモリを使用したFIFOの実現

図5.13　フレーム・バッファと表示する画像の関係

●制御レジスタ部分の設計

次に，制御レジスタを考えます．IPコアをバスにつなげたSoCでは，通常IPコアに動作モードなどを設定するレジスタを設けておき，そのレジスタをバスを通してソフトウェアから読み書きすることで，モードの切り替えなどを行います．

本章で設計するIPコアでは，最後にフレーム・バッファに出力する際の設定に制御レジスタを使用します．

図5.13のように，フレーム・バッファの先頭アドレス，画像サイズ，インクリメント・アドレスの値を設

APBアドレス・オフセット	レジスタ
0x00	フレーム・バッファ・スタート・アドレス・レジスタ
0x04	出力サイズ情報レジスタ
0x08	インクリメント・アドレス・レジスタ

フレーム・バッファ・スタート・アドレス・レジスタ

31	0
フレーム・バッファ・スタート・アドレス	

出力サイズ情報レジスタ

31	16	15	0
Xサイズ		Yサイズ	

インクリメント・アドレス・レジスタ

31	0
インクリメント・アドレス	

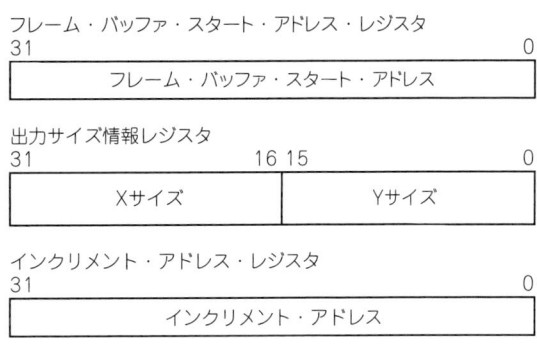

図5.14　YCbCr-RGB変換の制御レジスタ・アドレス

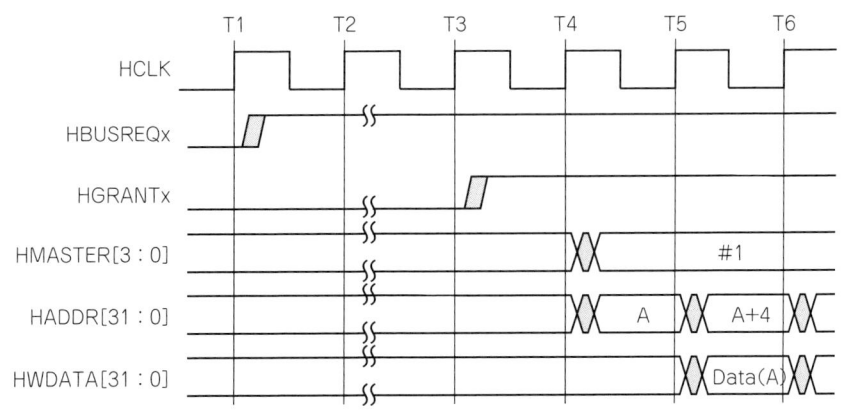

図5.15　AHBマスタからのバス使用権リクエストとデータ送出

5.2　YCbCr-RGB変換ハードウェアの設計　65

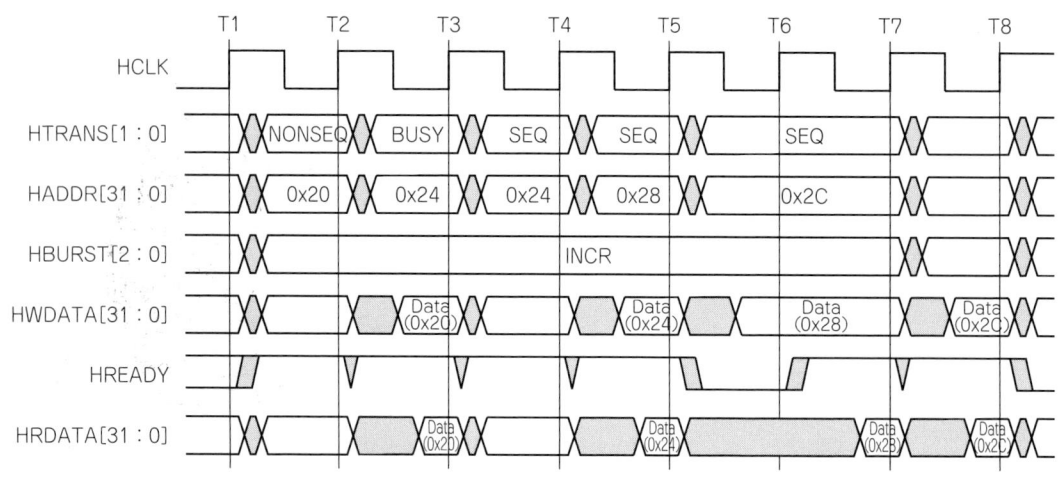

図5.16 AHBのバースト転送の基本シーケンス

定アドレスに持ちます．インクリメント・アドレスは，左から順に2ピクセルのデータを書き込んで画像の右端に来たところで，次の行の左端のアドレスを求める際に加算する値のことです．

制御レジスタのアドレスは，設計者が自由に決めます．今回は，図5.14のようにしました．

APBアドレス・オフセットは，このIPコアのベースとなるAPBアドレスに付加する値です．ベースのAPBアドレスは，第1部で説明したようにIPコアをインスタンスしたときにgeneric文で指定します．

● AHBマスタ・インターフェースの設計

必要な設定値が準備できたので，最後にAHBマスタ・インターフェースを設計します．

図5.15は，基本的なAHBマスタ・コアがバスの使用権を獲得してデータを送り出すまでを示しています．最初に，HBUSREQをアサートして，アービタに対してバスの使用権をリクエストします．バスが使用できるタイミングが来たときに，アービタはHGRANTをアサートしてAHBマスタ・コアに知らせます．その後は，アドレス・フェーズ，データ・フェーズと続きます．

今回のハードウェアIPコアでは，データ16個（32ピクセル）をまとめてバースト転送します．いったんバスの使用権を得たら，16個分のデータを詰めて送り続けます．バスを占有している時間が，一つずつ送る場合に比べて小さくなります．FIFOに16個以上のデータが存在している場合に，バスの使用権のリクエストを開始することになります．

図5.16は，バースト動作の基本シーケンスです．以上の考察から，AMBAマスタ・インターフェース部分は，基本的に図5.17のようなステート・マシンで構成できることが分かります．

● 細部の設計

以上で，YCbCr-RGB変換ハードウェアIPコアの概要が設計できました．これを元にして，もう少し詳細な部分を机上で設計します．細かいところまで詰めることが終了したら，RTLのコーディングやFPGAへのマッピングを開始します．

RTLのコーディングでは，いくつかのGRLIBのルールに従います．GRLIBのルールに従うことによって，Xilinx社やAltera社などの各社のFPGAにトップレベルでコンフィグレーションするだけでマッピングを行えるようになります．

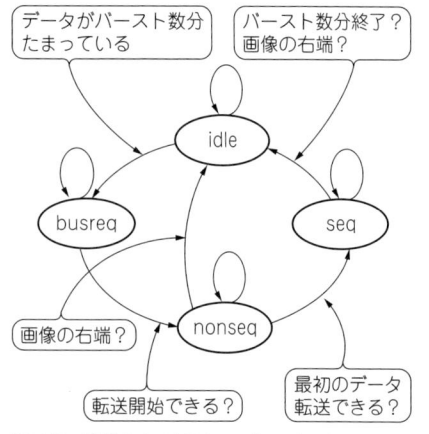

図5.17 設計したAMBAマスタ・インターフェースのステート・マシン

リスト5.3 GRlibのメモリの使用方法

```
library techmap;                            ①
use techmap.gencomp.all;                    ②
............
ram0 : syncram_2p generic map(tech => memtech, abits => 6, dbits => 32, sepclk => 0)  ③
            port map( clk, read_en_fifo, read_pointer_fifo, data_out_fifo,
                      clk, write_en_fifo, write_pointer_fifo, data_in_fifo);
```

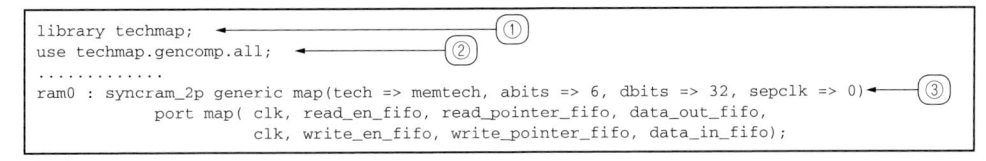

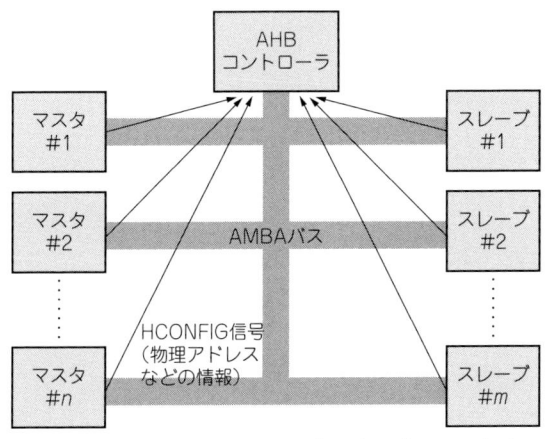

図5.18 LEONシステムのAMBAプラグ&プレイにおけるHCONFIG信号

リスト5.4 AMBAプラグ&プレイに対応したIPコアのVHDLコード例

```
library grlib;
use grlib.amba.all;                         ①
use grlib.stdlib.all;
use grlib.devices.all;

library techmap;
use techmap.gencomp.all;

entity yccrgbs is
  generic (
    memtech     : integer := DEFMEMTECH;
    fifo_depth  : integer := 32;
    burst_num   : integer := 16;
    shindex     : integer := 0;             ②
    haddr       : integer := 0;             ③
    hmask       : integer := 16#fff#;       ④
    hirq        : integer := 0;
    pindex      : integer := 0;
    paddr       : integer := 0;
    pmask       : integer := 16#fff#;
    mhindex     : integer := 0;
    chprot      : integer := 3);

  port (
    rst   : in  std_ulogic;
    clk   : in  std_ulogic;
    ahbmi : in  ahb_mst_in_type;            ⑤
    ahbmo : out ahb_mst_out_type;           ⑥
    ahbsi : in  ahb_slv_in_type;            ⑦
    ahbso : out ahb_slv_out_type;           ⑧
    apbi  : in  apb_slv_in_type;            ⑨
    apbo  : out apb_slv_out_type            ⑩
  );
end;

architecture rtl of yccrgbs is

constant shconfig : ahb_config_type := (    ⑪
 0 => ahb_device_reg( VENDOR_CONTRIB, CONTRIB_
                        CORE1, 0, 0, hirq),
 4 => ahb_membar(haddr, '0', '0', hmask),
           others => zero32);
```

また，第1部で行ったのと同様にmakeコマンドのみでトップレベル論理シミュレーションを行ったり，FPGAマッピング・ツールを起動したりできるようになります（筆者の実装をhw-ycc-rgbというブランチ名で公開している）。

最初のルールは，IPコア内部で使用するメモリは，各社のFPGA用の内部メモリ・コアをインスタンスするのではなく，GRLIBのメモリをインスタンスすることです．リスト5.3に例を示します．

リスト5.3の①，②で，GRLIBのメモリを使用するためのライブラリ宣言を行っています．③で実際にインスタンスしています．

実際にインスタンスする際に，VHDLのgeneric文でメモリの構成を指定しています．ここで，tech=>memtechと指定していますが，memtechはトップレベルでconfig.vhdで指定されたものを引き継いでいます．syncram_2p自体は，このテクノロジを判断して，それぞれのテクノロジ用の内部メモリにマッピングを行います．

● LEONシステム特有のAMBAプラグ&プレイ

もう一つのルールは，LEONシステム特有のAMBAプラグ&プレイというルールに従ったIPコアを設計することです．

LEONシステムでは，図5.18のように各IPコアが自分の物理アドレスなどの情報を表した信号を出力しています．その情報をバス・コントローラが集めアドレス・マップを作ることによって，システム・バス内でのメッセージのやり取りが実現されます．そのため，GRLIBのAMBA信号には，HCONFIGというAMBA規格にはない信号が存在しています．

リスト5.4の⑪が，そのHCONFIG信号を生成している部分で，後半でahbso.hconfigに代入されています．図5.19に，HCONFIG信号の定義を示します．

最初に，VENDOR ID，DEVICE ID，VERSIONを

5.2 YCbCr-RGB変換ハードウェアの設計

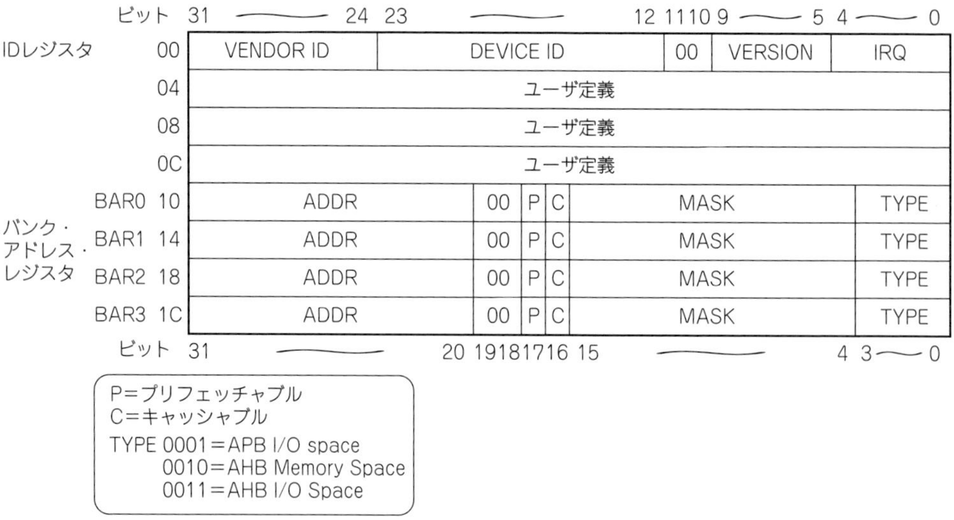

		ビット 31 — 24	23 — 12	11 10 9	— 5	4 — 0
IDレジスタ	00	VENDOR ID	DEVICE ID	00	VERSION	IRQ
	04	ユーザ定義					
	08	ユーザ定義					
	0C	ユーザ定義					
バンク・アドレス・レジスタ	BAR0 10	ADDR	00	P C	MASK	TYPE
	BAR1 14	ADDR	00	P C	MASK	TYPE
	BAR2 18	ADDR	00	P C	MASK	TYPE
	BAR3 1C	ADDR	00	P C	MASK	TYPE
		ビット 31 — 20	19 18 17 16	15 —	4	3 — 0

```
P=プリフェッチャブル
C=キャッシャブル
TYPE 0001=APB I/O space
     0010=AHB Memory Space
     0011=AHB I/O Space
```

図 5.19 HCONFIG 信号の詳細

格納します．VENDOR ID, DEVICE IDは，`grlib-gpl-1.0.22-b4095/lib/grlib/amba/device.vhd`に定義されています．

ファイル中で，定義された変数`VENDER_CONTRIB`，`CONTRIB_CORE1`を与えています．これらは，具体的にVENDER IDが与えられていない会社や設計者が使用できるように定義されている変数です．

関数`ahb_device_reg()`も，同ファイル中で定義されています．IRQは割り込み番号です．通常は，VHDLのgeneric文で与える変数から引用するようにコーディングして，IPコアをインスタンスする際に割り込み番号を決定できるようにします．IRQ信号はAMBA AHB/APB信号の規格には入りませんが，GRLIBではAMBA入出力信号と一緒に定義されており，まとめて取り扱います．

後半は，アドレス情報を格納しています．図5.19のTYPEの値によって，APB I/O空間，AHBメモリ空間，AHB I/O空間の3種類のアドレス情報の与え方があり，IPコアによってどれを使用するかを決めます．ここでは，AHBメモリ空間とAHB I/O空間の説明を行います．この2種類のTYPEは，AHBバスを使用するIPコアが占有する物理アドレスのサイズの大きさによって，どちらを使用するかを選びます．

AHBメモリ空間の場合，AHBアドレス信号の上位12ビット（HADDR[31：20]）とBARの12ビットを比較して，同じ値の場合に，対応するHSEL信号が生成されIPコアが選択されます．よって，最小で1MバイトからMの物理アドレスが使用されることになります．

もっと大きな物理アドレスを使用する場合のために，MASKフィールドが準備されています．((BAR.ADDR xor HADDR[31：20]) and BAR.MASK) = 0のときに対応するHSEL信号が生成されます．

リスト5.4の③，④，⑪のように，通常，IPコアのhaddrとhmaskは，VHDLのgeneric文で与えることができるように設計し，インスタンスするユーザが指定できるようにしておきます．

AHB I/O空間の場合は，IPコアの物理アドレスの上位12ビットは0xFFFに固定され，HADDR[19：8]とBARの12ビットが比較され，同じ値の場合に対応するHSEL信号が生成されIPコアが選択されます．AHB I/O空間で指定されるIPコアの物理アドレスは，0xFFF00000-0xFFFFEFFFの間になります．

どちらの場合も，HMASK = 0の場合は，すべてのアドレス空間を使用するのではなく，BARを無効化していることに注意してください．

LEONシステムに接続するIPコアは，必ずこの方法に従う必要がありますので，既に設計済みのAMBA準拠IPコアを使用するときでも，ラッパー関数を書くなどして対応します．

●LEONシステムに合わせたディレクトリ構成へ

最後のルールは，LEONシステムの開発環境に組み込まれるように，ディレクトリ構造などを作ることです．自分で開発したIPコアもGRLIBの一つとして扱われるように組み込むことで，第1部で行ったのと同様に，自分で設計したIPコアを含めた形でmakeコマンド一つでツールが立ち上がるようになります．

ソフトウェアdmjpegを追加する際にも，makeコマ

```
                            ┌── designs
                            ├── boards         ╭─────────╮
                            │                  │ kuriを追加 │
grlib-gpl-1.0.**-****  ─────┤   .              ╰────┬────╯
                            │   .                   │
                            │   .                   ▼
                            └── lib  ┌── gaisler         ╭──────────╮
                                     │   dirs.txt        │ mjpegを指定 │
                                  libs.txt               ╰─────┬────╯
                                     ├── grlib                 │
                                     │   dirs.txt              ▼    ╭──────────────╮
                                     │   .                          │ mjpeg.vhd    │
                                     │   .                          │ yccrgbs.vhd  │
                                     │   .                          │ を指定        │
                                     └── kuri   ── mjpeg            ╰──────┬───────╯
                                         dirs.txt    mjpeg.vhd             │
                                                     yccrgbs.vhd           │
                                                     vhdlsyn.txt ◄─────────┘
```

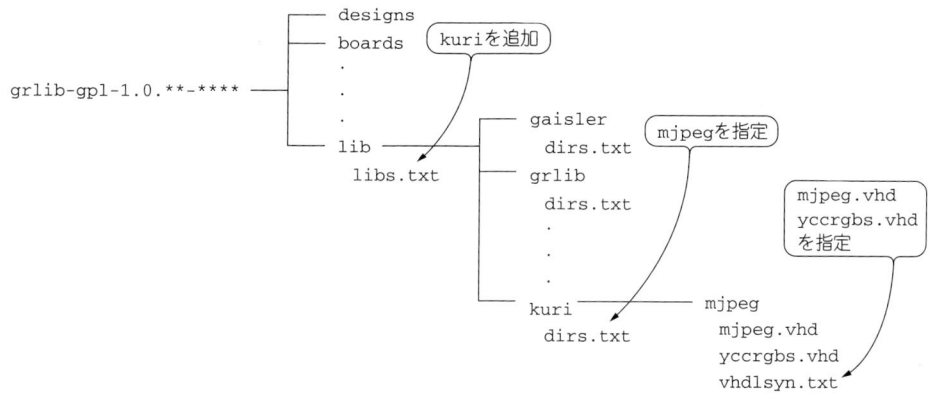

図 5.20 GRLIB に自設計コアを追加した際の設定ファイル

リスト 5.5 GRLIB の make の各種指定

```
tech/dw02
synplify
techmap
spw
eth
opencores
ihp
actel/core1553bbc
actel/core1553brt
actel/core1553brm
actel/corePCIF
gr1553
gaisler
esa
#nasa
gleichmann
fmf
spansion
gsi
kuri  ◄── 追加する行
```

(a) サーチ・ライブラリの追加 (libs.txt)

```
mjpeg
```

(b) サーチ・ディレクトリの追加 (dirs.txt)

```
mjpeg.vhd
yccrgbs.vhd
```

(c) 合成対象のVHDLファイルの指定 (vhdlsyn.txt)

ンド一つで組み込まれるように開発環境を整えました．SoCはハードウェアも全体のソース・コードが膨大となるので，makeコマンド一つで組み込まれるように，開発環境を整えることは重要です．

他のライブラリと同様に，grlib-gpl-1.0.22-b4095/libにkuri/mjpegというディレクトリを作成しました．ここに，mjpeg.vhd（コンポーネント宣言のみのVHDLファイル）とyccrgbs.vhd（IPコアの実体のVHDLファイル）の空ファイルを作成します．また，IPコア設計や検証のためのディレクトリをgrlib-gpl-1.0.22-b4095/design に work_ipという名前で作成しました．

`make vsim-launch`
でAltera版のModelSimが立ち上がるように，Altera社製FPGAを使用しているディレクトリをコピーして作成しています．さらに，Makefileを修正して必要な

ファイルを読み込むようにしています．なお，IPコア自体はGRLIBのルールに従ってコーディングするので，テクノロジに依存せずにXilinx社などのFPGAでもマッピングできます．

すでに見たように，GRLIBではmakeコマンドで自動的にディレクトリをサーチして必要なライブラリのファイルを集めます．その仕組みは，図5.20のようにlibディレクトリ中に置かれているlibs.txt，dirs.txt，vhdlsyn.txtというファイルで作られています．

これらのファイル内容を参照して，各種IPコアVHDLファイルをサーチして読み込んでいます．リスト5.5(a)のように，libs.txtに新しく作ったディレクトリ名kuriを追加しました．ディレクトリkuriには，リスト5.5(b)のように，さらに下のディレクトリ名mjpegを指示しているdirs.txtを追加しました．

ディレクトリmjpegには，リスト5.5(c)のように，合成するVHDLファイルを指定するvhdlsyn.txtを追加しています．合成はせずに，論理シミュレーションのみに使用するVHDLファイルが存在する場合は，vhdlsim.txtを追加します（今回は必要ない）．

grlib-gpl-1.0.22-b4095/designs/work_ipディレクトリにはテストベンチなどが置かれ，シミュレーションが行われます．GRLIBのソースコードに含まれているAMBAマスタ・エミュレータを

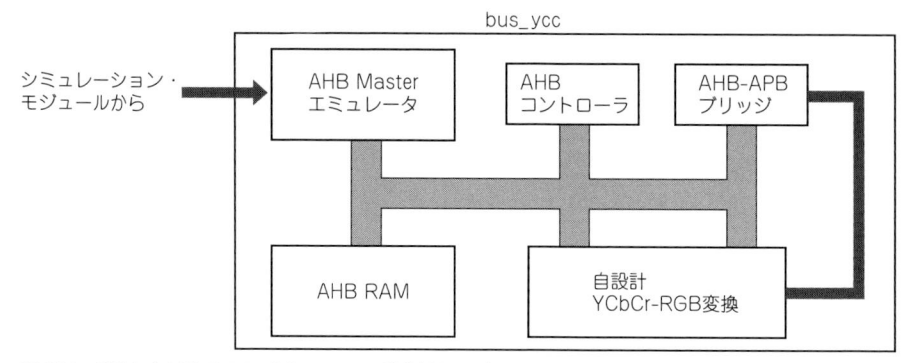

```
                                    bus_ycc
        ┌─────────────────────────────────────────────────┐
        │  ┌──────────┐   ┌──────────┐   ┌──────────┐    │
シミュレーション・│  │AHB Master│   │  AHB     │   │ AHB-APB  │    │
モジュールから  →│  │エミュレータ│   │コントローラ│   │ブリッジ   │    │
        │  └─────┬────┘   └─────┬────┘   └─────┬────┘    │
        │        │              │              │         │
        │  ┌─────┴────┐                  ┌─────┴──────┐  │
        │  │          │                  │  自設計     │  │
        │  │ AHB RAM  │                  │YCbCr-RGB変換│  │
        │  └──────────┘                  └────────────┘  │
        └─────────────────────────────────────────────────┘
```

図5.21 設計したYCbCr-RGB変換IPコアの動作検証モジュール

用いて設計したハードウェアIPコアに読み書きを行い，自分で設計したRTLの検証を行います．

まず，読み書きするためのテスト・ベンチを作成します．先ほど，PC-Linux上で今回設計するハードウェアIPコアと，全く同じビット精度となるソフトウェアを開発しました（リスト5.2）．その際に，ビット演算前の入力値とビット演算後，2ピクセル分のデータをまとめた出力値をprintf文で書き出す行を追加しています．よって，このソフトウェアを実行するだけで設計しているハードウェアIPコアのテスト・パターンが自動で生成されます．

Gfdl-qvga.mjpegでは，あまりに入出力パターンが多くなりすぎるので，testorig.jpgを切り抜いて80×80の小さなJPEGファイル80x80.jpgを

リスト5.7 動作検証モジュールに対するテスト・ベンチVHDLコード

```
..................
library gaisler;
use gaisler.sim.all;
use gaisler.ambatest.all;    ← ①
use gaisler.ahbtbp.all;      ← ②
..................

entity sim_yccrgbs is
  generic (
    clkperiod : integer := 20);
end ;

architecture behav of sim_yccrgbs is
........................
file in_file : text open read_mode is "in_yccrgbs.txt";    ← ③
file compare_file : text open read_mode is "out_yccrgbs.txt";  ← ③

begin  -- behav

    b0 : bus_yccrgbs
    port map (rst,clk,ctrl1.i,ctrl1.o);

    tictak : process
    begin
       clk <= '0';
       wait for 10 ns;
       clk <= '1';
       wait for 10 ns;
    end process;

    stim: process
       variable li : line;
       variable lc : line;
       variable i,j : integer;
       variable indata : std_logic_vector(31 downto 0);
       variable radd : std_logic_vector(31 downto 0);
       variable cdata32 : std_logic_vector(31 downto 0);

    begin
```

リスト5.6 動作検証モジュールのVHDLコード

```
  yccinst : yccrgbs
        generic map(shindex => 2, haddr => 16#900#, pindex => 2, paddr => 2, mhindex => 3, hirq => 2)
        port map (rstn, clk, ahbmi, ahbmo(3), ahbsi, ahbso(2), apbi, apbo(2));
  apb0 : apbctrl
        generic map (hindex => 4, haddr => 16#800#)
        port map(rstn, clk, ahbsi, ahbso(4), apbi, apbo);
  ahbcontroller : ahbctrl              -- AHB arbiter/multiplexer
        generic map (defmast => CFG_DEFMST, split => CFG_SPLIT,
              enbusmon => 0,rrobin => CFG_RROBIN, ioaddr => CFG_AHBIO)
        port map (rstn, clk, ahbmi, ahbmo, ahbsi, ahbso);
  ram0 : ahbram
        generic map (hindex => 7, haddr => 16#a00#, tech => CFG_MEMTECH, kbytes => 24)
        port map (rstn, clk, ahbsi, ahbso(7));
  mast_em : ahbtbm
        generic map(hindex => 0)
        port map (rstn, clk, ctrl_in1, ctrl_out1, ahbmi, ahbmo(0));
```

作成してソフトウェアで再生します．実行後に，in_yccrgbs.txtとout_yccrgb.txtというテスト・ベクタ・ファイルができます．

ワーク・ディレクトリwork_ipへ戻り，ハードウェアIPコアのRTLの記述ができたら，以下のようにAHBマスタ・エミュレータやバスのアービタなどをインスタンスしたテスト回路のトップRTLを記述します（図5.21，リスト5.6）．

独自設計のハードウェアIPコアもGRLIBのAMBAプラグ＆プレイに対応して記述しているので，インスタンスを並べgeneric文でアドレスを指定するだけで構成できます．

このテスト回路中のAHBマスタ・エミュレータにアクセスするテスト・ベンチを作成します（sim_yccrgbs.vhd）．最初にAPBアクセスを行い，ハードウェアIPコアの制御レジスタを設定します．出力先

```
........................
    -- initialize
    ahbtbminit(ctrl1);                                    ④

-- Write Control registers through APB bus

ahbwrite(x"80000200", x"a0000000", "10", "10", '1', 2, false , ctrl1);    ⑤
ahbwrite(x"80000204", x"028001e0", "10", "10", '1', 2, false , ctrl1);    ⑥
ahbwrite(x"80000208", x"00000000", "10", "10", '1', 2, false , ctrl1);    ⑦
ahbwrite(x"8000020c", x"00000000", "10", "10", '1', 2, false , ctrl1);    ⑧
ahbwrite(x"8000020c", x"ffffffff", "10", "10", '1', 2, false , ctrl1);    ⑨

-- Write YCC data for IP core
    for i in 0 to 3999 loop
        readline(in_file,li);                             ⑩
        hread(li, indata);                                ⑪
        ahbwrite(x"90000000", indata, "10", "10", '1', 2, false , ctrl1);  ⑫
        ahbtbmidle(true, ctrl1);                          ⑬
        wait for 20 ns;
    end loop;

    radd := x"a0000000";
    for i in 0 to 1999 loop
        readline(compare_file, lc);                       ⑭
        hread(lc, cdata32);                               ⑮
        ahbread(radd, cdata32, "10", 2, false, ctrl1);    ⑯
        radd := radd + x"004";                            ⑰
    end loop;

    ahbtbmidle(true,ctrl1);
    wait for 100 ns;

    ahbtbmdone(0, ctrl1);                                 ⑱
    wait for 300 ns;

    report "stimulus process end" severity failure;
    wait;
  end process;

end behav;
```

は，AHBRAMのアドレスを指定します．

　先ほど作った入力テスト・パターン・ファイルを読み込み，独自設計のハードウェアIPコアに書き込みます．テスト・パターンが書き込まれると，RTL設計が正しければ，YCbCr-RGB変換を行い，指定したアドレスへバースト・ライトを行っているはずです．

　書き込みが終わったら，AHBマスタ・エミュレータからAHBRAMの値を順に読み，作成した出力テスト・パターンと比較していきます．比較する関数もGRLIBに準備されています．

　リスト5.7に，テスト・ベンチの一部を示します．①と②で，AMBAエミュレータを使用するためのライブラリの使用を宣言しています．

　③で，入力テスト・パターン・ファイルと，出力値を比較するための期待値ファイルを読み込んでいます．

　④で，AMBAエミュレータの初期化をしています．

　⑤～⑨で，実際にAMBAエミュレータからIPコアに書き込んでいます．ここは，制御レジスタを書き込んでいる部分です．

　⑩と⑪で，入力テスト・パターン・ファイルからテスト・パターンを一つずつ変数に代入しています．

　⑫で，AMBAエミュレータからIPコアにテスト・パターンを書き込んでいます．

　⑬で，AMBAバスをいったん開放しています．

　⑭と⑮で，期待値ファイルから期待値を一つずつ変数に代入しています．

　⑯で，メモリから値をAMBAエミュレータが読み出して，先ほどの期待値と比較をしています．期待値と異なる場合は，メッセージが出力されます．

　⑰で，読み出しアドレスをインクリメントしていま

リスト5.8　テスト・ベンチを実行した結果

```
# ** Note:   stimulus process start
#    Time: 0 ps  Iteration: 0  Instance: /sim_yccrgbs
# ahbctrl: AHB arbiter/multiplexer rev 1              ①
# ahbctrl: Common I/O area at 0xfff00000, 1 Mbyte
# ahbctrl: AHB masters: 16, AHB slaves: 16
# ahbctrl: Configuration area at 0xfffff000, 4 kbyte
# ahbctrl: mst3: Various contributions    Contributed core 1
# ahbctrl: slv2: Various contributions    Contributed core 1
# ahbctrl:        memory at 0x90000000, size 1 Mbyte
# ahbctrl: slv4: Gaisler Research         AHB/APB Bridge
# ahbctrl:        memory at 0x80000000, size 1 Mbyte
# ahbctrl: slv7: Gaisler Research         Single-port AHB SRAM module
# ahbctrl:        memory at 0xa0000000, size 1 Mbyte, cacheable, prefetch
# apbctrl: APB Bridge at 0x80000000 rev 1
# apbctrl: slv2: Various contributions    Contributed core 1
# apbctrl:        I/O ports at 0x80000200, size 256 byte
# ahbram7: AHB SRAM Module rev 1, 24 kbytes
# ***********************************************************
#                   AHBTBM Testbench Init
# ***********************************************************
               :
# Time: 442350ns Write[0x90000000]: 0x006b66de         ②
# Time: 442450ns Write[0x90000000]: 0x008467dc
# Time: 442550ns Write[0x90000000]: 0x007c68db
# Time: 442990ns Read[0xa0000000]: 0x31653165          ③
# Time: 443010ns Read[0xa0000004]: 0x31653165
# Time: 443030ns Read[0xa0000008]: 0x31453145
# Time: 443050ns Read[0xa000000c]: 0x31452945
# Time: 443070ns Read[0xa0000010]: 0x31452945
# Time: 443090ns Read[0xa0000014]: 0x29662966
# Time: 443110ns Read[0xa0000018]: 0x29452945
# Time: 443130ns Read[0xa000001c]: 0x29452945
# Time: 443150ns Read[0xa0000020]: 0x29252925
# Time: 443170ns Read[0xa0000024]: 0x29252925
# Time: 443190ns Read[0xa0000028]: 0x29252925
# Time: 443210ns Read[0xa000002c]: 0x29452945
               :
 Time: 482910ns Read[0xa0001f30]: 0xe185f1c7
# Time: 482930ns Read[0xa0001f34]: 0xe926f167
# Time: 482950ns Read[0xa0001f38]: 0xf167e967
# Time: 482970ns Read[0xa0001f3c]: 0xfa4afa0a
# ***********************************************************
#                   AHBTBM Testbench Done
# ***********************************************************
# ** Failure: stimulus process end
#    Time: 483550 ns  Iteration: 0  Process: /sim_yccrgbs/stim File: /home/kurimoto/LEON/SYSTEM/grlib-gpl-
1.0.22-b4095/designs/work_ip/sim_yccrgbs.vhd
```

リスト5.9 FPGAトップ・モジュールVHDLへのYCbCr-RGB変換コアの追加

```
jpgycc : yccrgbs
generic map(shindex => 4, haddr => 16#A00#, hirq => 10, pindex => 12,
paddr => 12, mhindex => CFG_NCPU+CFG_AHB_UART+CFG_GRETH+CFG_AHB_JTAG+
            CFG_SVGA_ENABLE+CFG_SPW_NUM*CFG_SPW_EN+CFG_GRUSB_DCL+
            CFG_GRUSBDC+CFG_ATA )
port map(rst => rstn, clk => clkm, ahbmi => ahbmi,
        ahbmo => ahbmo(CFG_NCPU+CFG_AHB_UART+CFG_GRETH+CFG_AHB_JTAG+
            CFG_SVGA_ENABLE+CFG_SPW_NUM*CFG_SPW_EN+CFG_GRUSB_DCL+
            CFG_GRUSBDC+CFG_ATA), ahbsi => ahbsi, ahbso => ahbso(4),
        apbi => apbi, apbo => apbo(12)
    );
```

す．

⑱で，AMBAエミュレータの終了処理をしています．

これらのシミュレーションは，GRLIBに合わせて環境整備しているので，work_ipディレクトリで，

`make vsim-launch`

とコマンドを打つだけでModelSimが立ち上がり，シミュレーション実行を待つだけの状態になります（Altera版ModelSimがインストールされている必要がある）．SoCの開発においては，このように環境を整え単純なコマンドで実行できるようにしておくことが非常に重要です．

論理シミュレーションを実行すると，リスト5.8のような結果が出力されます．

最初に，AMBA接続されたIPコアのアドレス・マップが出力された後①，0x900000000に順次値を書き込んでいます②．その後，メモリの内容を順番に読み出して，期待値を比較しています③．期待値と一致しているため，読み出した値のみが表示されています．

● トップ・モジュールの作成

無事にハードウェアIPコアが作成できたら，次にそのハードウェアIPコアをインスタンスしたFPGAにインプリメントを行うトップ・モジュールを作成します．

筆者の場合は，GR-XC3S-1500とAltera NEEK，BLANCAに実装してみました．それぞれ，grlib-gpl-1.0.22-b4095/designsの下のleon3-gr-xc3s-1500-mjpeg，BLANCA-AVP，leon3-altera-ep3c25-eek-mjpegのディレクトリで開発しています．以下，leon3-gr-xc3s-1500での実装時の場合について説明します．

トップ・モジュールRTLのleon3mp.vhdの中で，リスト5.9のように設計したハードウェアIPコアをインスタンスします．その際に，generic文でAHBスレーブ・アドレスやAPBスレーブ・アドレスなどの必要な値を，他のIPコアとバッティングしないように設定します．その他，定数maxahbmを1増やしています．

ハードウェアIPコアをAMBAプラグ＆プレイに対応させて設計しているので，これだけでトップ・モジュールの設計は終了です．

`make ghdl`

とコマンドを打ち込み，生成される実行モジュールを実行すると，トップ・モジュールのGHDLによる検証が始まります．ここで実行されている検証内容は，SDRAMのVHDLモデルにバインドされている検証プログラムでした．

今回は，自設計のハードウェアIPコアを追加したので，その接続をチェックするような検証プログラムに変更します．

この検証プログラムは，grlib-gpl-1.0.22-b4095/software/leon3に，ソース・コードが存在しています．ここにyccrgbs_connect.cという，設計したハードウェアIPコアにデータを送る関数ソースコードを追加し，Makefileのソース・コード指定にも追加します．

yccrgbs_connect.cは，ただ単にハードウェアIPコアの制御レジスタに値を書き込んだ後に，320バイトのデータを書き込んでいます．ソフトウェアを実行するCPUシステムとしてRTLシミュレーションが動作するため，正しく書き込めたかどうかをチェックする方法が必要です．

yccrgbs_connect.cでは，ハードウェアIPコアが変換した後に，メモリに書き込んだ値を読み出してGPIOに書き出しています．シミュレーション波形のGPIOの値を見ることにより，データのやりとりが正しく行われており，ハードウェアIPコアがシステムで正しく接続されているかを確認しています．

このyccrgbs_connect.cを完成させたのち，開発ディレクトリleon3-gr-xc3s-1500-mjpegに移動し，systest.cをこの関数を実行するように変更します．

5.2 YCbCr-RGB変換ハードウェアの設計　73

写真5.1 80ドット×80ラインの画像の表示

リスト5.10 Linuxに組み込むだけのデバイス・ドライバ（kuri_hello.c）

```
#include <linux/module.h>
#include <linux/init.h>

MODULE_LICENSE("GPL");

static int kurihello_init(void)
{
  printk(KERN_ALERT "KURI driver loaded\n");
  return 0;
}

static void kurihello_exit(void)
{
  printk(KERN_ALERT "KURI driver unloaded\n");
}

module_init(kurihello_init);
module_exit(kurihello_exit);
```

　`make soft`

と打ち込めば，SDRAMのRTLモデルにバインドするメモリ・イメージが新たに生成されます．

　`make ghdl`

で，生成されている実行モジュールを実行すると，ハードウェアIPコアにデータを転送し，その後メモリの値をGPIOに出力するシミュレーションが動作するので，gtkwaveなどの波形ビューワでシステムが正しく接続されているかをチェックすることができます．

● FPGAへのマッピング

　ここまで検証できたら，実際にFPGAにマッピングを行います．

　`make ise-launch`

とコマンドを打ち込むとプロジェクト・ファイルが作られ，Xilinx社製FPGA開発ツールISEが立ち上がるので，通常のISE操作と同じようにマッピングして，bitファイルを生成します（Altera社製FPGAを使用したボードの場合は，`make quartus-launch`）．

　これで実際に，AMBAバスにYCbCr-RGB変換IPコアが接続されているSoCがFPGA上に実装できました．ソフトウェアの開発に移る前に，FPGA上のハードウェアの検証を行います．

　先ほど，ycbrgbs_connect.cは，RTLシミュレーションの実行時間を考えて320バイトのみハードウェアIPコアに書き込みました．ここでは，ソフトウェアを実行して作った入力テスト・パターンすべてを送る関数yccrgbs_pic.cを，grlib-gpl-1.0.22-b4095/software/leon3の下に作成します．

　先ほどと同じく，開発ディレクトリに移動し，systest.cをこの関数をコールするように変更し，`make soft`コマンドを実行します．同ディレクトリに，systst.exeというファイルができています．これが，OSなしで動作するLEONシステム用の実行ファイルです．

　GRMONを用いて，このファイルをFPGA上のSDRAMにロードして実行すると，写真5.1のように80ドット×80ライン・サイズの画像がディスプレイに表示されました．これで，ハードウェアが完成していることが検証されました．

　ここで行ったハードウェアIPコアの設計と論理検証，SoCへのハードウェアIPコアの組み込みと論理検証，FPGAへのマッピングとFPGA実機でのハードウェア動作確認は，次章でも繰り返されます．説明を簡単にするため，以降ではこの作業を，「LEONシステムへの実装作業」と呼ぶことにします．

5.3 デバイス・ドライバの開発

　ハードウェアが完成したので，motionJPEGが動作するソフトウェアを開発します．

　ハードウェアのアルゴリズムを確認する際に，ycc_rgb_convert()の中でハードウェア開発用の入力テスト・パターンをprintfで書き出していました．

　この部分をprintfではなく，独自に開発したハードウェアIPコアに値を書き込むように変更し，以降の動作をなくせば，ソフトウェアdmjpegが必要なところでハードウェアIPコアを利用しながら，motionJPEGを再生できることになります．

● デバイス・ドライバの雛形

　ユーザランドのアプリケーションは，物理アドレス

リスト5.11 (a) Make file

```
obj-$(CONFIG_KURI_HELLO) += kuri_hello.o
```

リスト5.11 (b) Kconfig

```
menu "KURI mjpeg  support"
config KURI_HELLO
        bool "kuri_hello trial driver"
        ---help---
          For the driver compiling trial

comment "Kuri Hello sample"

config KMJPEG
        bool "Push data to mjpeg IP"
        ---help---
          push data to original mjpeg IP block

comment "Kuri Mjpeg"
endmenu
```

リスト5.11 (c) Makefile 追加分

```
Obj -$(CONFIG_KURI_HELLO) += kmjpeg/
```

リスト5.11 (d) Kconfig 追加分

```
Source "drivers/kmjpeg/Kconfig
```

に直接値を書き込むことはできません．そこで，ハードウェアIPコアにアクセスするためのデバイス・ドライバを開発します．最初に，これまでと同じように開発環境を整えます．makeコマンド一発で，デバイス・ドライバも含むLinuxイメージが生成されるようにします．ここでは，参考文献(5)を参考にして今回のSoCを動作させるためのデバイス・ドライバを開発します．

snapgear-2.6-p42/linux-2.6.21.1/drivers/にkmjpegというディレクトリを作り，今回のSoC設計のためのデバイス・ドライバ開発のディレクトリとします．

最初に，ただ単にシステムを起動すると組み込まれて，メッセージを出すだけのドライバを作成し，コンパイル環境を整えます．デバイス・ドライバにおける，いわゆるhello worldコードと思ってください．リスト5.10に，そのソース(kuri_hello.c)を示します．

このデバイス・ドライバを自動でLinuxイメージに組み込めるようにするために，

(1) snapgear-2.6-p42/linux-2.6.21.1/drivers/kmjpeg/Makefile
(2) snapgear-2.6-p42/linux-2.6.21.1/drivers/kmjpeg/Kconfig

というファイルを二つ作り，

(3) snapgear-2.6-p42/linux-2.6.21.1/drivers/Makefile
(4) snapgear-2.6-p42/linux-2.6.21.1/drivers/Kconfig

という二つのファイルを修正します．

(1)のMakefileの中身は，リスト5.11(a)のような一行です．
(2)のKconfigは，リスト5.11(b)のとおりです．
(3)のMakefile追加分は，リスト5.11(c)のとおりです．
(4)のKconfigの追加分は，リスト5.11(d)のとおりです．

いずれの変更も，他のデバイス・ドライバ用の記述を真似するだけで簡単にできます．これらの変更を行うと，デバイス・ドライバ組み込みのコンフィグレーション・ウィンドウで，kuri_helloのチェック・ボックスができます(図5.22)．

このチェック・ボックスをチェックして，makeして作成したLinuxイメージをFPGAにロードしてブートさせると，起動メッセージの中に"KURI driver loaded"の行が現れます(見逃した場合はdmesgコマンドで再び表示させることができる)．

これで，デバイス・ドライバの開発環境の構築方法が分かりました．

● **デバイス・ドライバの作成**

それでは実際に，ハードウェアIPコアにデータを送るデバイス・ドライバを開発していきます．

バイト単位で，ハードウェアとアクセスするデバイス・ドライバをキャラクタ型デバイス・ドライバと呼

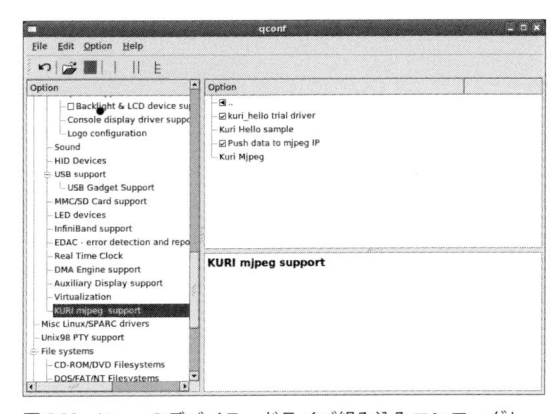

図5.22 Linuxのデバイス・ドライバ組み込みコンフィグレーション・ウィンドウ

リスト5.12
キャラクタ型デバイス・ドライバの登録と開放を行う関数(kmjpeg.c)

```c
static int kmjpeg_init(void)
{
  int major;
  int ret = 0;

  major = register_chrdev(kmjpeg_major, DRIVER_NAME, &kmjpeg_fops);  ← ①

  if((kmjpeg_major > 0 && major != 0) || (kmjpeg_major == 0 && major < 0) || major < 0){
    printk("%s driver registration error\n", DRIVER_NAME);
    ret = major;
    goto error;
  }
  if (kmjpeg_major == 0){
    kmjpeg_major = major;
  }

  hdata = ioremap_nocache(AHBADD,4);  ← ②
  if(hdata==NULL){
    printk("ioremap miss!\n");
    return(0);
  }
  rdyadd = ioremap_nocache(RDYADD,4);  ← ③
  if(rdyadd==NULL){
    printk("ioremap miss!\n");
    return(0);
  }
  printk("%s driver[major %d] installed.\n", DRIVER_NAME, kmjpeg_major);

 error:
  return(ret);
}
static void kmjpeg_exit(void)
{
  iounmap(hdata);  ← ④
  iounmap(rdyadd);  ← ⑤

  unregister_chrdev(kmjpeg_major, DRIVER_NAME);  ← ⑥
  printk("%s driver unloaded\n", DRIVER_NAME);
}

module_init(kmjpeg_init);
module_exit(kmjpeg_exit);
```

リスト5.13 実際に値を書き込むwrite関数(kmjpeg.c)

```c
ssize_t kmjpeg_write(struct file *filp, const char __user *buf, size_t count, loff_t *f_pos)
{
  int retval = 0;
  unsigned int ycc;
  unsigned char dbuf[3];

  if(count != 3){
    retval = -EFAULT;
    goto out;
  }
  if(copy_from_user(dbuf, buf, 3)){  ← ①
    retval = -EFAULT;
    goto out;
  }
  ycc = (unsigned int)(((unsigned int)dbuf[2]<<16)|((unsigned int)dbuf[1]<<8)|
                       ((unsigned int)dbuf[0]));
  *hdata = ycc;  ← ②
  retval = count;
 out:
  return(retval);
}
```

びます．キャラクタ型デバイス・ドライバを登録する関数と開放する関数を追加します(リスト5.12)．

①のregister_chrdev関数でキャラクタ型デバイスの設定を行います．②，③はハードウェアIPコアの物理アドレスをソフトウェアからアクセスできるアドレスにマッピングしています．いったんマッピングした後は，そのポインタにアクセスすることによって，物理アドレスに読み書きできるようになります．exit関数の中でマッピングしたアドレスを開放し④，⑤，登録したキャラクタ型デバイス・ドライバを解除して

リスト5.14 ioctl関数を使用するための定義（kmjpeg.c）

```
#include <linux/ioctl.h>

struct ioctl_cmdwrite{                                    ①
  unsigned int pixeldata;
};
struct ioctl_cmdreg{                                      ②
  unsigned int fb;
  unsigned int size_info;
  unsigned int inc_add;
};

#define IOC_MAGIC 'k'                                     ③

#define IOCTL_REGSET _IOW(IOC_MAGIC, 1, struct ioctl_cmdreg)   ④
#define IOCTL_WRITE _IOW(IOC_MAGIC,2, struct ioctl_cmdwrite)   ⑤
```

リスト5.15 ioctlによる値の読み書き（kmjpeg.c）

```
int kmjpeg_ioctl(struct inode *inode, struct file *filep, unsigned int cmd, unsigned long arg)
{
  int retval = 0;

  struct ioctl_cmdreg datareg;
  struct ioctl_cmdwrite datawrite;
  unsigned int tmp;
  int i;
  memset(&datareg, 0, sizeof(datareg));
  memset(&datawrite, 0, sizeof(datawrite));

  retval = 0;
  switch(cmd){
  case IOCTL_WRITE :                                      ①
   if(!access_ok(VERIFY_READ, (void __user *)arg, _IOC_SIZE(cmd))){    ②
      retval = -EFAULT;
      goto done;
    }
    if(copy_from_user(&datawrite, (int __user *)arg, sizeof(datawrite))){  ③
      retval = -EFAULT;
      goto done;
    }

    while(1){
      tmp = *rdyadd;
      if((tmp & 0x80000000) == 0x80000000)break;          ④
      for(i=0;i<800;i++);
    }
   *hdata = datawrite.pixeldata;
   break;
  case IOCTL_REGSET :
   if(!access_ok(VERIFY_READ, (void __user *)arg, _IOC_SIZE(cmd))){    ⑤
      retval = -EFAULT;
      printk("ACCESS_NG\n");
      goto done;
    }
    if(copy_from_user(&datareg, (int __user *)arg, sizeof(datareg))){
      retval = -EFAULT;
      printk("COPY_NG\n");
      goto done;
    }
    kmjpeg_sregs = ioremap_nocache(APBADD,12);
    kmjpeg_sregs->fbadd = datareg.fb;
    kmjpeg_sregs->size_info = datareg.size_info;
    kmjpeg_sregs->inc_add = datareg.inc_add;
    kmjpeg_sregs->reset = 0x0;
    kmjpeg_sregs->reset =0xffffffff;
    iounmap(kmjpeg_sregs);
    break;

  default :
    retval = -EFAULT;
    break;
  }
 done :
  return(retval);
}
```

います⑥．

これでデバイス・ドライバの登録を行う関数が完成したので，実際に値を書き込むwrite関数を記述します（リスト5.13）．

①で，ユーザランドのアプリケーションからカーネル・プロセスへデータの引き渡しを行っています．dmjpegとデバイス・ドライバは異なるプロセス空間で動作するので，通常のアクセスでは値の引き渡しが保証されません．この関数を用いることによって，安全に引き渡すことができます．②の部分で，先ほどioremap関数でメモリマップしたポインタを用いて実際にハードウェアIPコアに書き込みを行っています．なお，*hdataはvolatile変数宣言してあります．

● ioctl関数を使う

このようなwrite関数を記述すれば，数バイト単位の読み書きができるのですが，もっと柔軟なフォーマットでデータのやりとりができる方がアプリケーション・プログラムから使用しやすくなります．そのような目的のために，ioctl関数という方法がLinuxには準備されています．

ここでは，先ほどの32ビットのデータを送信する関数とハードウェアIPコアの制御レジスタを設定する関数をioctlで作成し，スイッチでどちらの動作をするか選ぶようにします．

ioctlは，次の例のように，デバイス・ファイル，動作を選択するスイッチ，指定したフォーマットでユーザランド・アプリケーションから呼び出されます．

```
ioctl(dev_fd, IOCTL_REGSET, &data)
```

最初に，スイッチや受け渡すフォーマットをインクルード・ファイルで指定します（リスト5.14）．

①と②は，構造体の定義です．③は，ioctlのスイッチをする際に使用する値をdefineしています．④と⑤で，実際にスイッチを定義しています．_IOWは，このスイッチ指定された場合にユーザランドからカーネル空間への書き込みとなる場合に使用するマクロです．

このインクルード・ファイルで，IOCTL_REGSETとIOCTL_WRITEという二つのスイッチ名と，それぞれのスイッチを使用したときにやりとりするフォーマットが指定されました．

その後に，実際に関数を定義します（リスト5.15）．

①のように，switch文でインクルード・ファイルで定義したスイッチ名を使って，どのアクセスをするか判断します．

②で，access_ok関数を用いて，指定したフォーマットでユーザランド・アプリケーションとカーネル空間でデータやりとりのチェックをします．

③で，copy_from_user関数を用いて実際にデータをやりとりします．

④は，ハードウェアIPコアのREADY信号を読み取ってFIFOに十分な空きがあるかチェックしています．

⑤で，実際にデータを書き込んでいます．

④と⑤で実際にハードウェアIPコアにアクセスする際には，ioremapでメモリマップを行ったポインタで読み書きしています．

後半のIOCTL_REGSETでは，ユーザランド・アプリケーションで制御レジスタの値すべてを構造体にセットした後に，デバイス・ドライバでまとめて書き込んでいます．このように，自由なフォーマットでやりとりできるので，アプリケーション・プログラムでの開発が楽になります．

● データ転送部分の作成

ここまでで，ハードウェアIPコアにデータを送る最低限のデバイス・ドライバの開発ができました．実際に，このデバイス・ドライバを使用してdmjpegからデータを送信する部分を追加します．

PC-LinuxでX-Windowにピクセル・データを表示させるために，ycc_rgb_convert()を変更しました．今度は，同じ場所でデバイス・ドライバを使用して

リスト5.16 アプリケーション側からioctlを使用して値を書き込む（jdcolor.c）

```
for (col = 0; col < num_cols; col++) {
    y = GETJSAMPLE(inptr0[col]);
    cb = GETJSAMPLE(inptr1[col]);
    cr = GETJSAMPLE(inptr2[col]);
    pixcoldata =(unsigned int)( y <<16 | cb <<8 | cr);
    writedata.pixeldata = pixcoldata;
    ioctl(cinfo->dev_fd, IOCTL_WRITE, &writedata);    ←①
    outptr += RGB_PIXELSIZE;
}
```

ハードウェアに書き込みます．FPGA 上の Linux システム用の dmjpeg 開発ディレクトリに移動し，jdcolor.c をリスト 5.16 のように変更しました．

①の部分で，実際にデータをハードウェア IP コアに書き込んでいます．また，メイン関数のこれ以降のソフトウェア処理をコメントアウトしています．

制御レジスタは，メイン関数で motionJPEG ファイルの縦横サイズが分かったときに，ソフトウェアから書き込んでいます．

このような変更を行うことで，最初に示した図 5.1 のような動作が行われます．図 5.1 の三つの処理が，同時に並列に起きていることに注意してください．ソフトウェア処理部分は逐次処理ですが，ハードウェア化した部分は並列に処理を行うことができます．

●FPGA 上での動作確認

この変更が終了したら，実際に make コマンドで Linux イメージを生成し，FPGA 上で dmjpeg を動作させます．

Linux をブートさせると，デバイス・ドライバが組み込まれた際に，以下のようなメッセージが出ています．

```
kmjpeg driver[major 254] installed.
```

メジャー番号は，254 が割り当てられています．dmjpeg を実行する前に，開発したデバイス・ドライバ用のデバイス・ファイルを生成します．

```
# mknod /dev/kmjpeg c 254 0
```

```
#dmjpeg -fb_add *****(フレームバッファ・アドレス値) gfd1-qvga.mjpeg
```

フレーム・バッファ・アドレスは，起動メッセージに出力されています．起動メッセージは，dmesg コマンドで出力できます．

これで，motionJPEG が再生されました．ここまでの筆者の実装は，hw-ycc+devdrv というブランチ名でアップロードしています．

```
Git checkout -b ****(任意のブランチ名)
origin/hw-ycc+devdrv
```

として，任意のブランチ名でコピーすることができるので比較してみてください．

●フレーム・レートが落ちる理由

ここまでの実装で motionJPEG を再生すると，大きくフレーム・レートが落ちます．この理由は，いくつ

リスト 5.17 データをまとめてデバイス・ドライバへ送るように変更（jdcolor.c）

```
while(1){
  tmp = *rdyadd;
  if((tmp & 0x80000000) == 0x80000000)break;
  for(i=0;i<800;i++);
  }
for(i=0;i<64;i++){
  *hdata = datawrite.fourbdata[i];
  }
break;
```

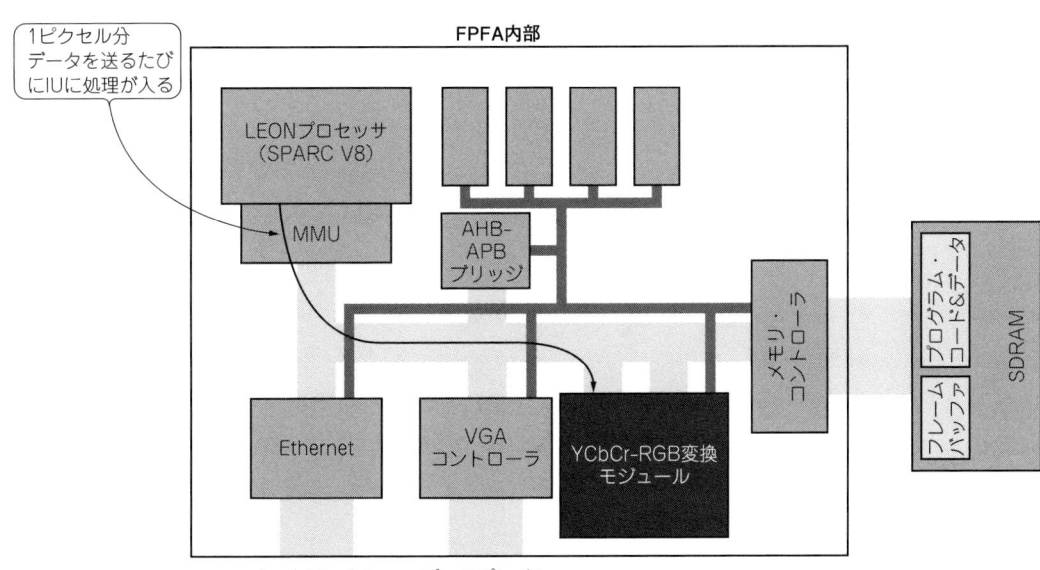

図 5.23 フレーム・レートが落ちる要因

かの可能性が考えられます．デバイス・ドライバが
コールされるときになんらかのオーバヘッドがあると
すると，1ピクセルごとにデバイス・ドライバをコール
すると，例えばQVGA画像を処理するときは，320×
240回もこのオーバヘッドが発生していることになります（図5.23）．また，仮にSDRAMのアクセスが小さな単位で行われていると，それをバースト・アクセスに直すだけでもかなりのアクセス時間を短縮できます．

図5.1（b）の動作のときに，ハードウェアIPコアに1
ピクセル分のデータを送るたびに，IUに処理が追加さ
れた場合，大きく性能が劣化することは容易に想像で
きると思います．ioctlを用いて柔軟なフォーマットで
デバイス・ドライバへのアクセスができる技術はすで
に習得しているので，ある程度まとまったデータをユー
ザランド・アプリケーション側で溜めてからデバイ
ス・ドライバへ渡すようにソース・コードを変更しま
す（リスト5.17）．

インクルード・ファイルでのフォーマット指定を64
個のunsigned intを含む構造体に変更してデバイ
ス・ドライバにまとめて渡し，デバイス・ドライバの
中でfor文で繰り返しています．

このように変更して，Linuxイメージ・ファイルを
生成し，同様にdmjpegを動作させると，先ほどより
かなり高いフレーム・レートで実行されました．

ここまでの筆者の実装は，`hw-ycc+devdrv2`と
いうブランチ名でアップロードしてあります．これで，
YCbCr-RGB変換部分をハードウェア化したシステム
が完成しました．

5.4 ソフトウェアだけのシステムと一部をハードウェア化したシステムの比較

YCbCr-RGB変換をハードウェア化しましたが，性
能はほんの少し改善しただけで，それほど変化してい
ません．この変更で，どのようにデータの流れが変わっ
たのかを考察してみます．

●CPU使用時間の減少とオーバヘッドの増加

YCbCr-RGB変換は，ソフトウェアがハフマン・デ
コードと2DDCTを処理しているのと並列に処理され
るので，その分，CPUの使用時間が減ります．その代
わりに，転送のオーバヘッドが少し追加されます．こ
のように，JPEG処理のCPU使用時間が減った分，フ
レーム・レートは上がることになります．

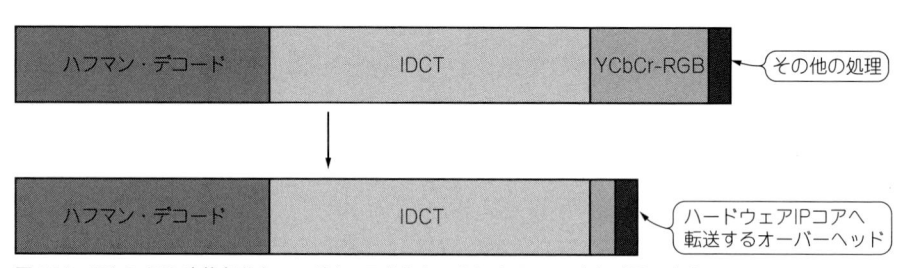

図5.24 YCbCr-RGB変換部分をハードウェア化したことによるCPU実行時間の変化

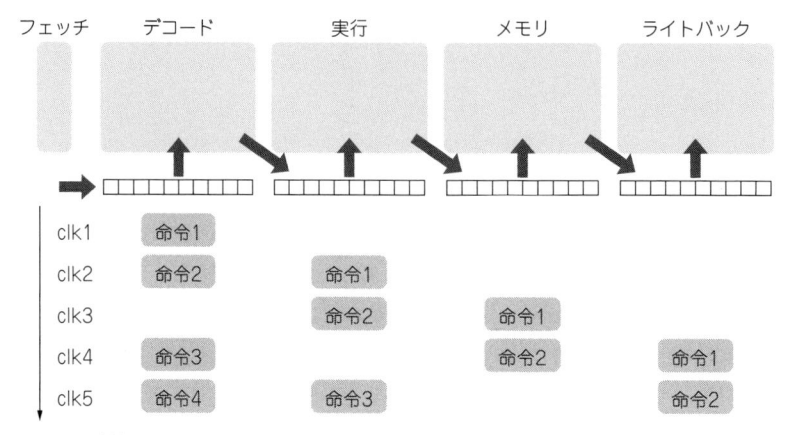

図5.26 演算をソフトウェアのみで実行した場合

図5.24を見れば分かりますが，さらに2DDCTの処理をハードウェア化したとしても，性能の向上は良くて数倍程度だということが予想されます．ハフマン・デコードまでをハード化したときに，初めて大きな高速化が望めます．

YCbCr-RGB変換のそのもののデータの流れも見てみましょう．

図5.25のように，YCbCr-RGB演算は10個の2項演算を行う必要があります．また，計算結果を0～255の間の数値にするためのrange_limit演算も必要になります．

これらの演算をソフトウェアのみで実行した時に，ハードウェア上ではどのようにデータが流れるでしょうか？

図5.26のように，演算命令はデータがぶつからない限り，IUのパイプライン上を1クロックごとに進んでいきます．コンパイラやハードウェアの工夫（フォワーディングなど）で，なるべく隙間が開かないように流れます．

それに対して，今回設計したハードウェアIPコアでは図5.27のように流れます．

range_limit演算まで含めて，すべての演算が1クロックで行われ，結果が次のレジスタに格納されます．1クロックで許される遅延時間を満たす限り，ハードウェア演算は連続して接続することができますし，並べて同時に演算することが可能です．このように，ハードウェア化することによって演算にかかる時間が数十分の一になっていることが理解できます．

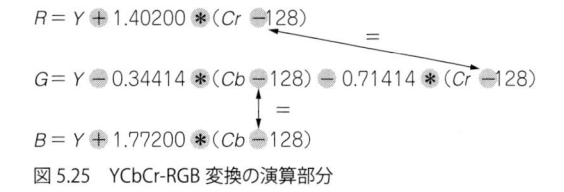

$R = Y + 1.40200 * (Cr - 128)$

$G = Y - 0.34414 * (Cb - 128) - 0.71414 * (Cr - 128)$

$B = Y + 1.77200 * (Cb - 128)$

図 5.25　YCbCr-RGB変換の演算部分

● バス帯域の考慮

演算速度の高速化とともに，SoC設計においてはバスの帯域というものを把握しておく必要があります．演算部分が高速化されたとしても，バスを通してデータを転送する部分で能力を越えてしまえば，各バス・マスタがアービタに対してバス・リクエストを送ってもなかなかバスを使用する許可がおりず，結局，フレーム・レートが上がらないということが起こり得ます．

図5.28において，バスの帯域をどれぐらい使用しているかを考えます．フレーム・バッファのサイズはVGA（640ドット×480ライン）に設定しています．1ピクセルのカラー情報を16ビットで保持するように設定しました．VGAコントローラからディスプレイに対して，毎秒60回だけ画面データをフレーム・バッファ領域から読み出して書き込んでいるとすると，毎秒，

60回×640ドット×480ライン×16ビット

＝294912000ビット

のデータが，図中のAHBバスを流れることになります．

GR-XC3S-1500というボードに，このシステムをインプリメントしたときのシステム周波数は40MHzでした．このとき，AHBバスに流せる最大のデータ量は，

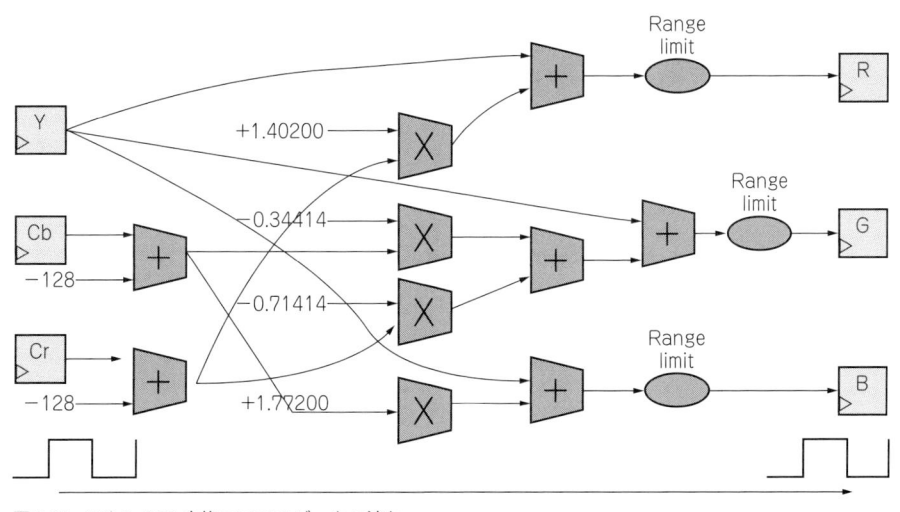

図 5.27　YCbCr-RGB変換コアでのデータの流れ

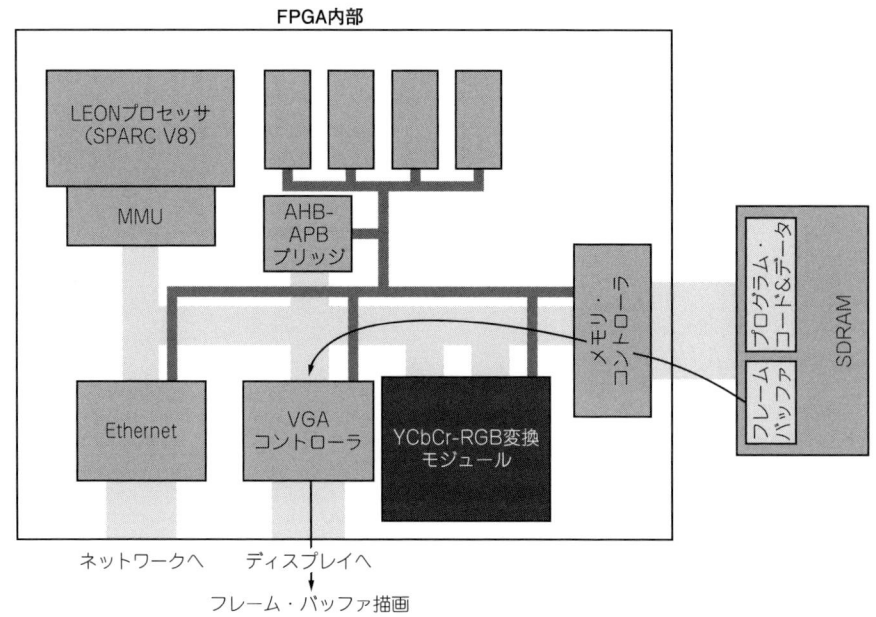

図5.28 フレーム・バッファ描画のデータの流れ

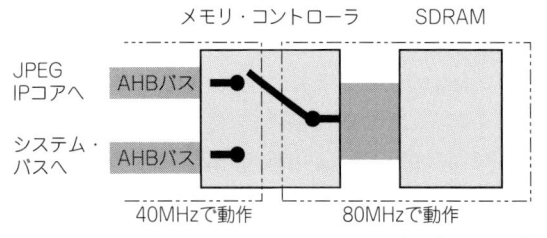

図5.29 SDRAMコントローラにAHBスレーブ・ポートを複数設けて高速化する

毎秒，

　　40000000（40MHz）×32ビット

　　＝1280000000ビット

となります．したがって，バスの帯域の少なくとも23%は，図5.28のSDRAMフレーム・バッファ領域とVGAコントローラ間のデータのやりとりで使用されていることになります．

ハフマン・デコードや2DDCTの演算を行う際に，少なくとも最初のデータ読み込みでSDRAMへのアクセスがあります．キャッシュに入りきらないデータの読み書きも，キャッシュとSDRAMの間でAHBバスを使用します．また，プログラムの命令も命令キャッシュとSDRAMの間で，AHBバスを使用して行われます．

もし，最終的に動作させるmotionJPEGがVGAサイズで30フレーム/秒だとすると，VGAコントローラで計算した転送データ量の半分をYCbCr-RGB変換モジュールからフレーム・バッファに書き込むことになります．また，YCbCr-RGB変換モジュールへデータを送る際にも，AHBバスを使用します．

このように，非常にシンプルなシステムにおいても，データをやりとりする部分がボトルネックになり得るので，演算の高速化だけではなく，バスの帯域も十分に注意して設計することが必要になります．今回のシステムでは，最後までバス部分がボトルネックにはなりませんでしたが，SDRAMに様々な種類のデータを保つシステム構造の場合，SDRAMの入り口部分がボトルネックになる可能性が高くなります．

もっと大きな画像サイズのシステムを設計して，SDRAMの入り口部分のバスの帯域の方がボトルネックとなった場合，例えば，図5.29のようにSDRAMを倍の周波数で動作させ，SDRAMコントローラに，AHBスレーブのポートを二つ設けるなど，何らかの工夫をすることがシステムの実現に必要となります．

第2部

第6章 JPEG処理をハードウェア化したシステムの開発方法

DCT処理やハフマン・デコードをハードウェア化することにより，さらに高性能なSoCを実現しよう

前章までの解説で，ソフトウェア処理の一部をハードウェア化し，システムの性能を上げるSoC開発のエッセンスと，必要となる要素技術をマスタできました．そこで，この章では，さらにハフマン・デコーダや2DDCTなどの処理をハードウェア化し，motion JPEGムービを再生できるシステムを開発します．

6.1 データの流れ

最初に，IJGのソフトウェアdjpegの中で，どのようにデータが流れているかを確認します．`Structure.doc`に全体構造が説明してあります．

● djpegの構造

図6.1は，djpegの大まかな全体構造を示しています．`main`関数中で`jpeg_read_scanline()`を呼ぶことでJPEG処理を行っていますが，その実態は，`process_data_simple_main()`というAPI関数です．

`Structure.doc`に説明がありますが，IJGのライブラリは一つの関数が前半処理と後半処理の二つの関数を呼び出すという構造をとっています．

`process_data_simple_main()`は，`decompress_onepass`というハフマン・デコードとDCT処理を行う関数と，`post_process_data`というupsampleとYCbCr-RGB変換を行う関数をコールしています．これらの処理を順次ハードウェア化し，システムを高速化していきます．

前章までのハードウェアIPコアでは，前後のモジュールとのデータのやりとりには，FIFOの要素数を判定して信号を送っていました．この方法は，いわゆるハンドシェークと呼ばれるやり方です．

受信する側のモジュールが受信可能なときにready信号をアサートし，送信側に知らせます．送信側は，送るべきデータが揃っている場合に受信側からのready信号を確認し，受信側の準備ができていればデータを送ります．

データを送るときに，有効なデータを送信しているというvalid信号も同時に送ります．受信側は，受信可能なときにvalid信号がアサートされていれば，有効なデータだと判断して受信します．

● JPEGデコード・コアの全体構造

これから具体的に，DCTハードウェア，ハフマン・デコード・ハードウェアなどを開発して接続して行きます．それぞれのモジュールもハンドシェークを行い，データのやりとりを行います．図6.2に，これから開発するJPEGデコード・コア全体の構造を示します．これは，参考文献(4)を参考にしています．

モジュール間には，データを一時的に記憶するメモリが接続されます．FIFOまたはダブルバッファと呼ばれる方法で構成しています．

FIFOで前後のモジュールをつなぐ方法は，第5章ですでに説明しました．ダブルバッファは，図6.3に示すように，二つのメモリを置いて，それぞれを切り替

```
jpeg_read_scanline ── process_data_simple_main ┬ decompress_onepass ┬ decode_mcu
(djapistd.c)         (jdmainct.c)              │ (jdcoefct.c)       │ (jdhuff.c)
                                               │                    │
                                               │                    └ inverse_DCT
                                               │                      =jpeg_idct_islow
                                               │
                                               └ post_process_data ┬ h2v1_fancy_upsample
                                                 = sep_upsample    │
                                                                   └ color_convert
```

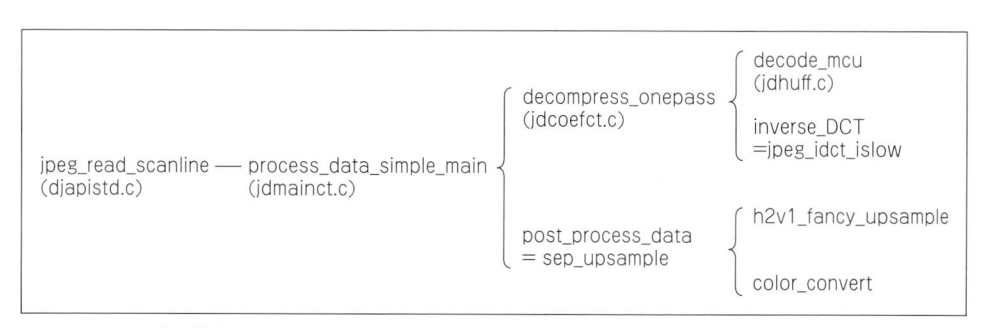

図6.1 djpegの全体構造

6.1 データの流れ

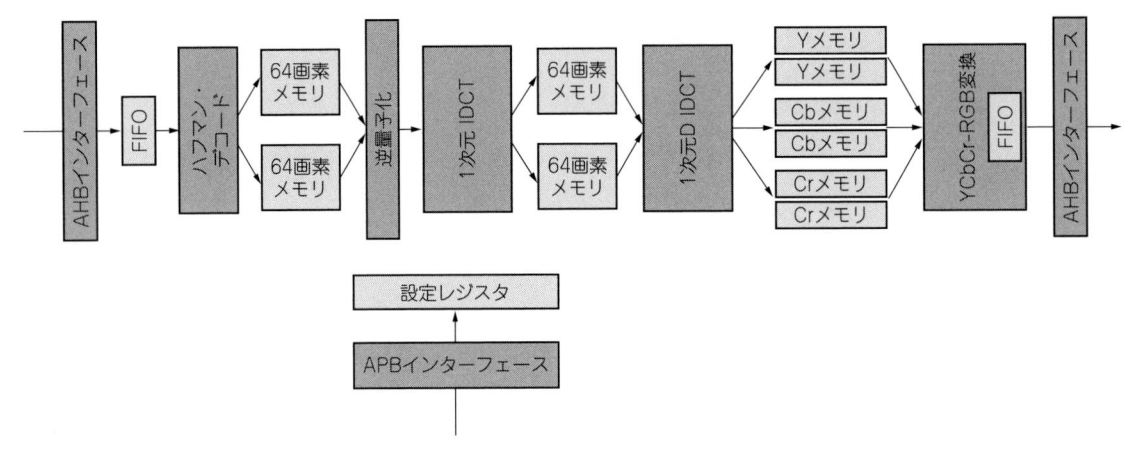

図6.2 開発するjpegデコード・コアの全体構造

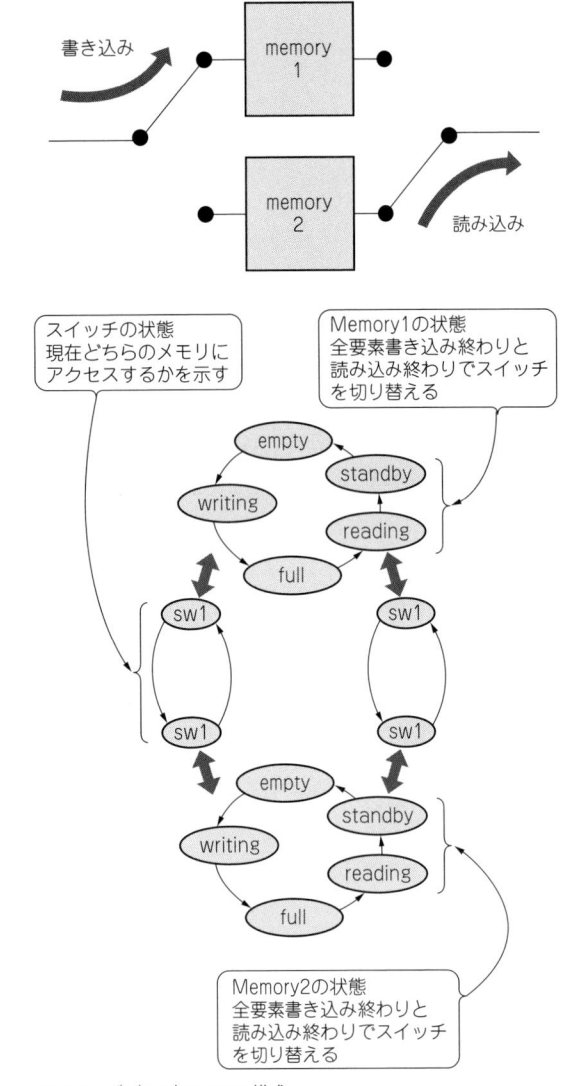

図6.3 ダブルバッファの構成

えながらデータのやりとりをする方法です．片方のメモリにデータを書き込んでいるときでも，もう片方のメモリからデータを読み出せるようにしています．

筆者は，図6.3の下側に示すようなステートマシンで実現しました（実現方法は他にも様々あると思われる）．このように，ダブルバッファまたはFIFOを挟み，各演算モジュールが受け取り可能な信号と信号を送出したという確認信号を出しながら，自律的にデータを受け渡していく構造にしています．

● 各モジュールの開発順序

各モジュールが自律的にコミュニケーションをとりながらデータをやりとりしていくので，筆者は図6.4のように後ろから順に演算モジュールを開発し，LEONシステムと接続してソフトウェアでデータを送り，motionJPEG再生を確認してから次の演算モジュールを開発するというスタイルをとりました．

それぞれの演算モジュールの開発フェーズは，前章で行ったように，PC-Linuxでアルゴリズムを確認し，演算精度誤差の確認を行い，ハードウェアIPコアを設計し，デバイス・ドライバを修正し，dmjpegからデバイス・ドライバを通してデータを送るという開発を繰り返して，最終的にJPEG処理を行うハードウェアIPコアを完成させています．

6.2 upsampleのハードウェア化

まず，図6.4の(1)に相当する，upsampleとYCbCr-RGB変換を実現したハードウェアIPコアを実現します．

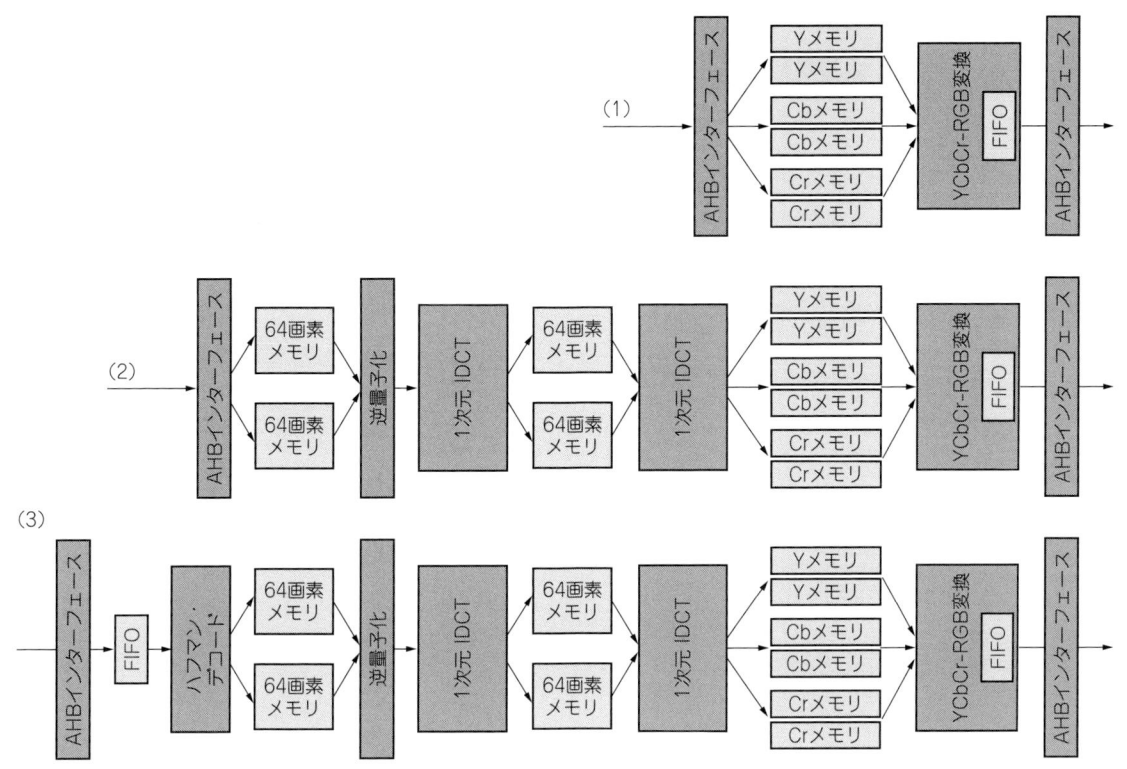

図6.4 JPEGの各演算モジュールを処理の後から順に開発する

● **CbとCr要素の間引きを元に戻す演算**

upsampleは第4章で説明した，CbとCr要素の間引きを元に戻す演算です．第4章では，4：2：2の場合を説明しました．4：1：1と4：2：2の違いを図6.5に示します．4：1：1のフォーマットもよく使用されているので，ここでは制御レジスタに4：2：2か4：1：1かを指定できるようにして，両方に対応できるコアとしました．制御レジスタ自体は，ソフトウェアがmotionJPEGファイルを読み込んだときに判別して自動的に書き込むようにします．

この違いはハードウェアでは，ただ単にY，Cb，Cr用のダブルバッファをYCbCr-RGB変換のデータ・パスに入力するために読み出す順序を変更するだけで，実現できます（図6.6）．

ソフトウェア中でupsampleを処理している部分は，`jdsample.c`内に存在します．`snapgear-2.6-p42/user/jpeg-6b-host`内のソース・コードを変更して，これから開発するハードウェアIPコア用のテスト・パターンを生成します．

djpegを実行した際には，フォーマットによって`h2v2_fancy_upsample()`または，`h2v1_fancy_upsample()`が呼ばれます．ソフトウェアでは単なるupsampleではなく，補間も行っているようですが，ハードウェアには補間機能は付けません．

テスト・パターン生成のために補間機能を削除するため，`h2v2_fancy_upsample()`を変更します．このハードウェアは，DCT処理の結果が入力されます．そこで，入力テスト・パターンを生成させるために`jidctint.c`を変更し，DCT処理終了部分でデータを書き出すようにします．これらの変更を行った後に，前章と同様に80x80.jpgをdjpegでデコードすることによって，ハードウェア開発のためのテスト・パターンができます．

制御レジスタのフォーマットを読み込んで，4：1：1または4：2：2それぞれに相当する順番でメモリを読み書きする部分のハードウェアを開発します．また，YCbCr-RGB変換のAHBマスタ・インターフェースについても，これ以降データの流れが変わるため，ここで変更する必要がでてきます．

4：2：2の場合，MCUは図6.7に示すように8×8画素で四つのデータの塊となります．DCT処理からのデータ出力は，Yについての8×8画素四つ，Cbの8

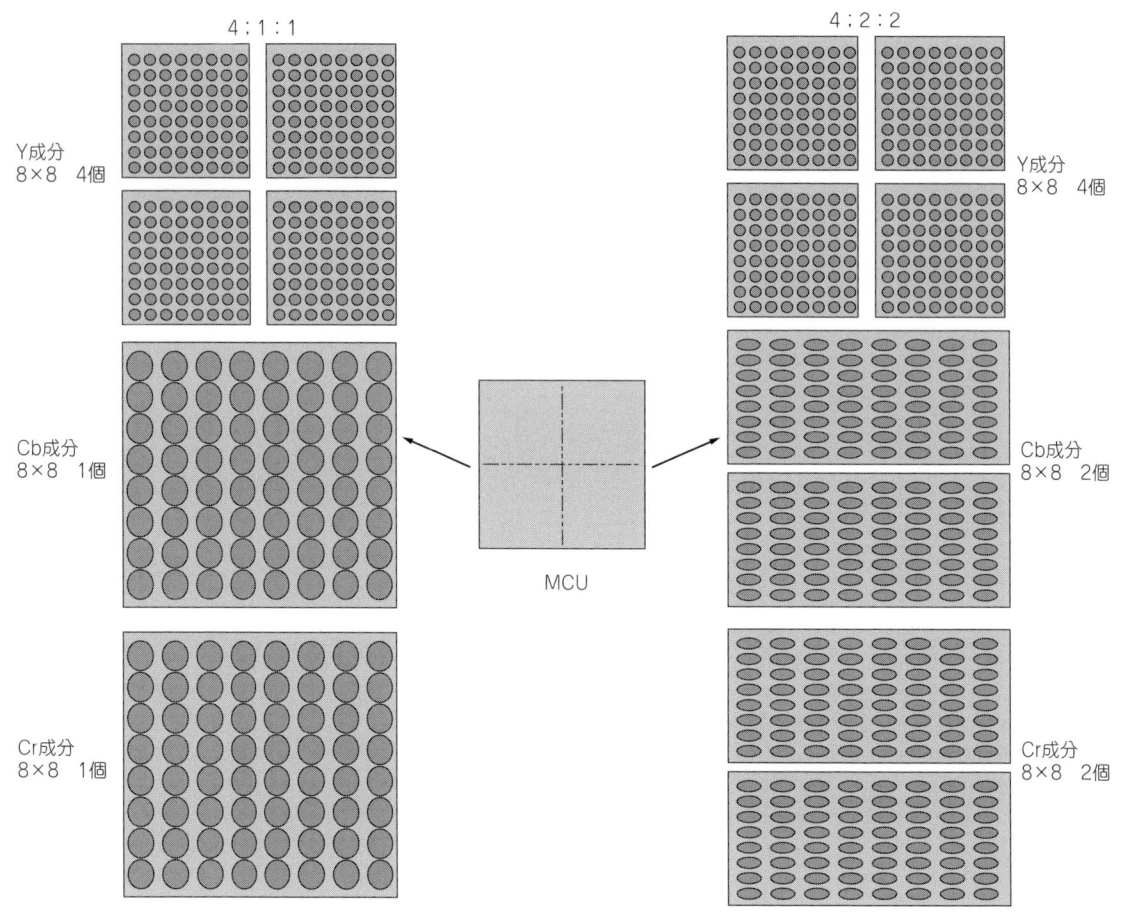

図6.5　JPEG 4：1：1と4：2：2の違い

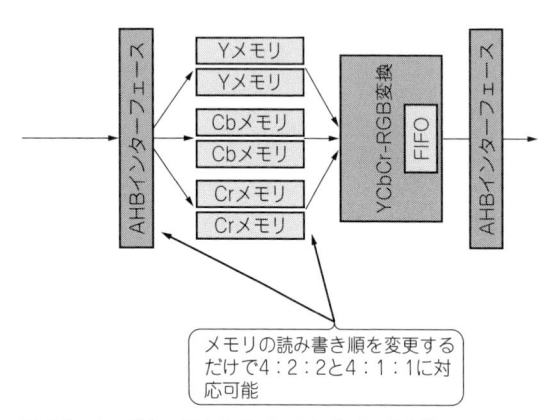

図6.6　ハードウェア上の4：1：1と4：2：2の違い

×8画素二つ，Crの8×8画素二つの順になります．

●YCbCr-RGB変換ハードウェアIPコアの変更

第5章のYCbCr-RGB変換は，JPEG画像の左端から右端まで一行ずつ順にYCbCrの値が入力されていまし

た．これは，IJGのdjpegプログラムが，図6.8の左側のようにMCU一行分すべてDCT変換を行い，その後，溜めていたバッファから一行ずつYCbCr-RGB変換を行う処理の流れになっているからです．

　これからハードウェア化を進めていくときに，同じような処理順序を行うと，一行分のMCUに相当するメモリがSoC内部に必要になります．すでに説明したように，チップの内部に配置するメモリは面積コストが非常に高くなるので，できる限り小さくするべきです．

　そこで，図6.8の右側のようにMCUごとにYCbCr-RGB変換を行い，フレームバッファに書き込むように変更します．

　このようなデータの処理の変更により，演算時間は全く増加せずに，チップ内部のメモリ量が減っていることに注意してください．

　IJGのソース・コードは，高速化するために様々な工夫がされており，多くの人に使用されている定評の

4:2:2の場合

MCU　16×16画素

Y　　　　　　　　　　Cb　　　　　　　　　　Cr

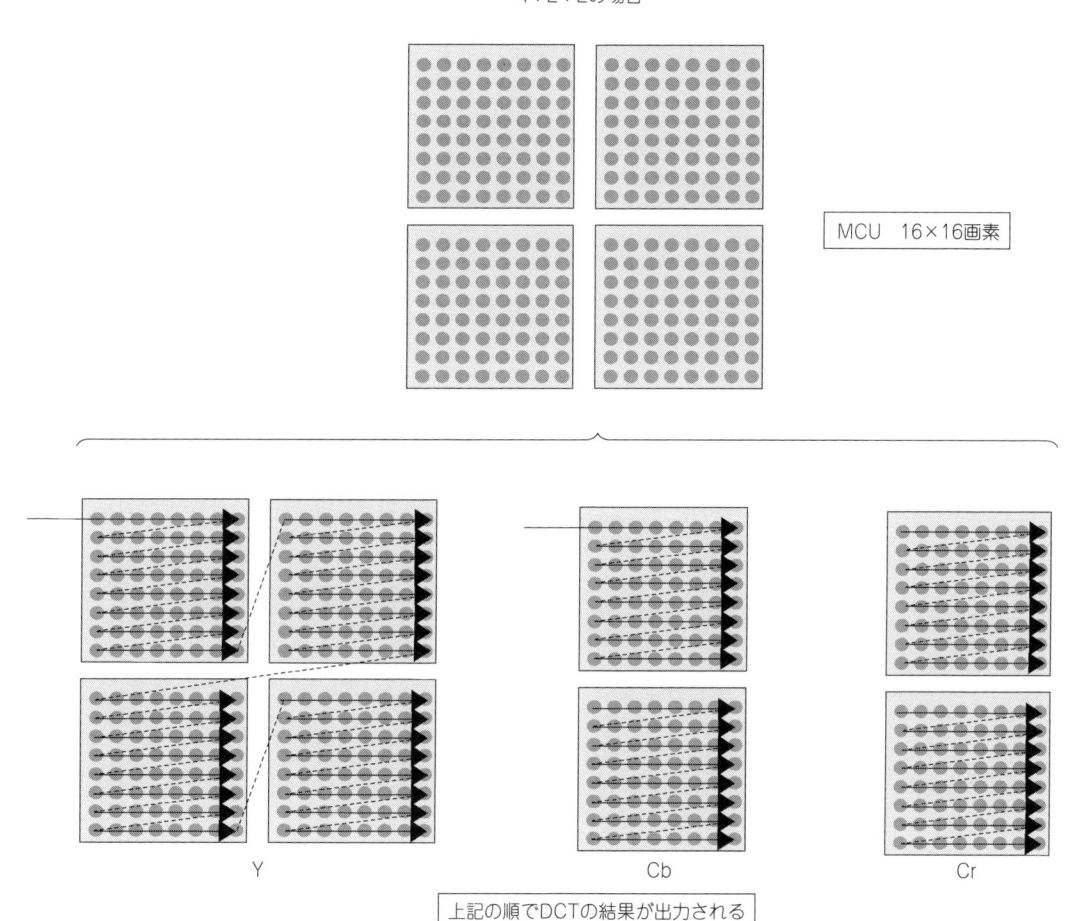

上記の順でDCTの結果が出力される

図 6.7　JPEG 4:2:2の場合の MCU

ソフトウェア

MCU1行分の出力バッファを準備して、DCT処理を繰り返す

MCUの列数分繰り返す

画素1行ずつupsample、YCbCr-RGB変換を16回繰り返す

MCUの行数分繰り返す

どんどんデータを流す．DCT処理中にもYCbCr-RGB変換が同時に行われている

ハードウェア

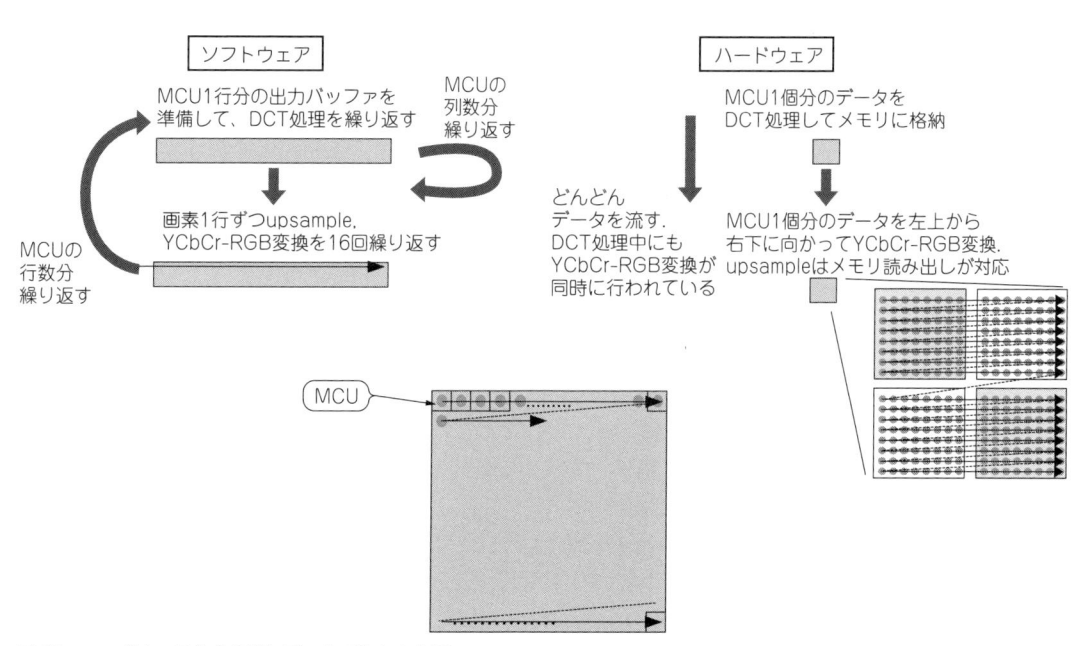

MCU1個分のデータをDCT処理してメモリに格納

MCU1個分のデータを左上から右下に向かってYCbCr-RGB変換．upsampleはメモリ読み出しが対応

MCU

図 6.8　ハードウェア化する際にデータの流れを変更

6.2　upsampleのハードウェア化　　87

あるソフトウェアですが，行われている高速化はソフトウェアとしての工夫です．ハードウェア化する際には，ハードウェアの特性を理解して変更，実装をすることが重要になります．

以上のことに対応して，YCbCr-RGB変換ハードウェアIPコアを変更します．具体的には，AHBマスタ・インターフェース部分のアドレス生成部分を変更するだけです．図6.9のように，アドレスを生成するための定数が必要になります．

画像サイズによって変わる値は，制御レジスタにして，ソフトウェアから書き込みを行うようにしました．

●LEONシステムへの実装作業

ハードウェアIPコアの机上の設計が終了したら，前章で説明した「LEONシステムへの実装作業」を行います．

`grlib-gpl-1.0.22-b4095/designs/work_ip`にて，

```
make vsim-launch
```

としてAltera版ModelSimを立ち上げて，ハードウェアIPコアのRTL設計を行います．

このディレクトリで，先ほどソフトウェアを変更して生成した入出力テスト・ベクタを使用します．また，ハードウェアIPコアは，`grlib-gpl-1.0.22-b4095`

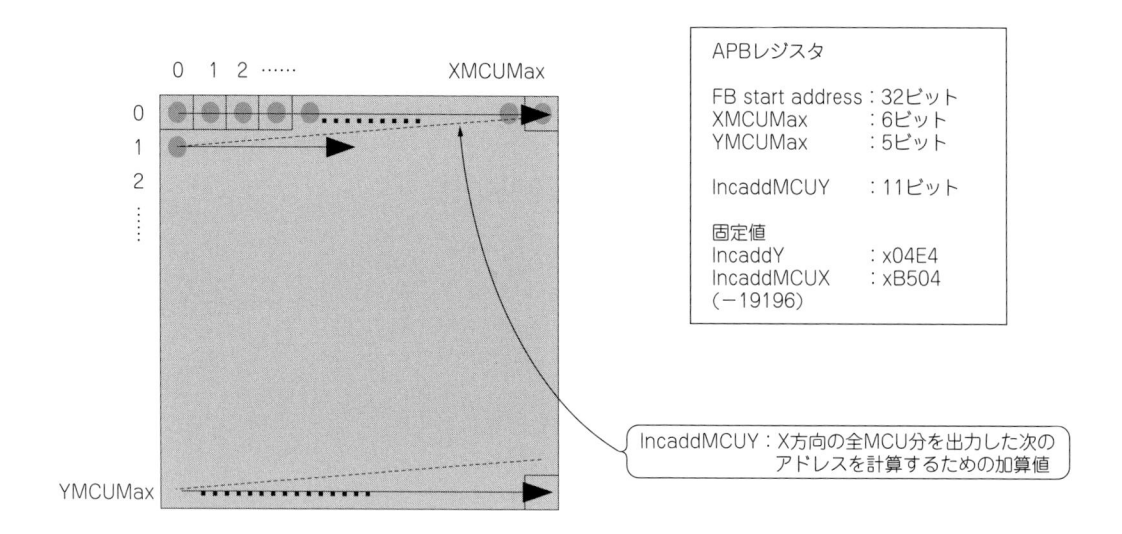

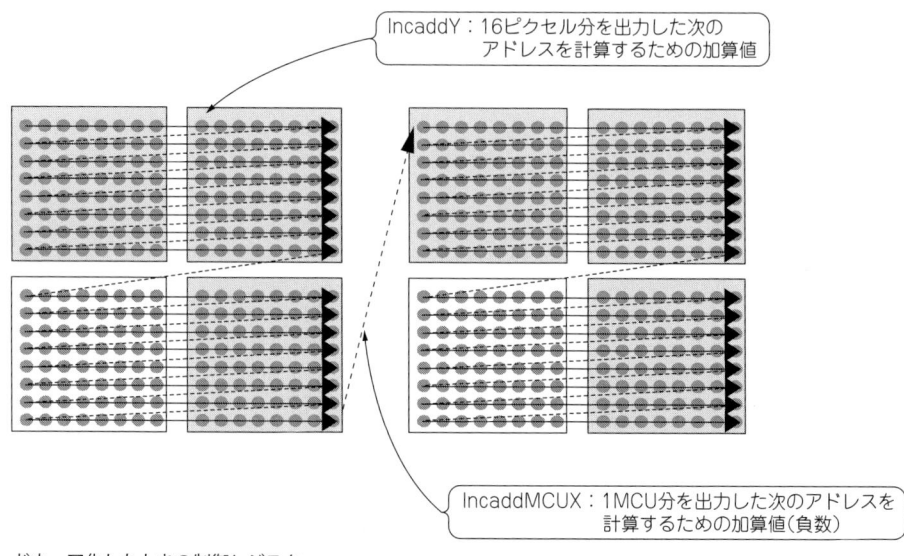

```
APBレジスタ

FB start address : 32ビット
XMCUMax          : 6ビット
YMCUMax          : 5ビット

IncaddMCUY       : 11ビット

固定値
IncaddY          : x04E4
IncaddMCUX       : xB504
(−19196)
```

IncaddMCUY：X方向の全MCU分を出力した次のアドレスを計算するための加算値

IncaddY：16ピクセル分を出力した次のアドレスを計算するための加算値

IncaddMCUX：1MCU分を出力した次のアドレスを計算するための加算値（負数）

図6.9 ハードウェア化したときの制御レジスタ

/lib/kuri/mjpegに置きます.grlibの環境にIPコアが取り込まれるように,libディレクトリの設定ファイルを変更します.grlib-gpl-1.0.22-b4095/designs/work_ipには,ハードウェアIPコアとamba emulatorをインスタンスしたトップRTLとテスト・ベンチRTLを作成し,ハードウェアIPコアの検証を行います.

ハードウェアIPコアの検証が終了した後,grlib-gpl-1.0.22-b4095/designs/leon3-gr-xc3s-1500-mjpegに開発したハードウェアIPコアをインスタンスしたトップ・モジュールRTLを作成します.

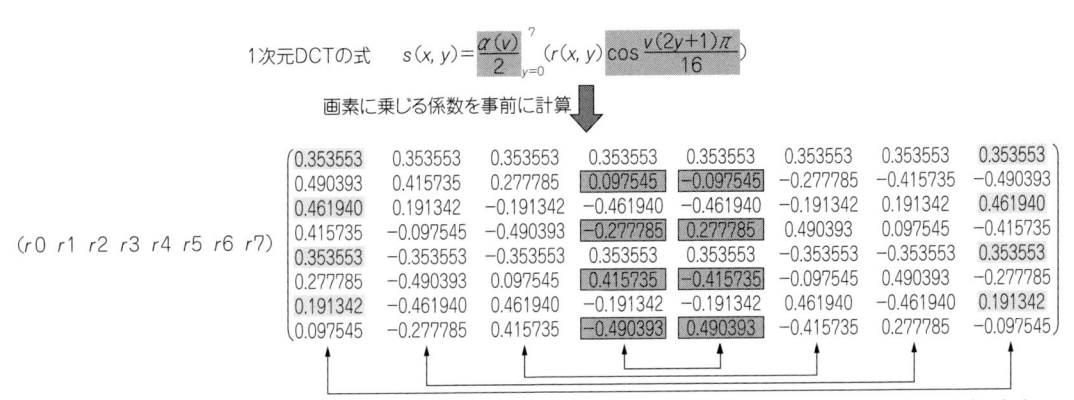

1次元DCTの式　　$s(x, y) = \dfrac{\alpha(v)}{2} \sum_{y=0}^{7} (r(x, y) \cos \dfrac{v(2y+1)\pi}{16})$

画素に乗じる係数を事前に計算

$(r0\ r1\ r2\ r3\ r4\ r5\ r6\ r7)$

$\begin{pmatrix} 0.353553 & 0.353553 & 0.353553 & 0.353553 & 0.353553 & 0.353553 & 0.353553 & 0.353553 \\ 0.490393 & 0.415735 & 0.277785 & 0.097545 & -0.097545 & -0.277785 & -0.415735 & -0.490393 \\ 0.461940 & 0.191342 & -0.191342 & -0.461940 & -0.461940 & -0.191342 & 0.191342 & 0.461940 \\ 0.415735 & -0.097545 & -0.490393 & -0.277785 & 0.277785 & 0.490393 & 0.097545 & -0.415735 \\ 0.353553 & -0.353553 & -0.353553 & 0.353553 & 0.353553 & -0.353553 & -0.353553 & 0.353553 \\ 0.277785 & -0.490393 & 0.097545 & 0.415735 & -0.415735 & -0.097545 & 0.490393 & -0.277785 \\ 0.191342 & -0.461940 & 0.461940 & -0.191342 & -0.191342 & 0.461940 & -0.461940 & 0.191342 \\ 0.097545 & -0.277785 & 0.415735 & -0.490393 & 0.490393 & -0.415735 & 0.277785 & -0.097545 \end{pmatrix}$

(着目点1)対応する列同士の間で,偶数行の係数は同一,奇数行の係数は符号だけ逆　→　列間で重複計算を省略
(着目点2)同一列についても,同一係数の項がある　→　$ax+ay=a(x+y)$と式を変形して乗算を削減

図6.10　DCT演算の対称性

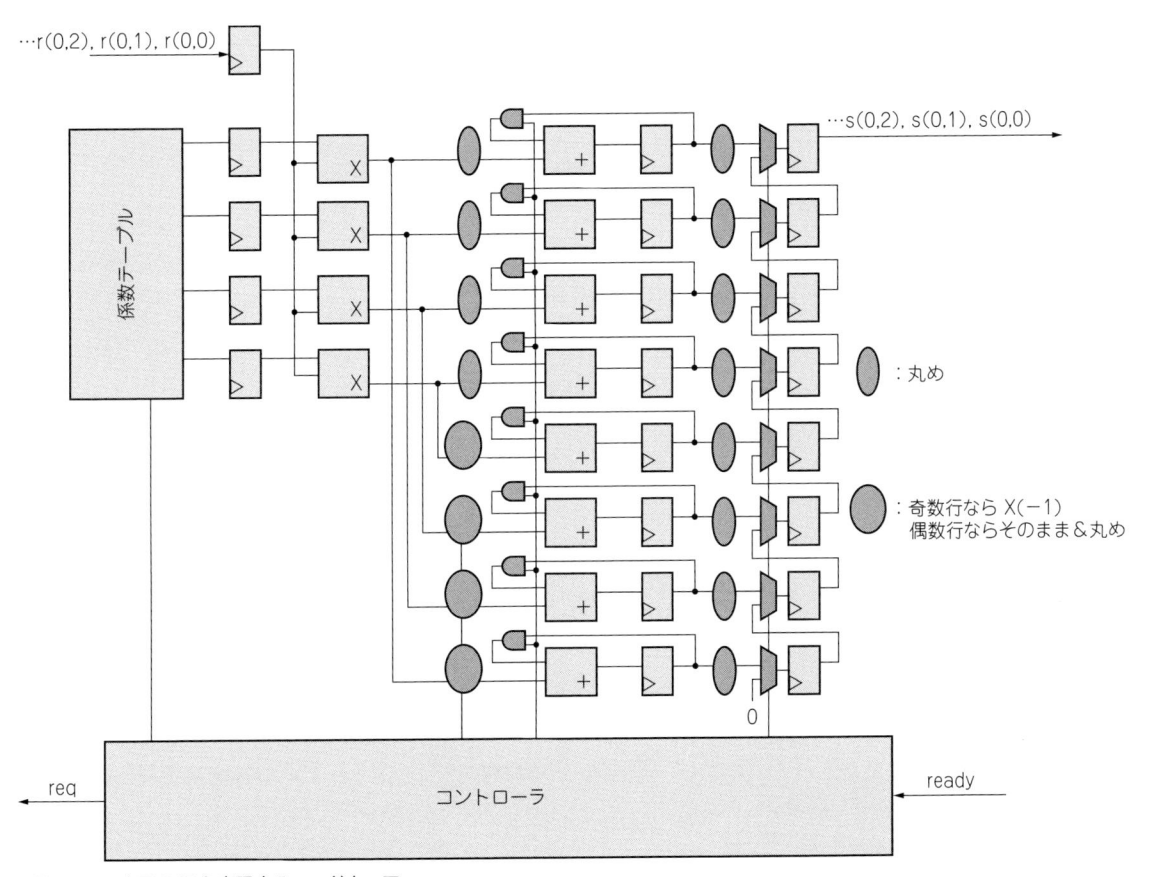

図6.11　1次元DCTを実現するハードウェア

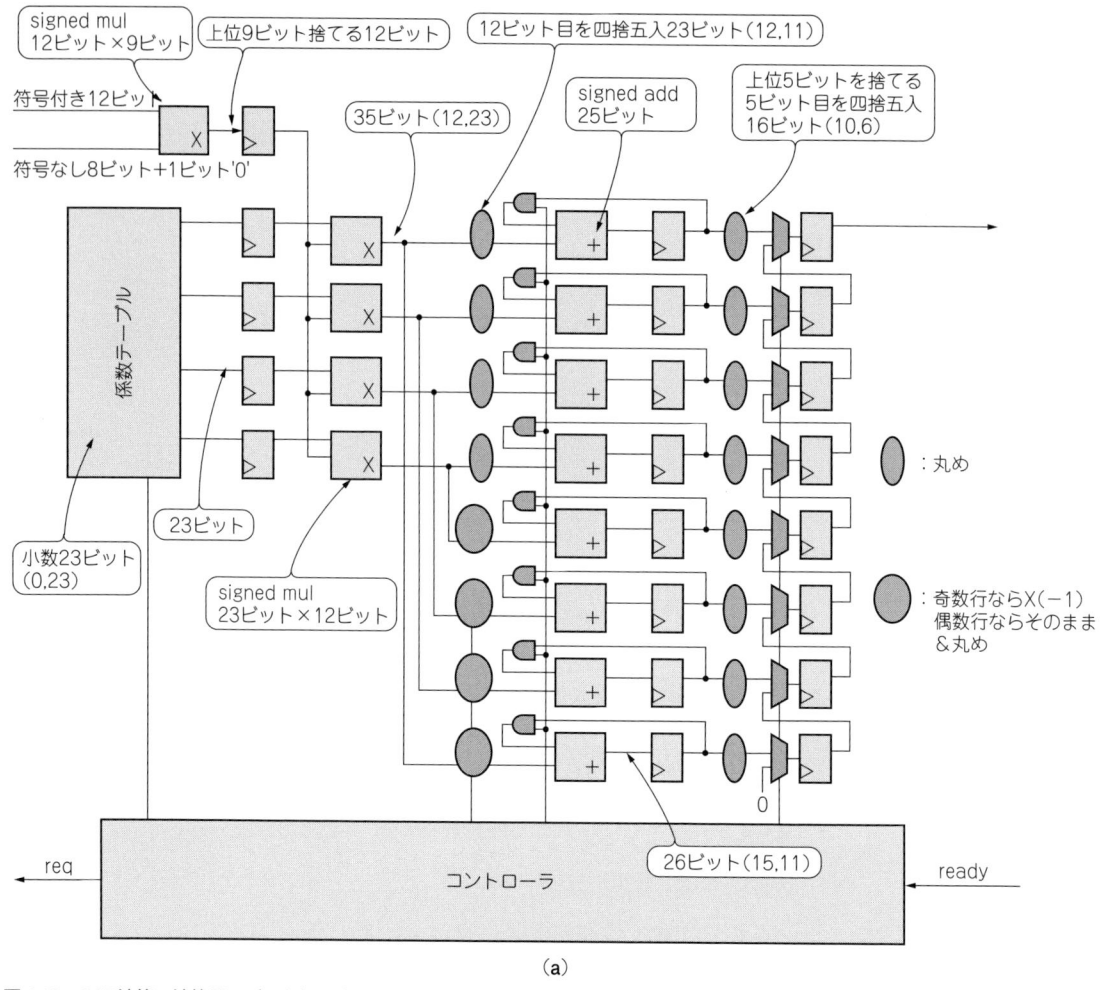

図6.12 DCT演算の演算器のビット幅を決定する

grlib-gpl-1.0.22-b4095/software/leon3に，ハードウェアIPコアにパターンを送信するソフトウェアを配置した後，grlib-gpl-1.0.22-b4095/designs/leon3-gr-xc3s-1500-mjpegにて，

　　make soft

と

　　make ghdl

を実行し，トップRTL検証実行モジュールを生成してトップ検証を行います．そして，

　　Make ise-launch

にてISEを立ち上げ，マッピングを行い，FPGAにマッピングした後，OSなしで動作確認するソフトウェアを実行し，ハードウェアの動作が問題ないか確認します．

その後，デバイス・ドライバを修正し，snapgear-2.6-p42/user/jpeg-6bのjidctint.cを変更して，DCT処理の最後にデバイス・ドライバをコールしてデータをハードウェアに送付するようにします．また，DCT処理以降は，ソフトウェアで実行しないようにコメントアウトします．これによって，upsampleとYCbCr-RGB処理をハードウェア化したSoCシステムが完成しました．

上記の作業は，第5章で行った「LEONシステムへの実装作業」と全く同じ手順です．今後，ハードウェアIPコアにDCTやハフマン・デコーダを追加して行きますが，そのたびにまた同じことを繰り返してSoCシステムを実行します．

●**現時点ではパフォーマンスはほとんど変わらない**

なお，ここまでの筆者の実装は，ブランチ名 hw-upyccにあります．読者の設計と比較してみてください．筆者がFPGA上でgfdl-qvga.mjpegを再生し

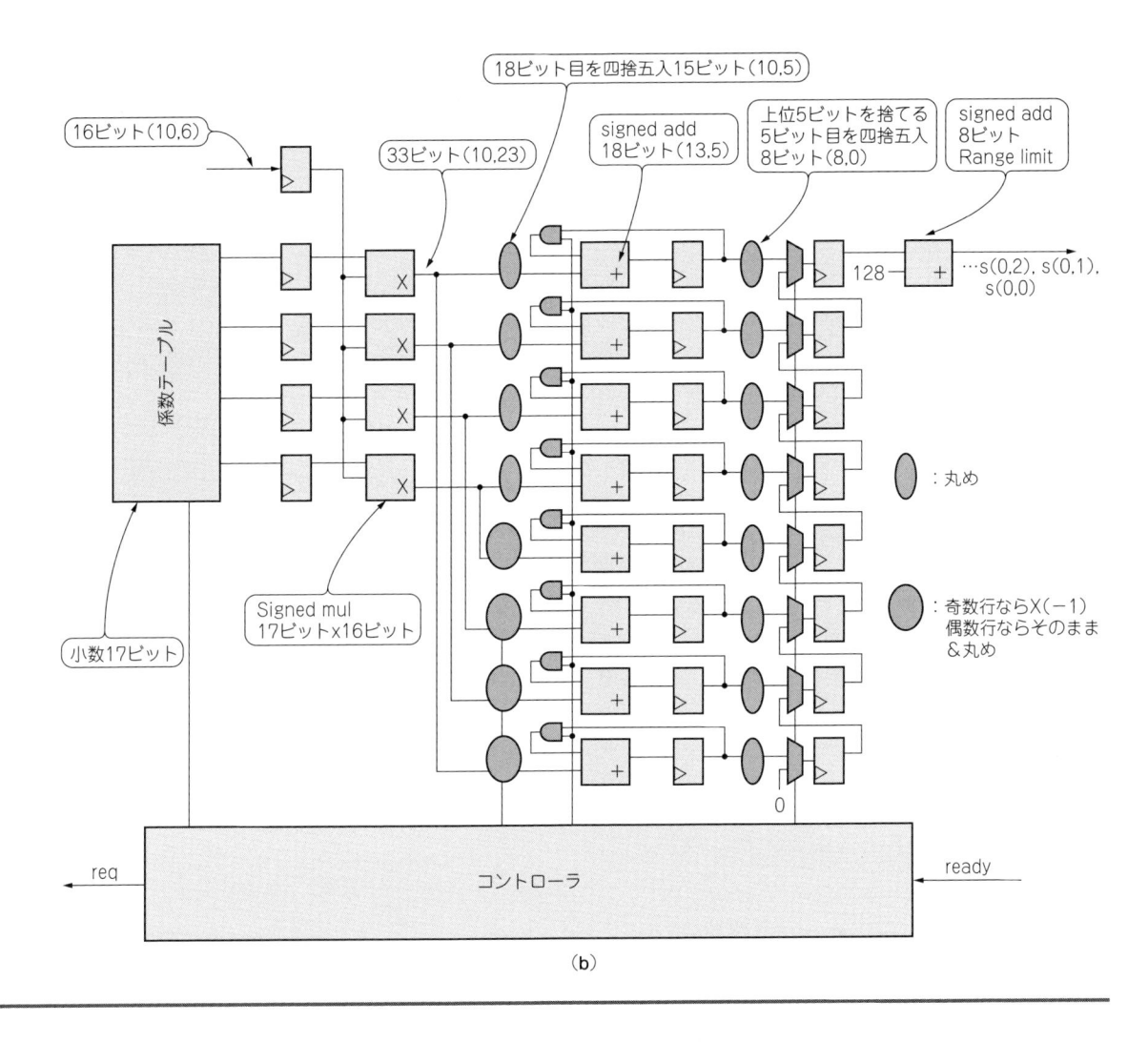

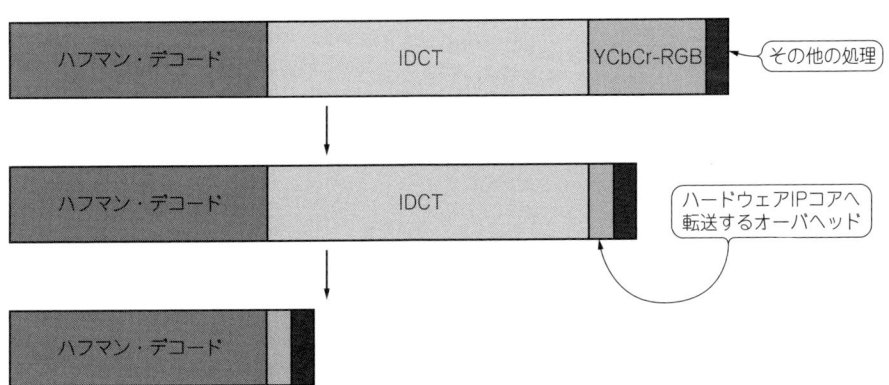

図 6.13 YCbCr-RGB 変換と DCT 部分をハードウェア化したことによる CPU 処理時間の変化

た結果ですが，フレーム・レートはほとんど第5章の結果と変わりませんでした．

upsampleがそれほどCPU時間を使っていないことを考えると，当然の結果です．

6.3 DCT処理のハードウェア化

次に，図6.4の(2)のように，DCTの処理をハード

ウェア化します．IJGのプログラムでは，`jidctint.c`にDCTの実装があります．ここでは，ソフトウェアで有効なアルゴリズムが使用されています．DCT処理を行うハードウェアは，たくさんの文献があります．ここでは，参考文献(4)を参考にしてハードウェア化します．

● 1DDCTを実現するハードウェア

図6.10は，1DDCTの行列式です．図中の対応する列同士は，絶対値が同じで符号が違うだけなので，演算の数を減らせます．

図6.11に，この1DDCTを実現するハードウェアを示します．行列の対称性を利用することでハードウェア量を減らしています．

この1DDCTを二回繰り返すことによって，2DDCTが完了します．一回目のDCT部分には，量子化係数を掛ける逆量子化演算が最初に必要になります．量子化係数は格納メモリを準備して，ソフトウェアから書き込んでおきます．

二回目のDCT部分には，最後の丸めでrange_limit演算や128シフトが必要になります．DCTモジュールの間には，ダブルバッファが入ります．そのダブルバッファの空き具合を示す信号を受け取り，コントローラ部分がいつDCT演算を開始するかを決定します．

最初に，この演算で正しく2DDCT演算が行われているかどうかを確認するために，`snapgear-2.6-p42/user/jpeg-6b-host/jidctint.c`を変更しました．ハードウェア構造と同じ演算を行うように変更した後に，djpegをコンパイルして実行し，問題なくmotionJPEGが再生されることを確認しました．ハードウェア構造が決定したら，以前と同じように演算器のビット幅を決定します．筆者は，図6.12のように決定しました．

● LEONシステムへの実装作業

演算器のビット幅を決定したら，以前と同じようにハードウェアと同じビット精度となるC言語のコードを記述し，ソフトウェアを実行して画像をチェックします．また，ハードウェア設計用の入出力テスト・パターンも生成します．

ハードウェア構造が決定したら，RTLのコーディングに入ります．再び，「LEONシステムへの実装作業」を繰り返すことで，FPGA-Linux上でシステムを動作させます．

FPGA上で実行したところ，フレーム・レートはや改善されました．ここまでの筆者の実装は`origin/hw-dctycc`にあります．自分で設計したものと比較してみてください．

以前，YCbCr-RGB変換モジュールをハードウェア化した際に，IUのパイプラインで一命令ずつ演算を行っていく場合と，ハードウェアで直並列に演算器をならべて1クロックで演算が終わる場合の比較をしました．DCTについても同じような考察を行えば，ハードウェア化で演算にかかるクロック数が大幅に減っていることが理解できると思います．このときに，一つ目のDCTと二つ目のDCTは，データがあれば同時に演算が可能であることに注意してください．

● YCbCr-RGB変換とDCT部分をハードウェア化してもまだ遅い

図6.13に示すように，これでDCTとYCbCr-RGB変換といった，ソフトウェアで非常に大きなCPU時間を使用していた部分が，ハードウェアで実行されるようになりました．ここまでのハードウェア化でも，まだ動画と呼べるレベルの再生表示にはなっていませんが，図6.13から推測すると，ハフマン・デコード部分をハードウェア化すれば，1枚のJPEG画面を処理するために必要な時間が少なくなり，フレーム・レートが数十倍になることが予想されます．

6.4 ハフマン・デコードのハードウェア化

最後に，ハフマン・デコード部分をハードウェア化します．ハフマン・デコード部分をハードウェア化する方法は，たくさんあります．ここで示す例は単なる参考として，是非自分で考えてみてください．JPEGのハフマン・エンコード/デコードは，JPEG規格書に詳細に説明されています．規格書は，http://www.w3.org/Graphics/JPEG/itu-t81.pdfで見ることができます．

ソフトウェアをハード化してSoCを開発する場合，どのようなアプリケーションであっても実際にそのアプリケーションの仕様やアルゴリズムをきちんと理解する必要があります．実際にハードウェアを設計する時間よりも，その仕様やアルゴリズムを理解する方に時間がかかることもよくあることです．

● JPEGファイル・フォーマットについて

まず，motionJPEGファイルのフォーマットについ

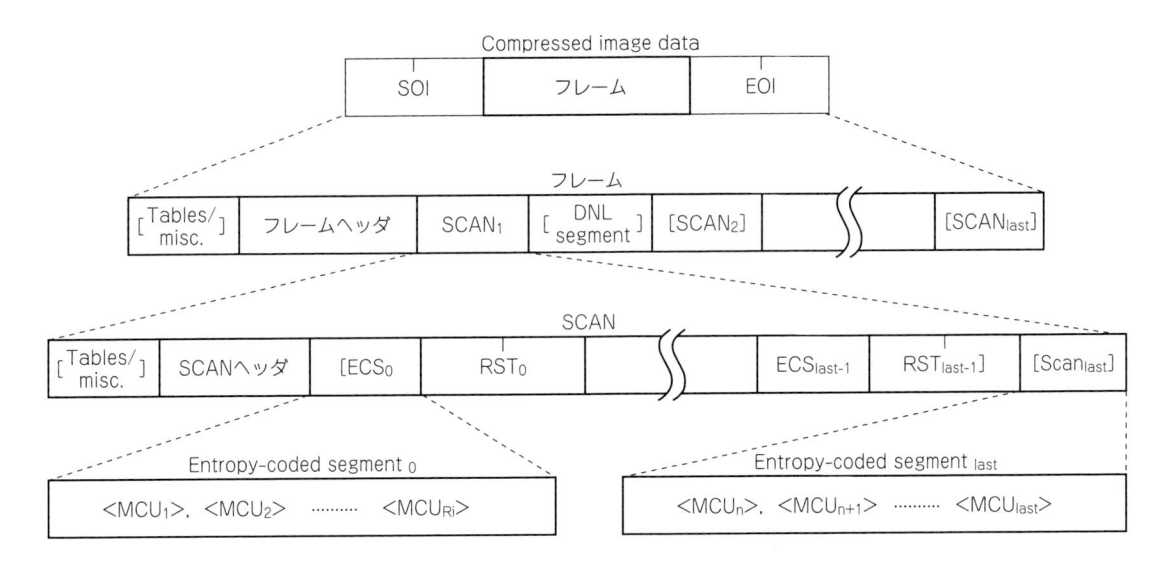

```
Compressed image data
[ SOI | フレーム | EOI ]

フレーム
[ [Tables/misc.] | フレームヘッダ | SCAN₁ | [DNL segment] | [SCAN₂] | ～ | [SCAN_last] ]

SCAN
[ [Tables/misc.] | SCANヘッダ | [ECS₀] | RST₀ | ～ | ECS_{last-1} | RST_{last-1} | [Scan_last] ]

Entropy-coded segment ₀
<MCU₁>, <MCU₂> ……… <MCU_Ri>

Entropy-coded segment last
<MCU_n>, <MCU_{n+1}> ……… <MCU_last>
```

図6.14 JPEGフォーマットの基本構造

て理解します。

motionJPEG規格というものは，明確には定まっていません．今回のシステムは，ffmpegの変換によって出力されるmotionJPEGを再生できるように設計します．フォーマットとしては，一枚ずつの画像のJPEGデータを隙間なく詰め込んだものになっています．ここでは，一枚の画像のJPEGファイル・フォーマットについて説明します．JPEGは，0xFFXX（XXは任意の数値）という最初がFFで始まるマーカというものが規程されており，様々なマーカによってセクションが分けられています．

例えば，一つのJPEGデータはSOIマーカで始まり，EOIマーカで終わります．

- SOI (Start of Image) マーカ：0xFFD8
- EOI (End of Image) マーカ：0xFFD9

と決められています．

JPEGファイルのデータの内部を覗いてみると，それらの数値で開始/終了していることが分かります．その他のマーカを使用しているJPEGデータは，図6.14のような構造を持っています．

● **フレームとは**

SOIとEOIにはさまれた部分を，フレームと呼びます．フレーム内は，フレーム・ヘッダとSCANと呼ばれる部分に分けられます．フレーム・ヘッダ中には，画面の縦横サイズや成分数，サンプリング・ファクタなどの値が格納されています．SCAN内部もSCANヘッダと実際のハフマン符号化後のデータに分けられます．SCANヘッダには，各成分（Y，Cb，Cr）に対してどのテーブルを使うかなどの指定が入ります．

今回設計するシステムは，ソフトウェア処理とハードウェア処理の両方を自由に利用できるので，ヘッダ部分の処理はIJGのソース・コードをそのまま利用してソフトウェア処理し，ハードウェアIPコアのレジスタやテーブル値を格納するメモリにデバイス・ドライバを通して設定します．その後，ソフトウェアで図中のEntropy-coded segmentの部分をハードウェアIPコアにデバイス・ドライバによって転送し，ハードウェア処理します．なお，図中のRSTはリスタート・マーカと呼ばれる，パリティのようなものです．今回のシステムでは対応していません．

ffmpegの出力するmotionJPEGフォーマットは，画像一枚ごとにヘッダでテーブルなどが書かれていますが，同じデータなので最初の一枚のみソフトウェア処理し，2枚目以降は処理をスキップするようにしました．

● **DC成分のハフマン符号**

JPEGのハフマン符号化の方法は，データ圧縮効率を高めるために，8×8画素のDC成分とAC成分によって異なります．ここでは，図6.15の左上の成分に相当するDC成分のハフマン符号について説明します．

変換前の各画素のRGB値は，−255〜+255まで大きな幅があります．これをそのままハフマン符号化すると大変大きなテーブルが必要になります．また，DC成分は8×8ブロック全体のベースとなる値なので，一

画面の中で様々なばらついた値をとることが予想されます．

ハフマン符号は，第4章で説明したように，ごく一部のコードの出現確率が高ければ高いほど圧縮効率は高まります．画面全体ではDC成分はバラつきますが，隣り合ったブロックでは似た色調のデータが，なだらかに変化している場合の方が圧倒的に多いと考えられます．そこでDC成分については，値を直接記録するのではなく，一つ前のブロックのDC成分との差を記録しています．

この方法によって，0近辺の小さな値の存在確率が高くなり，ハフマン符号化の圧縮効率が高くなります．この値をそのまま記録すると，500種類以上のハフマン符号を準備する必要があり，ハフマン・テーブルが非常に大きくなってしまいます．

そこで，JPEGでは値そのものをハフマン符号化するのではなく，値を表現するために必要なビット数をハフマン符号化して，その直後に値そのものを記すという方法をとります．

表6.1に，わかりやすく説明するためにすべてが正の値であるときの一例について説明します．

例えば，6という値を符号化する場合について説明

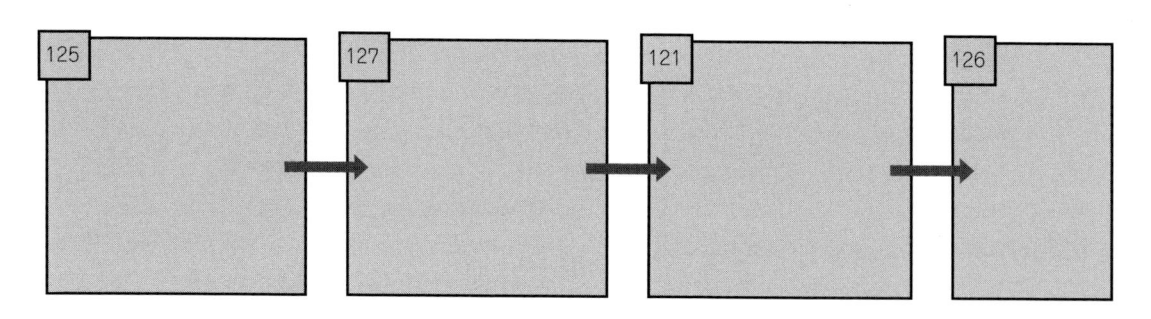

上図のようなDC値が続いているとき
下図のようにその差分を記録する

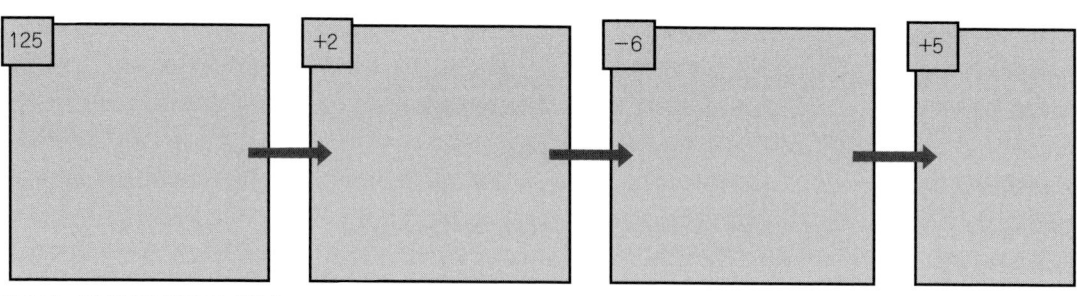

図6.15 DC成分のハフマン符号化

表6.1 ハフマン符号化の一例（簡単な理解のため正の値のみの場合）[参考文献(6)より]

差分値	必要ビット数	符号長	符号語
0	0	2	00
1	1	3	010
2, 3	2	3	011
4～7	3	3	100
8～15	4	3	101
16～31	5	3	110
32～63	6	4	1110
64～127	7	5	11110
128～255	8	6	111110

符号化の一例
実際は画像ごとにハフマン・テーブルを決定し，JPEGファイル内に記述する

表6.2 正負の値を含むハフマン符号化の一例[参考文献(6)より]

差分値	必要ビット数	符号長	符号語
0	0	2	00
−1, 1	1	3	010
−3, −2, 2, 3	2	3	011
−7～−4, 4～7	3	3	100
−15～−8, 8～15	4	3	101
−31～−16, 16～31	5	3	110
−63～−32, 32～63	6	4	1110
−127～−64, 64～127	7	5	11110
−255～−128, 128～255	8	6	111110

符号化の一例
実際は画像ごとにハフマン・テーブルを決定し，JPEGファイル内に記述する

します．6を意味する2進数は110なので，3ビットが必要になります．3ビット必要な値を表すハフマン符号は，表6.1の例の場合100となります．よって，100の後に110を続けた100110で，6という値を符号化します．また，67という値を符号化するときには，符号語11110に続けて67を意味する2進数1000011を記録し，111101000011で表現できます．

表6.2の符号語は一例です．画像ごとに符号語は異なります．マイナスの値に対しては，1を引いた値に直して符号化します．

表6.2に，マイナスの値を含む一例を示します．例えば，−1という値を符号化するときには，符号語010に続けて−1−1=−2を表す2の補数の下位1ビット0を続けて0100を記録します．−63という値を符号化するときには，符号語1110に続けて−63−1=−64を表す2の補数の下位6ビット000000を続けて1110000000と記録します．符号語の次に来るビットが0であることから，負数であることを判別できます．

●**AC成分のハフマン符号**

第4章で説明したジグザグ順序の読み込み以降，どのようにAC成分をハフマン符号化するかを説明します．

図6.16のように，数値とその後に続く0の数を一つのセットと考えて符号化していきます．

表6.3に，AC成分に対するハフマン符号の一例を示します．例えば，3という値の後に0が2つ続くセットを符号化する場合を考えます．3を表す2進数は11で，2ビット必要です．付加ビット数が2，ランレングスが2の符号は11111001となります．その後ろに11をつなげた1111100111が，求めるハフマン符号になります．

先ほどの例を，このハフマン・テーブルに基づいて

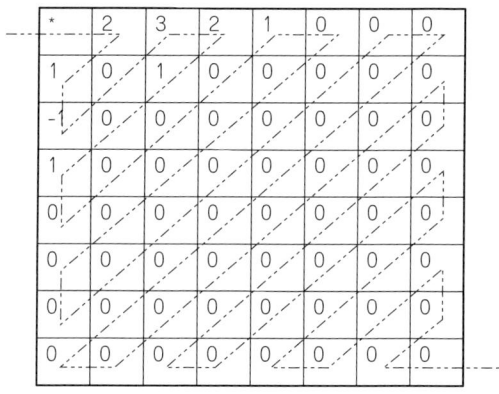

図6.16 AC成分のハフマン符号1

表6.3 AC成分に対するハフマン符号表の一例［参考文献(6)より］

		付加ビット数				
		0	1	2	……	10
ランレングス	0	1010 (EOB)	00	01	……	1111111110000011
	1	なし	1100	11011	……	1111111110001000
	2	なし	11100	11111001	……	1111111110001110
	⋮	なし	⋮	⋮		⋮
	15	11111111001 (ZRL)	1111111111110101	1111111111110110	……	1111111111111110

6.4 ハフマン・デコードのハードウェア化

圧縮した例が，図6.17となります．

64画素のデータが，かなり少ないビット数で表現されていることが分かります．

● **ハフマン・テーブルとデコード**

ここまでで，JPEGのハフマン符号の考え方が理解できました．しかし，ハフマン符号の付け方にはまだ冗長性が残っています．ハフマン・テーブルの記述の仕方とどのようにデコードするかはJPEGの規格書に詳細に記されているので，ここで説明します．

ハフマン・テーブルは，JPEGファイルの中で図6.18のように保持されています．

DHTは，ハフマン・テーブル開始のマーカで0xFFDEです．Lhは，ハフマン・テーブル定義長で，Lh以降何バイトあるかを示しています．Tcは，直後に来るテーブルがDC成分用かAC成分用かを示すフラグです．Thは直後に来るテーブルにつける番号です．L1，L2，…，L16は，それぞれ1ビット，2ビット，…，16ビットの符号がいくつあるかを示す数です．

JPEGでは，符号は16ビットまでに押し込まれます．その後の$v_{2,1}$，…，が，符号に対応する値です．このように，JPEGのハフマン・テーブルには符号そのも

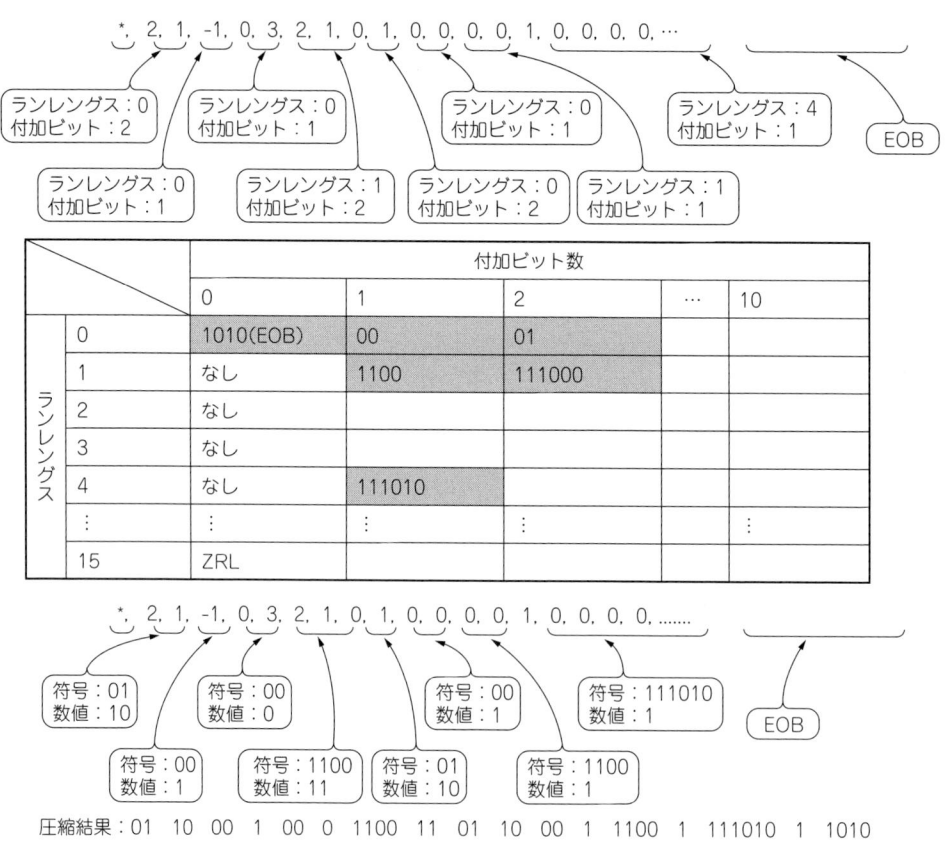

		付加ビット数				
		0	1	2	…	10
ラ ン レ ン グ ス	0	1010(EOB)	00	01		
	1	なし	1100	111000		
	2	なし				
	3	なし				
	4	なし	111010			
	⋮	⋮	⋮	⋮	⋮	⋮
	15	ZRL				

圧縮結果：01 10 00 1 00 0 1100 11 01 10 00 1 1100 1 111010 1 1010

図6.17 ハフマン符号圧縮結果

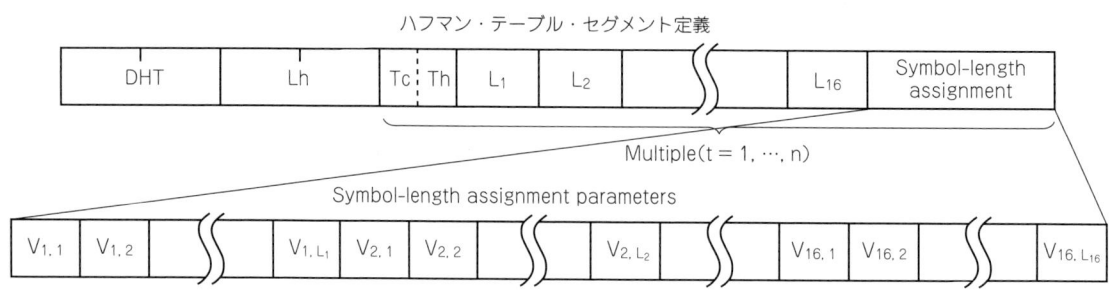

図6.18 JPEGフォーマット中のハフマン・テーブル

DHT	Lh	Tc	Th	L1	L2	L3	L4	L5	L6	L7	L8	L9	L10	L11	L12	L13	L14	L15	L16
FFC4	28	0	0	0	2	3	1	1	1	1	0	0	0	0	0	0	0	0	0

	v2,1	v2,2	v3,1	v3,2	v3,3	v4,1	v5,1	v6,1	v7,1
	05	06	02	03	04	07	01	08	00

図6.19 JPEGフォーマットでのハフマン・テーブルの記述例

のは記述されません.

図6.19は，記述例です．1ビット符号0個，2ビット符号2個，3ビット符号3個…と個数が並び(1)，その後，それぞれに対応する値が詰めて並んでいます(2)．JPEG規格書の中で(1)をBITS(I)という配列名で呼び，(2)をHUFFVAL(I)という配列名で呼んでいます．

まず，BITS(I)からHUFFSIZE(K)と呼ばれるサイズ・テーブルを生成します．図6.20にフローチャートを示します．図6.21のようにコードを並べたときに，順番に何ビットのコードが格納されているかを示すものです．

次に，HUFFCODE(K)と呼ばれる，ハフマン・コードを左から詰めた配列を生成するフローチャートがJPEG規格書で説明されています．そのフローチャートを図6.22に示します．

このアルゴリズムも単純なものです．SLLというのは，shift-left-logicalの略です．

このアルゴリズムから，JPEGのハフマン符号の付け方が分かります．nビットのハフマン符号を1ずつ増やしながら符号をつけていきます．最後の符号をつけ終わったら，1を足して次の符号のビット数に応じて左シフトしたものをハフマン符号とします．

図6.23が，先ほどの例に対応するものです．実際のハフマン符号が格納されているHUFFCODE(K)が生

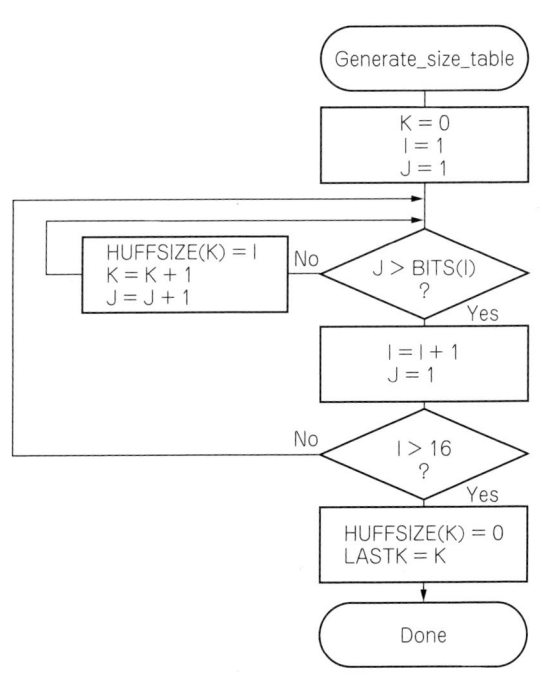

図6.20 HUFFSIZE(K)の生成フローチャート

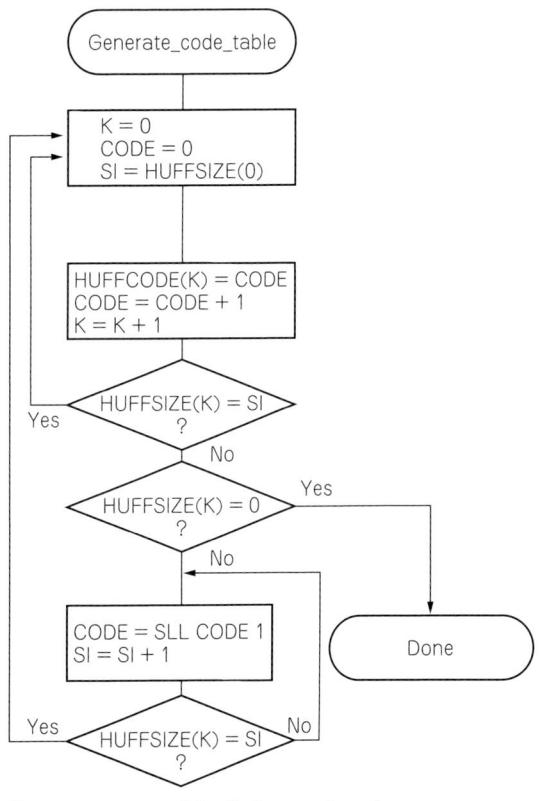

図6.22 HUFFCODE(K)の生成フローチャート

6.4 ハフマン・デコードのハードウェア化

L1	L2	L3	L4	L5	L6	L7	L8	L9	L10	L11	L12	L13	L14	L15	L16
0	2	3	1	1	1	1	0	0	0	0	0	0	0	0	0

BITS(I)：ハフマン・テーブル・セグメントより

↓

0	1	2	3	4	5	6	7	8	9
2	2	3	3	3	4	5	6	7	0

HUFFSIZE(K)が生成される.
ハフマン符号を左から詰めていった場合
2ビット, 2ビット, 3ビット, 3ビット, 3ビット, 4ビット, 5ビット, 6ビット, 7ビットとなる.

図 6.21 HUFFSIZE(K)の生成例

0	1	2	3	4	5	6	7	8	9
2	2	3	3	3	4	5	6	7	0

HUFFSIZE(K)：生成済み

↓

0	1	2	3	4	5	6	7	8	9
00	01	100	101	110	1110	11110	111110	1111110	-

HUFFCODE(K)が生成される.
以下のHUFFVAL(I)：ハフマン・テーブル・セグメントの後半と合わせてデコードに使用する.

v2,1	v2,2	v3,1	v3,2	v3,3	v4,1	v5,1	v6,1	v7,1
05	06	02	03	04	07	01	08	00

HUFFVAL(I)

図 6.23 HUFFCODE(K)の生成例

成されます.

　JPEGファイルの中には，HUFFVAL(I)というハフマン・コードに対応する値を格納した配列が記録されていますので，HUFFCODE(K)と合わせればデコードできることになります.

　次に，JPEG規格書のAnnex F.2にデコード・フローチャートが載っているので，そこを見て行きます．AC成分のデコード全体フローが，図6.24に示されています.

　この中のDECODEというプロシージャが，実際にハフマン符号から値を取り出すものです．この部分は基本的にはDC成分でも同じになります．まず，デコードで使用する内部テーブルを生成します．図6.25に，MINCODE(K), MAXCODE(K), VALPTR(K)という三つの内部テーブルの生成方法が載っています.

　先ほどのハフマン・テーブルの例で実行すると，図6.26のような結果が得られます.

　ここで得られた三つの配列とHUFFVAL(I)を用い

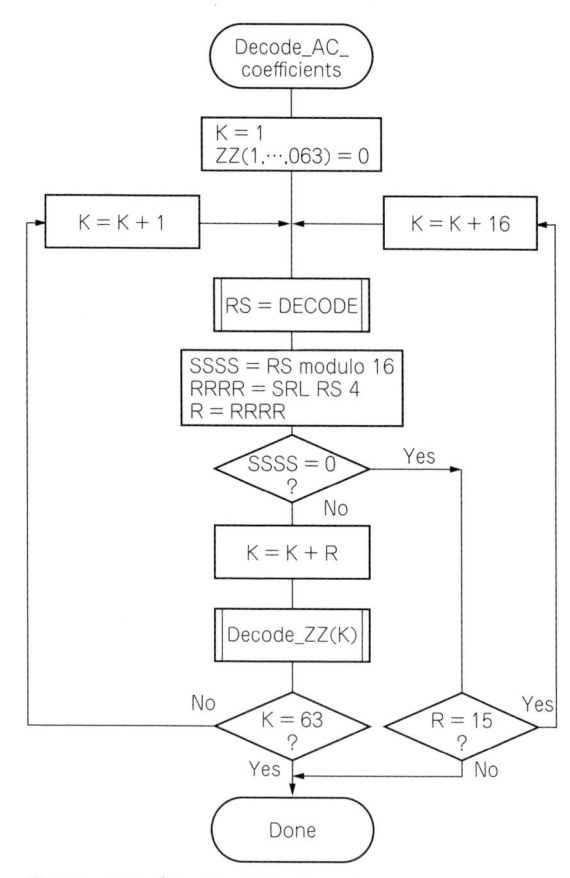

図 6.24 JPEGデコード・フローチャート

てデコードを行います（図6.27）.

　1ビットずつ順番にフェッチします．該当するビット数のMAXCODE(K)より小さければ，そのビット数で一つのハフマン・コードであることが確定します．MAXCODE(K)より大きい場合は，さらに1ビットフェッチします.

　ハフマン・コードのビット数が確定したときは

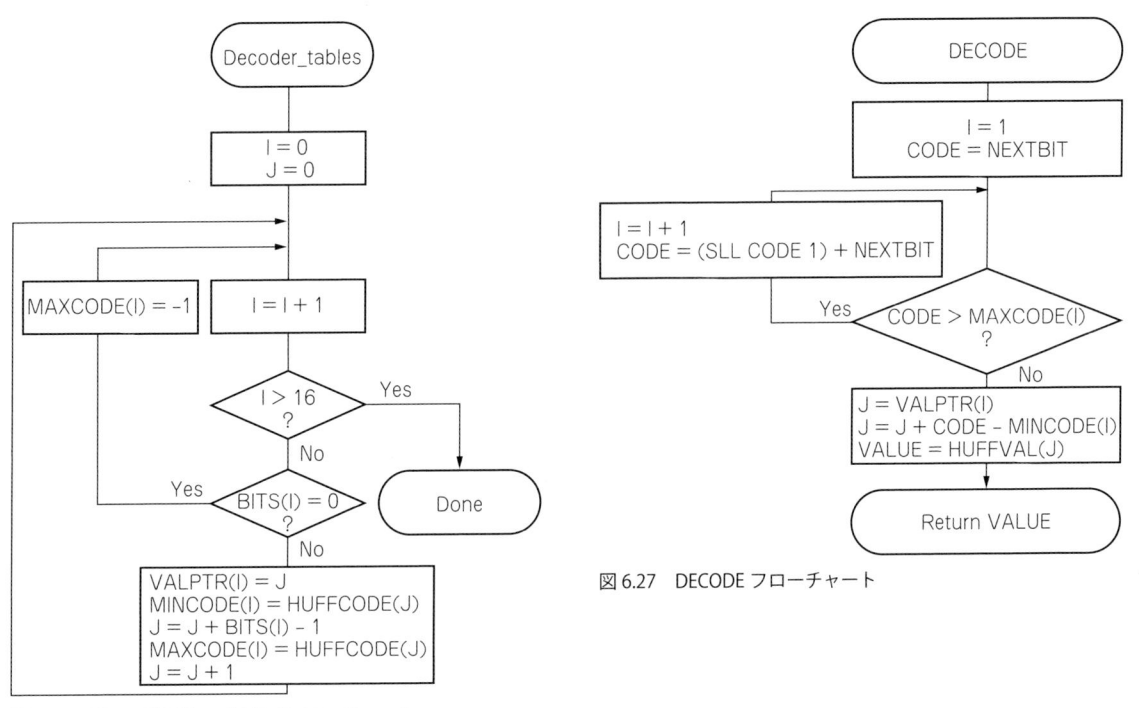

```
                                                    ┌──────────┐
        ┌──────────────┐                             │  DECODE  │
        │Decoder_tables│                             └────┬─────┘
        └──────┬───────┘                                  ▼
               ▼                                   ┌──────────────┐
         ┌─────────┐                                │ I = 1        │
         │ I = 0   │                                │ CODE = NEXTBIT│
         │ J = 0   │                                └──────┬───────┘
         └────┬────┘                          ┌───────────▶│
              ▼                               │            ▼
   ┌────────────────┐                    ┌─────────────────────┐
   │MAXCODE(I) = -1 │◀──┐                │ I = I + 1           │
   └───────┬────────┘   │                │ CODE = (SLL CODE 1) │
           ▼            │                │        + NEXTBIT    │
      ┌─────────┐       │                └──────────┬──────────┘
      │ I = I+1 │       │                   Yes     ▼
      └────┬────┘       │                ┌──────────────────┐
           ▼            │                │ CODE > MAXCODE(I)│
        ╱──────╲  Yes   │                │        ?         │
       ╱ I > 16 ╲─────┐ │                └──────────┬───────┘
       ╲   ?    ╱     │ │                           │ No
        ╲──────╱      ▼ │                           ▼
           │ No    ┌──────┐             ┌──────────────────────┐
           ▼       │ Done │             │ J = VALPTR(I)        │
     ╱─────────╲   └──────┘             │ J = J + CODE - MINCODE(I)│
    ╱BITS(I)=0 ╲ Yes                    │ VALUE = HUFFVAL(J)   │
    ╲    ?    ╱──▶                      └──────────┬───────────┘
     ╲───────╱                                     ▼
        │ No                                ┌──────────────┐
        ▼                                   │ Return VALUE │
  ┌───────────────────────┐                 └──────────────┘
  │VALPTR(I) = J          │
  │MINCODE(I) = HUFFCODE(J)│                図 6.27 DECODE フローチャート
  │J = J + BITS(I) - 1    │
  │MAXCODE(I) = HUFFCODE(J)│
  │J = J + 1              │
  └───────┬───────────────┘
          └─────────────────▶ (戻る)
```

図 6.25　デコード用テーブル生成フローチャート

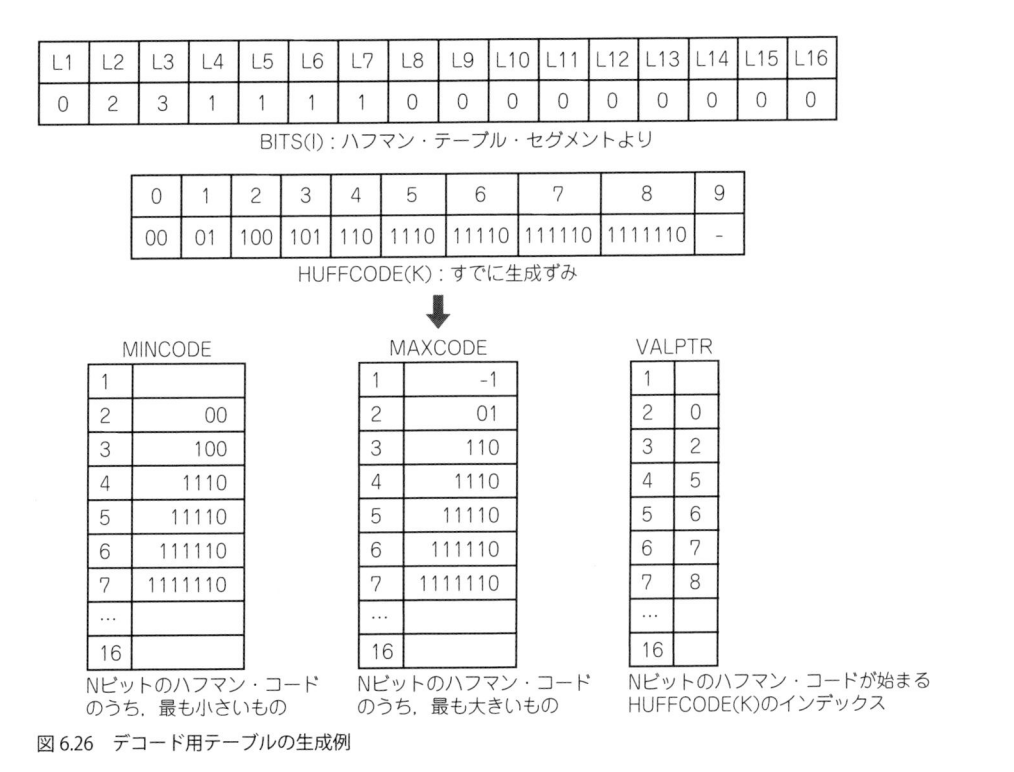

L1	L2	L3	L4	L5	L6	L7	L8	L9	L10	L11	L12	L13	L14	L15	L16
0	2	3	1	1	1	1	0	0	0	0	0	0	0	0	0

BITS(I)：ハフマン・テーブル・セグメントより

0	1	2	3	4	5	6	7	8	9
00	01	100	101	110	1110	11110	111110	1111110	-

HUFFCODE(K)：すでに生成ずみ

⬇

MINCODE

1	
2	00
3	100
4	1110
5	11110
6	111110
7	1111110
...	
16	

Nビットのハフマン・コードのうち，最も小さいもの

MAXCODE

1	-1
2	01
3	110
4	1110
5	11110
6	111110
7	1111110
...	
16	

Nビットのハフマン・コードのうち，最も大きいもの

VALPTR

1	
2	0
3	2
4	5
5	6
6	7
7	8
...	
16	

Nビットのハフマン・コードが始まるHUFFCODE(K)のインデックス

図 6.26　デコード用テーブルの生成例

VALPTR (K) を用いて，HUFFVAL (I) のインデックスを求めて実際のデコードした値を求めます．ここで，そのまま VALPTR (K) の値をインデックスに使うと，該当ビット数でもっとも小さい符号に対する値が取得されてしまいます．

先ほど，同じビット数のハフマン・コードは，1ずつインクリメントされてつけられていることを理解しました．したがって，現在フェッチしているビット列

とMINCODE(K)との差をVALPTR(K)に足すことにより，対応する値が配置されているHUFFVAL(I)のインデックスが分かります．インデックスが確定したら，対応するHUFFVAL(I)の値を返します．

ここまでで，JPEGのハフマン符号の付け方を完全に理解することができました．アルゴリズムをハードウェア化することよりも，アルゴリズムやフォーマットをきちんと理解することの方に多くの時間を使うことはよくあります．

● **ハフマン・デコードのハードウェア**

JPEGのハフマン・デコード部分のアルゴリズムとフォーマットをすべて理解できたので，ここからハードウェア化を行います．

先ほど理解したフローチャートのとおりに，1ビットずつフェッチしてチェックしていくハードウェア化も可能です．筆者の場合は，もう少し高速化したハフマン・デコード・ハードウェアを設計しました．他にも様々なハードウェア化が考えられるので，一つの参考として見てください．

図6.28のように，SCANデータはハフマン符号と数値データが繰り返されながらつながっており，それぞれのビット長が異なります．ハフマン符号のビット長は符号そのものの内容で確定し，数値データのビット長はハフマン符号のデコード結果から確定します．また，ハフマン・デコード・ハードウェアのIPコアは，AHBバスに接続されるので，32ビット単位でSCANデータが送り込まれます．

AHBバスからは32ビット単位でデータが来ますが，演算を行うハードウェアには可変長単位でデータを入力しなければなりません．このことから，演算器へ入力するためのシフト量を指定できるシフタが必要となることがイメージできます（図6.29）．

また，ハフマン・コードと数値データの両方とも，32ビット境界をまたがって一つのコードとなる可能性があります．32ビット単位のデータも，どのタイミングでハードウェアIPコアにやってくるのか分かりません．これらのことから，筆者はデータがFIFOに存在する限り，8ビット単位で詰めてシフタへ入力するデータを準備するフェッチ・ステージと，実際にデコードを行うデコード・ステージに分けて設計しました．

IJGのソフトウェアでは，ソフトウェアを高速化するため，前述したHUFFCODE(K)やMAXCODE(I)などのテーブルの他に，処理開始前に8ビット以下のコードに対するデコード値（数値データが何ビットか）を持たせたキャッシュを生成しています（表6.4）．

ここで，`look_nbits`の値は，符号自体が何ビットであるかを示しています．`look_sym`の値は，符号に続く数値が何ビットであるか（デコード結果）を示しています．このような方法をとることで，とりあえず，溜まっているデータの先頭8ビットを投げ込むことで，そのうちの最初の何ビットが符号ビットであり，その後何ビット数値データが続くかが分かります．

例えば，現在のデータの先頭が，01110100だとすると，`look_nbits = 2`，`look_sym = 6`という答えが返ってくるので，最初の01がハフマン符号で，その後の110100が数値ビットだということが分かります．01******（01で始まるすべてのアドレス）に`look_nbits = 2`，`look_sym = 6`を記録しておくことで，どのような数値にも対応できます．ハフマン・コードがヒットしない場合（9ビット以上のときなど）は，`look_nbits = 0`が返ります．

01 1000 1 000 1100 11 01 1000 1 1100 1 1110 10 1 1010 ……………

図6.28 SCANデータの例

表6.4 8ビット以下のコードに対するキャッシュ

Code	look_nbits	look_sym
00******	2	5
01******	2	6
100*****	3	2
101*****	3	3
110*****	3	4
1110****	4	7
11110***	5	1
111111**	6	8
1111110*	7	0

01****** という記述は，`look_nbits[01000000]`から`look_nbits[01111111]`まで63要素すべての値が2であるという意味

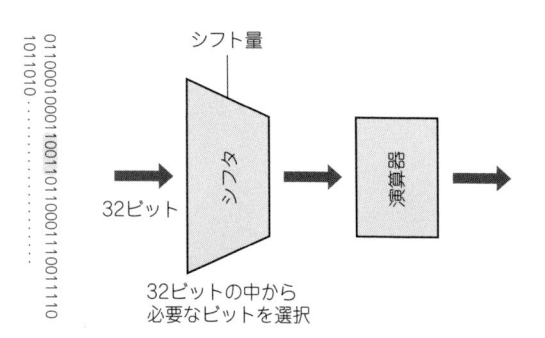

図6.29 SCANデータを演算器に入力する際にシフタが必要になる

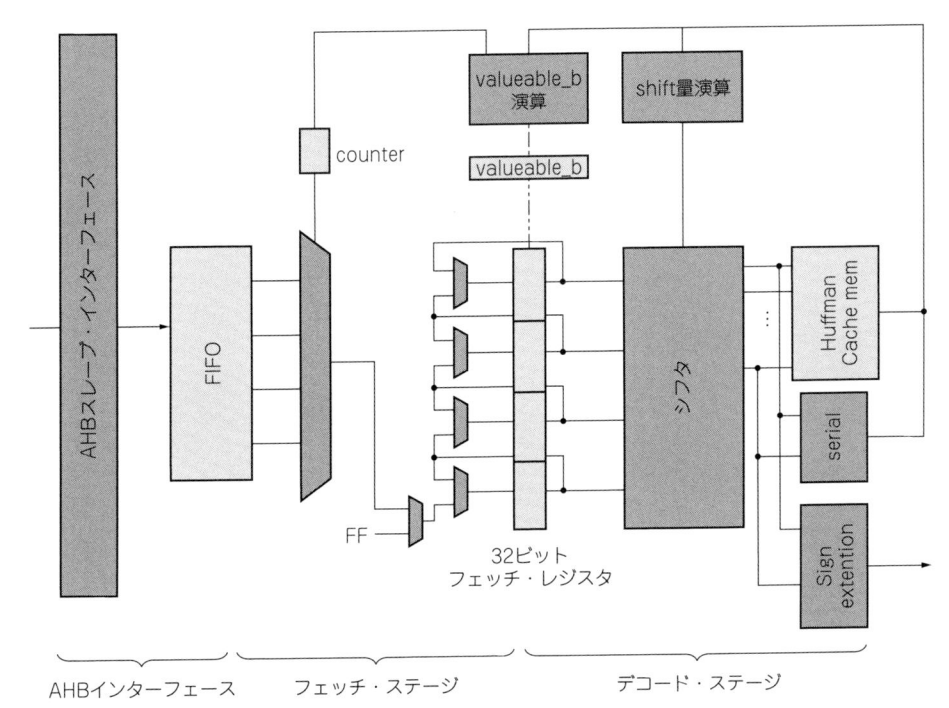

図6.31 ハフマン・デコーダの全体像

　今回のハードウェア化では，これを真似して，8ビット以下のデコード結果を格納したテーブルをSRAMに持たせる方法を取りました．現在の先頭コードのアドレスでSRAMにアクセスすると，look_nbitsとlook_symが返ってきます．
　このようなキャッシュ・メモリを利用すると，図6.30のような方法でデコードが行えます．
　以上の概要から，図6.31のような全体像を描きました．
　32ビットのフェッチ・レジスタと，フェッチ・レジスタの何ビットが現在有効かを示すvalueable_bレジスタが二つのパートを分けています．フェッチ・レジスタに，8ビットを新たにフェッチする余裕があって，FIFOにデータが存在する場合，新たなデータが8ビット取り込まれます．
　JPEGでは，SCANデータに0xFFが存在したときに，マーカとの違いを判断するために後ろに00を続けます．この00を取り除く操作もフェッチ・パートに組み込みます．
　フェッチ・レジスタの出力は，シフタに入力されます．キャッシュ・メモリまたはシリアル処理によってデコードされ，続く数値ビットがSign extentionを通して出力されます．

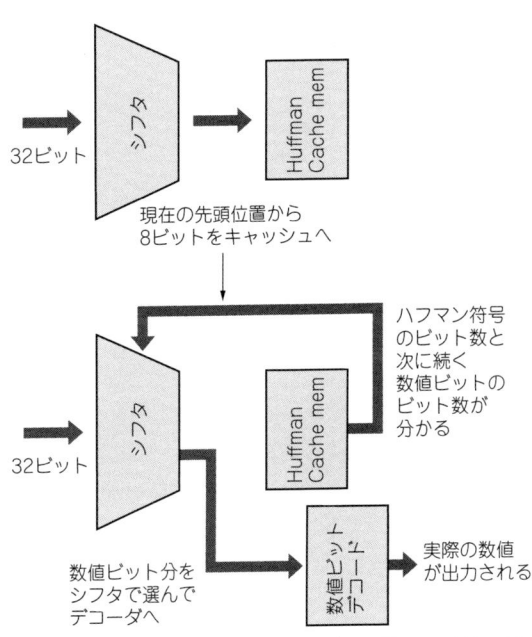

図6.30 キャッシュ・メモリを用いたデコード・ハードウェア

　valueable_bレジスタは，8ビット・フェッチされるときは8増えます．デコード処理されたときは符号長，または数値データ長分がマイナスされます．
　符号が9ビット以上であると確定したときのみシリアル処理部分が動作し，1ビットずつ符号を増やして

6.4 ハフマン・デコードのハードウェア化　101

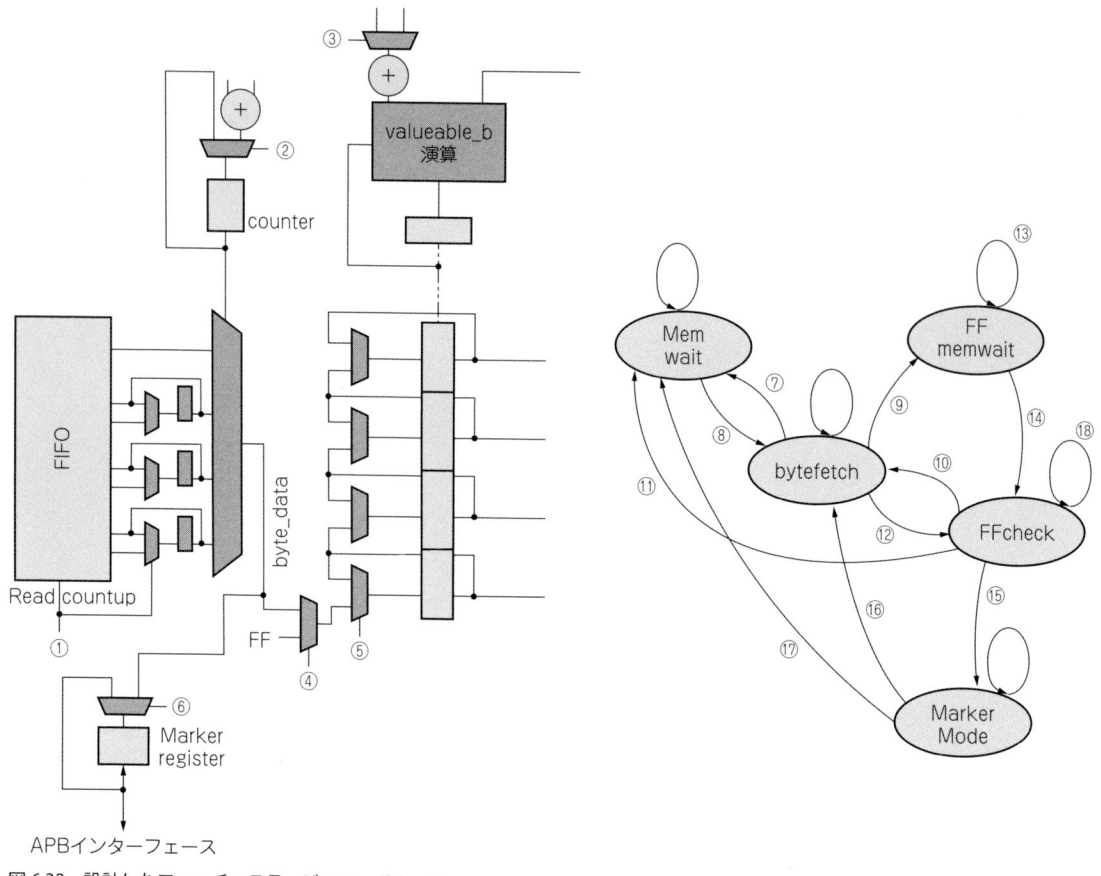

図6.32 設計したフェッチ・ステージのハードウェア

チェックして行きます．9ビット以上の符号が存在する確率はかなり低いため，それほど頻繁には動作しません．大多数の符号は，キャッシュ・メモリがヒットしてデコードされます．

最終的に，フェッチ・ステージは図6.32のように，デコード・ステージは図6.33のように設計しました．

これは，あくまでも筆者が作成した一例です．FIFOやフェッチ・レジスタに十分なデータが存在しないときのためのステートも追加されています．

シリアル処理部分もIJGソフトウェアが生成している，maxvalue，offset，huffvalの表をそのまま利用する単純な構成にしています（図6.34）．シリアル処理が動作するのは，9ビット以上のハフマン・コードが出現したときのみで，めったにありません．

テーブル用メモリが多数必要になったため，AHBインターフェース越しにソフトウェアから書き込めるように，表6.5のようなアドレス・マップを行いました．

最終的に，ハフマン・デコーダ部分がシステムのボトルネックにならなかったため，このまま設計は完了

ということにしました．データが常にフェッチ・レジスタに満たされている場合，デコード・パートのFSMのSymReq，SymCheck，Valoutの3ステートを回ってデコードした値をメモリに書き込み続けます．もし，最終的にシステムの処理性能のボトルネックがハフマン・デコーダ部分にある場合は，これを2ステートにすることが可能かどうか検討することになります．

また，今回はキャッシュ・メモリに8ビット以下のデコード情報をソフトウェアから詰め込みましたが，図6.35のように各ビット長のデコード・ハードウェアを並べて，一番少ないビット数でマッチしたものを選ぶハードウェアも容易に想像できます．

読者も，自分のイメージで開発してみてください．

●LEONシステムへの実装作業

ここまで机上で設計できたら，これまでと同じように，「LEONシステムへの実装作業」を行い，FPGA-Linux上で動作させます．筆者の実装が，ブランチ名origin/hw-huffdctyccにあるので，自分の実装

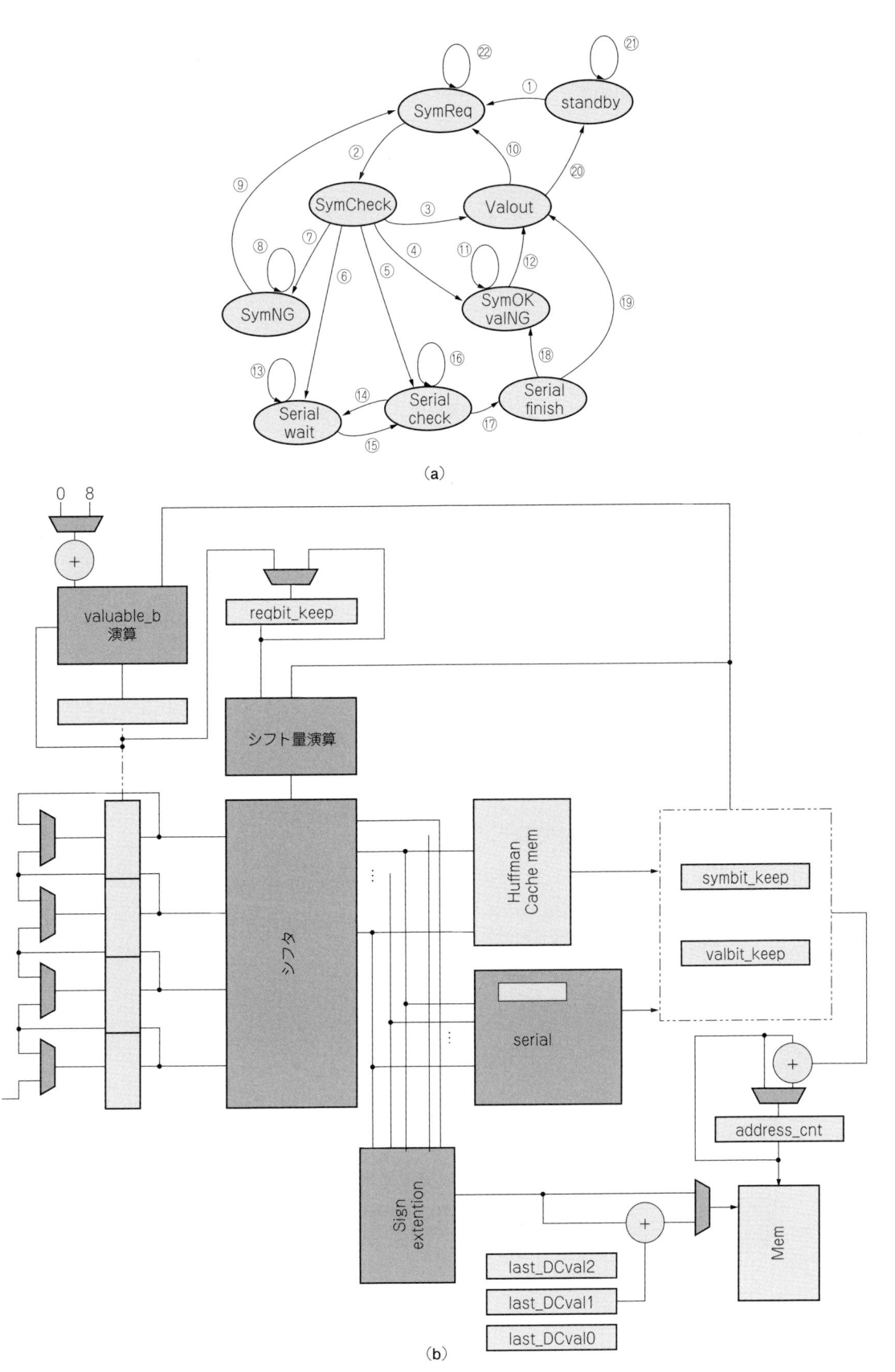

図 6.33 設計したデコード・ステージのハードウェア

6.4 ハフマン・デコードのハードウェア化

図6.34 設計したシリアル処理部のハードウェア

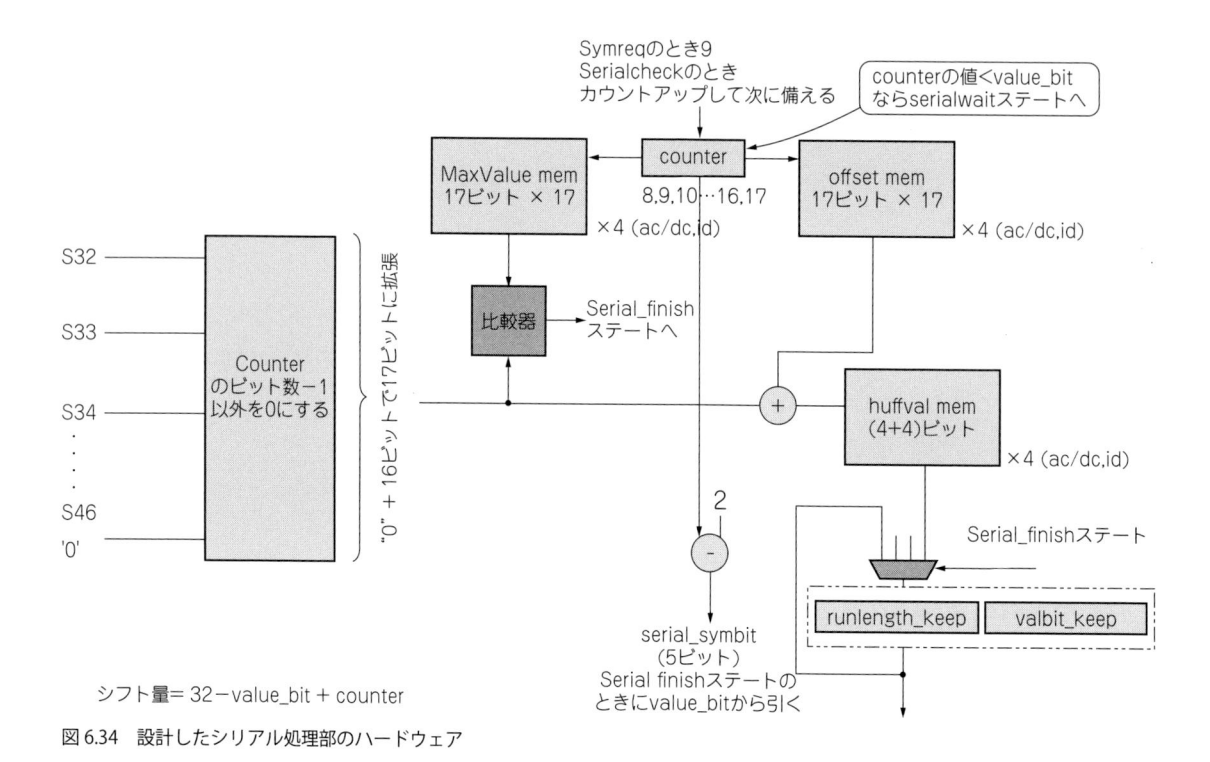

表6.5 設計したハフマン・デコーダのアドレス・マップ

AHBアドレス・オフセット	レジスタ
0x0000**	ハフマン・コード（SCANデータ）
0x000200	レディ信号
0x0004** 0x0005**	ハフマン信号最大値テーブル
0x0008** 0x0009**	ハフマン信号オフセット・テーブル
0x002*** 0x003***	ハフマン信号huffvalテーブル
0x004*** 0x005***	ハフマン8ビットACキャッシュ・テーブル
0x008*** 0x009***	ハフマン8ビットDCキャッシュ・テーブル
0x00C***	Quantテーブル値

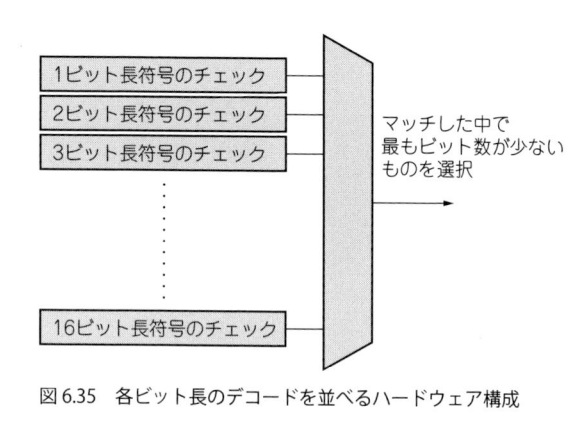

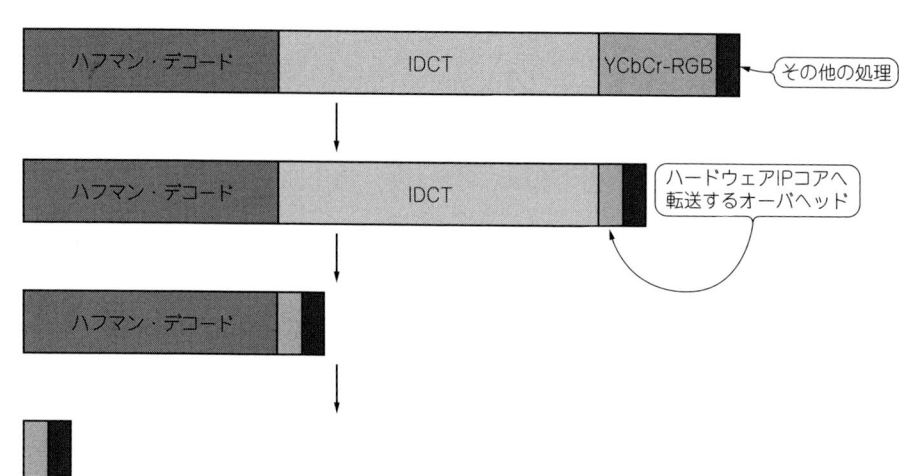

図6.35 各ビット長のデコードを並べるハードウェア構成

図6.36 これまでのハードウェア化によるCPU処理時間の変化

と比較してみてください．

これらを実装した結果，

```
dmjpeg gfdl-qvga.mjpeg
```

を実行すると，動画が再生されました．これまでとは異なり，動画と呼ぶことができるフレーム・レートが実現できています．これは図6.36のように，ソフトウェアでは処理が重たかった部分が，すべてハードウェア化されたことによることが容易に想像できます．

このシステムのハードウェアJPEGデコーダは，まだまだ性能に余裕があります．例えば，データをJPEGデコーダに送る部分がボトルネックになっています．

● **JPEGはハードウェア化に向いている**

ここまで自力で開発してこられた方は，データがどのように流れて高速化されるのか，全体像がつかめていると思います．基本的に，

- ハードウェアは直列，並列に演算を並べて実行することができる．
- チップ内のメモリは高速アクセスできるが，容量は小さく，チップ外のメモリは容量は大きいがアクセスは遅い

という特徴があり，

- 演算するデータを演算ハードウェアのそばに置いて（ワーク・メモリ）高速アクセスする
- ワーク・メモリへのデータの転送で待ち時間を作らないように工夫する

などを考えながらハードウェア化することでシステムの高速化を行うことができます．

以上のことを考えると，JPEG処理はハードウェア化することにより高速化が非常に行いやすいアルゴリズムであることが理解できます．

図6.37のように，一画面全体のデータ量はかなり大きいですが，密接な演算を繰り返し行うデータ・セットは，8×8画素の中に限られているので，そのサイズのメモリがあれば高速化が行えます．DC値は持ち越しますが，次の8×8画素に持ち込むだけでなので，値をキープするハードウェア（記憶素子）は一つしか必要あ

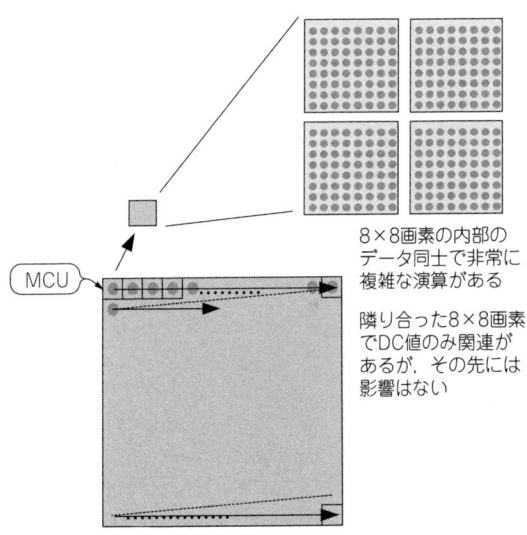

図6.37 JPEGがハードウェア化に適している理由

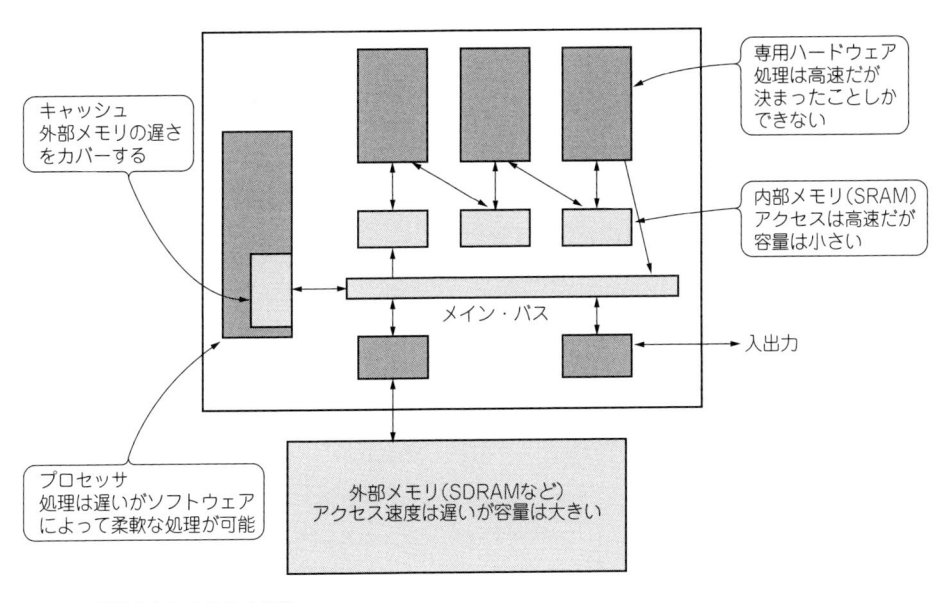

図6.38 設計したシステムの構造

りません．ハフマン・デコードもYCbCr-RGB演算も，順次先頭から処理していくだけなので，大きなメモリを必要としません．

●時間軸方向にも圧縮を行うのがMPEG

例えば，MPEGのように時間軸方向にも圧縮を行うアルゴリズムではどうなるでしょうか．時間軸方向の圧縮には，動きベクトルのような画面内の物体の動作を利用します．そうすると，密接な演算を行うデータ・セットはJPEGよりも大きくなります．MPEGの方がソフトウェアをハードウェア化して高速化することが難しいことが予想できます．

図6.38に，今回設計したシステム構造のイメージを示しました．演算のどの部分をハードウェア化して高速化するのかと，どのようにデータを流すかを決定しました．

今回の開発過程では，データを流すことに関しては，外部メモリのアクセス部分以外は性能的に余裕があります．もっと複雑なシステムでデータをどのように流すかもボトルネックになる場合は，高速化することは非常に難しい問題になります．

第2部

第7章 motionJPEG再生システムのネットワークへの対応

開発したFPGAによるSoCを実際に起動させて，ネットワーク経由でmotionJPEG動画ストリームを再生しよう

7.1 ネットワークへの対応

●動画サーバの準備

JPEG処理部分をハードウェア化するSoCの開発は，第6章までの説明で完了しました．本章では，Linuxが動作するSoCであることを利用して，ネットワークに対応させる方法について解説します（ただし，使用しているFPGA評価ボードがEthernetに対応している必要がある）．

具体的には，PC-Linux上でffserverという動画サーバ・プログラムを実行し，FPGA側で再生します．ffserverは，ffmpegに付属するプログラムです．

```
ffserver -f コンフィグレーション・
    ファイル名
```

でネットワーク動画サーバが立ち上がります．

コンフィグレーション・ファイルのサンプルは，ffmpegのdocディレクトリにあります（ffserver.conf）．そこで，その一部をリスト7.1のように書き換えます．そして，PC-Linux上の/home/kurimoto/LEON/ffserver/に，gfdl-qvga.mjpegを配置します．さらに，

```
ffserver -f ffserver.conf
```

と実行するとメッセージが出力され，動画サーバの実行がはじまり，アクセス待ちの状態になります．

まずは，ffserverが立ち上がっていることを確認するために，他のマシン（PC-LinuxがVMware上で実行されているなら，ホストのWindowsマシンでもよい）からWebブラウザでアクセスしてみます．

仮に，PC-LinuxのIPアドレスが192.168.24.51の場合，Webブラウザに以下のアドレスを打ち込みます．

```
http://192.168.24.51:8090/
stat.html
```

すると，図7.1のような画面が表示されます．

また，gfdl-qvga.mjpegというリンクがあるので，これをクリックするとダウンロードされます．何らかのmotionJPEGビューワ・ソフトをヘルパ・アプリとしていれば，ストリームで再生されます．これで，動画サーバ側を立ち上げることができました．

リスト7.1 コンフィグレーション・ファイルの例

```
<Stream file.rm>
File "/usr/local/httpd/
    htdocs/tlive.rm"
NoAudio
</Stream>
```

(a) 変更前

```
<Stream video.mjpeg>
File "/home/kurimoto/LEON/
    ffserver/gfdl-qvga.mjpeg
NoAudio
</Stream>
```

(b) 変更後

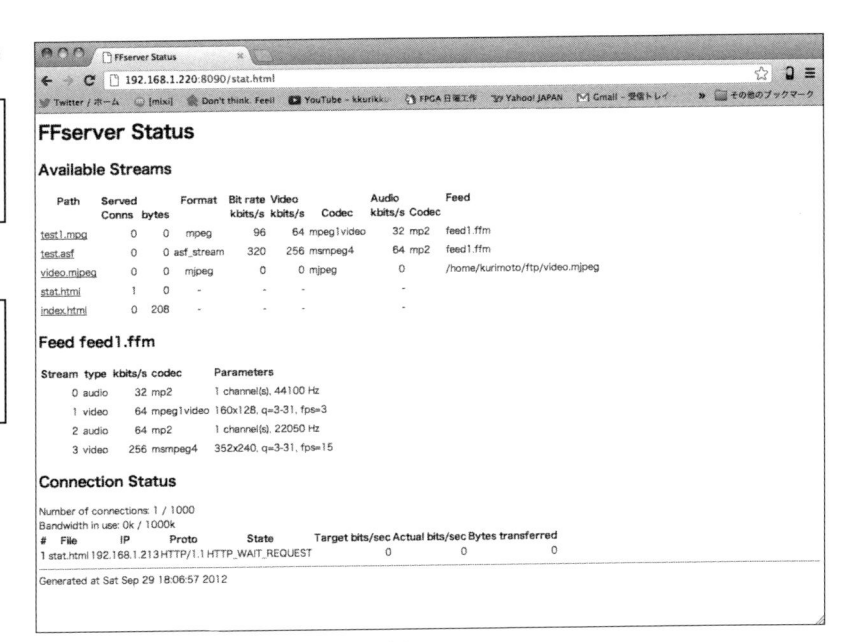

図7.1 Webブラウザからffserverへのアクセス

●**ネットワーク越しのストリーム再生テスト**

　FPGA上のLinuxシステムから192.168.24.51:8090/gfd1-qvga.mjpegにアクセスするようにソケットを初期化して，そのソケットからデータを読み込めば，ネットワーク越しにmotionJPEGビューワが動作するはずです．

　Linuxは，ネットワーク・ネイティブなOSです．また，様々な外部装置にアクセスする場合は，それらをファイルのように取り扱います．現在，dmjpegでmotionJPEGファイルを読み込んでいる部分は，jdatasrc.cの中にある`fill_input_buffer()`という関数です．実際に読み込んでいるコードは，

```
nbytes = JFREAD(src->infile,
  src->buffer, INPUT_BUF_SIZE);
```

の部分です．JFREADはfreadのマクロです．

　したがって，メイン処理が開始する前に，正しくソケットを作成しておけば，ただ単にこの部分をファイルではなくソケットを読み込むようにするだけで動作します．

```
nbytes = read(cinfo->socket,
  src->buffer, INPUT_BUF_SIZE);
```

　ここで，cinfo->socketは，メインの処理の前

リスト7.2　ネットワーク対応のためのdjpeg変更

```c
int setup_network( j_decompress_ptr cinfo)
{
  struct sockaddr_in server;
  char buf[256];
  unsigned int **addrptr;
  int i;

  cinfo->sock = socket(AF_INET,SOCK_STREAM,0);
  if(cinfo->sock < 0){
    perror("socket");
    return 1;
  }
  server.sin_family = AF_INET;
  server.sin_port = htons(8090);
  server.sin_addr.s_addr = inet_addr(ip_address);
  if(server.sin_addr.s_addr == 0xffffffff){
    struct hostent *host;
    host = gethostbyname(ip_address);
    if(host == NULL){
      printf("host not found : %s\n", ip_address);
      return 1;
    }
    addrptr = (unsigned int **)host->h_addr_list;

    while(*addrptr != NULL){
      server.sin_addr.s_addr = *(*addrptr);
      if(connect(cinfo->sock, (struct sockaddr *)&server, sizeof(server))==0){
        break;
      }
      addrptr++;
    }
    if(*addrptr == NULL){
      perror("connect");
      return 1;
    }
  }else{
    if(connect(cinfo->sock, (struct sockaddr *)&server, sizeof(server))!=0){
      perror("connect");
      return 1;
    }
  }
  /*request string (HTTP) */
  memset(buf, 0, sizeof(buf));
  snprintf(buf, sizeof(buf), "GET /video.mjpeg HTTP/1.0\r\n\r\n");
  int n = write(cinfo->sock, buf, (int)strlen(buf));
  if(n < 0){
    perror("write");
    return 1;
  }
  n = read(cinfo->sock, buf, 66);
  if(n<0){
    perror("read");
    return 1;
  }
}
```

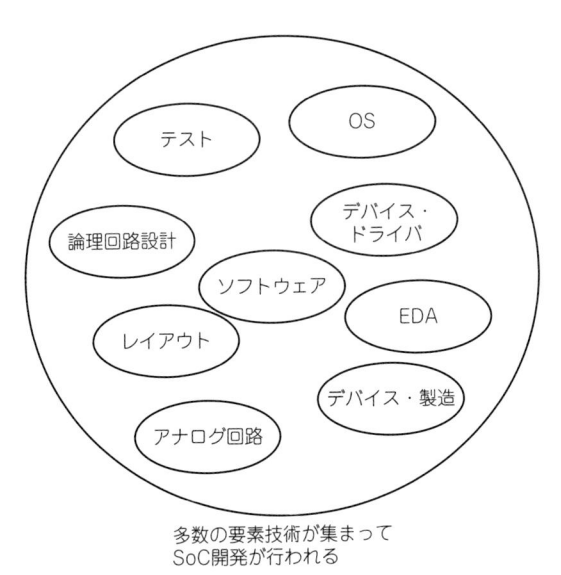

図7.2 SoC開発のための要素技術

多数の要素技術が集まって
SoC開発が行われる

に作成しています．どの教科書にも載っているような方法でソケットを作成し，motionJPEGデータの前に出力されるHTTP情報を読み捨てているだけです（リスト7.2）．

以上のように，Linuxが動作するシステムなので，わずかな変更だけでネットワークに対応できます．ここまでの筆者の実装は，ブランチ名origin/net-mjpegにあります．読者の実装と比較してみてください．

7.2 第2部のまとめ

ここまで実際に設計を行った方は，ソフトウェア処理の重い部分をハードウェア化してシステムを高速化するSoCの設計法のエッセンスを習得することができたと思います．

SoCの設計には，今回設計したもの以外に，図7.2のようにデバイスや製造に関する技術，アナログ回路技術，レイアウト，EDAに関する技術などがあります．

SoCに様々な機能を詰め込むことができるようになった現在，SoCが商品そのものの価値となることも珍しくありません．しかし，先端プロセスを用いたSoCの開発にはトータルで膨大な開発費がかかります．したがって，たくさんの数を販売できるSoCを開発しなければ利益にはなりません．そのためには突出した性能を持つSoCの開発が必要となることが多くなり，キーとなる部分に新規技術を用いることがよくあります．

また，他社との競争により，早いタイミングでSoCを量産できるかが利益に大きく影響を与えます．新規技術を用いながら，多数の要素技術をまとめあげ，早い納期でSoCを量産してマーケット・ニーズに応えるということは，非常に難しいチャレンジとなります．

しかし，個々に用いられている要素技術の基本は，それほど難しいものではありません．今回設計したSoCのように，特に高い性能を求めなければ，ただ単に様々な技術を積み上げるだけで動作します．ところが，現実問題として，要素技術が多岐にわたるため，全体像を把握できるようになるためには非常に恵まれた環境にいない限りかなりの時間を費やすことになります．

本書は，若手エンジニアや学生が，なるべく短い時間でSoC設計の概要をつかめることを目的の一つとしています．そのため，通常の解説とは異なり，実際に設計を行うための道標となるように，開発をなぞりながら具体的な作業を説明しています．

実際に開発を行って動作させてみた方は，SoC設計を行う際の上流の基礎的な手法については理解できたのではないかと思います．また，今回の開発では，オープンソースのCPUやIPコア，OS，ソフトウェアを用いています．それらを使いこなす技術も身に付けられているはずです．ライセンス条項を守る限り，これらの技術は自由に使用することができ，様々な独自のSoCを開発していくことができます．

本稿が，若手エンジニアや学生がSoC設計の概要を短い時間で理解するための助けとなり，さらにチャレンジングなSoC開発へ向かう入り口として役に立つことを願っています．

第3部

第8章 AMBA AHBバスの仕組みとModelSimによるシミュレーション

バスの基本概念とAMBAバスの基本仕様，AMBAマスタ/スレーブとシミュレータを使ったAMBAバスの動作を理解しよう

第3部では，第2部で開発したシステムの理解を深めるために，AMBA AHBバスやIPコアの仕様について解説します．第8章では，AMBAバスの概要について解説したあと，AMBAマスタとAMBAスレーブを組み合わせたシステムを想定し，シミュレータを使ってAMBAバスの動作を解説しています．第9章では，LEONシステムを構成する主なIPコアについて，重要な部分にポイントをしぼって解説します．取り上げたIPコアはLEONプロセッサ，Ethernetコントローラ，AMBAプラグ＆プレイ・コントローラ，SDRAMコントローラです．

LEONプロセッサの特徴として，業界標準のAMBAバスを採用しているという点があります．さらに，AMBAバスに接続できるIPコアを開発するための，AMBAマスタ・エミュレータなども開発環境と一緒に公開されています．

AMBAバスは，産業界では非常によく採用されているため，AMBAバスに接続できるIPコアの開発ニーズは非常に大きいと考えられます．

本章では，主にLEONシステムで用いられているAMBAバスの一つとして定義されているAHBバスについて説明します．

最近は，AMBAの最新仕様であるAXIを使用する例が増えていますが，AHBを使用したシステムもまだまだ使われています．AHBは，使用しているSoCの実際のソース・コードを見ながら理解していくことができます．

AMBAバスの仕様はオープンになっており，ARM社のWebサイトやAeroflex Gaisler社のWebサイトからダウンロードできます．しかし，この仕様書を一般的なバス・システムを知らない人が読んだだけでは，理解することは少し難しいと思います．そこで，本章では，Grlib（Aeroflex Gaislerが公開しているIPコアと開発環境）のAMBAバスに関連するソース・コードを使用してAMBA AHBの仕組みを理解します．

AMBA準拠の設計を一度理解してしまえば，それほど難しいものではないことが分かります．そこで本章の説明では，AHB部分のみに注目して深く掘り下げています．他のバス・システムも本質的には似たようなものです．LSIの内部で使用されているバス・システムというものがどういうものかを知らない方が，なるべく具体的なイメージを簡単につかむことができることを目標に記述しています．

学習する項目は，次のようなものとなります．
（1）AMBAバス仕様（AHB，APB）
（2）GrlibのなかでのAMBA関連部分の実装（RTL）

LEONプロセッサとは関係なく，一般的な知識として使えるので，若手エンジニアや学生にとっては様々な場面で役に立つと思います．

本章は第1部や第2部とは異なり，きれいにまとまった論理を記述するのではなく，部分的なイメージの説明を繰り返し，実際にソース・コードを見て動かすことを繰り返した結果，いつの間にか全体像を把握しているという形を目指しています．

```
git checkout -b my_amba origin/work_amba
```

で，本章の設計データのあるブランチに切り替わります．

バスとは何か

8.1 プロセッサと各種コントローラの接続例

●プロセッサとメモリ

図8.1に，LEONシステムのバス構造を示します．LEONシステムは，AMBAバスのうち，AHBとAPBバスを使用しています．

最初に，この構造のバスがどのように動作しているかを理解することによって，バスがどういうものかを理解します．

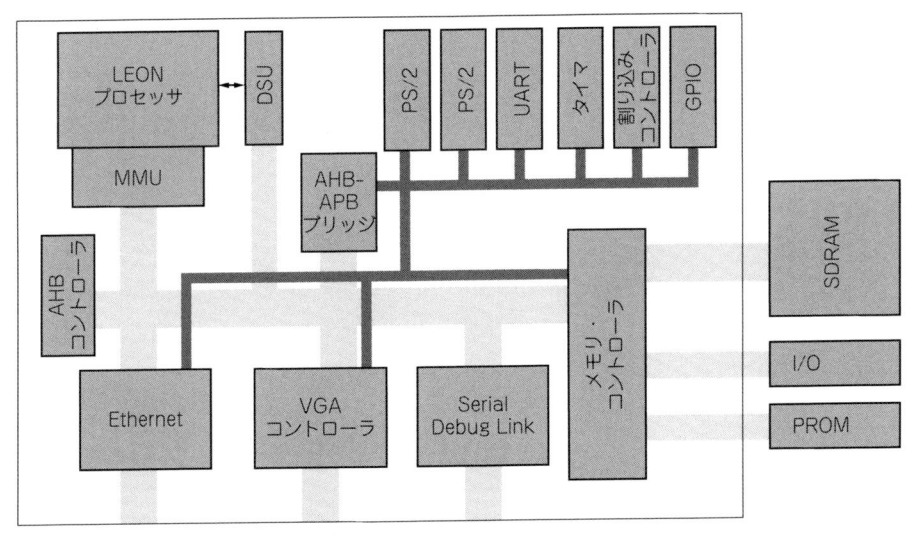

図8.1 LEONシステムのバス構造の例

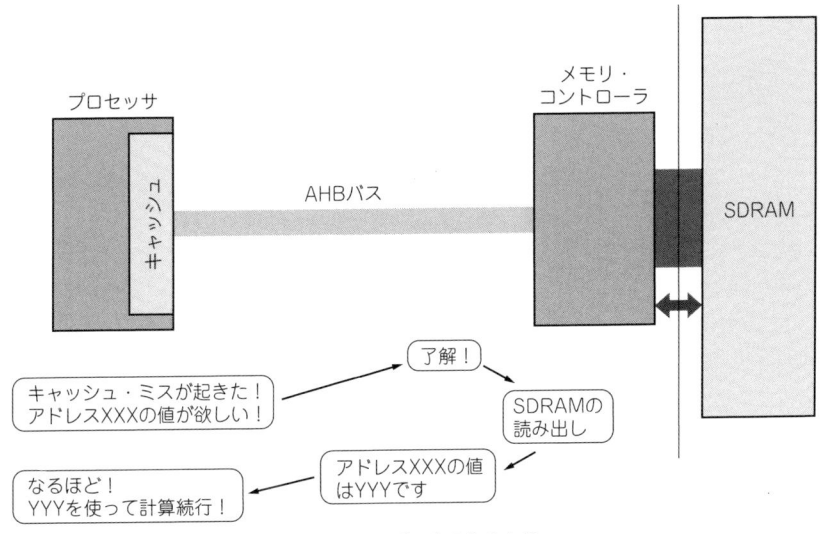

図8.2 プロセッサとメモリ・コントローラのバス上のやりとり

　図中にはAHBバスとAPBバスの2種類のバスが示されています．まず，AHBバスについて考えます．AHBバスにつながっているもののうち，LEONプロセッサとメモリ・コントローラに注目します．

　今，動作中のプロセッサのキャッシュとSDRAMのデータの整合性がとれなくなって，キャッシュ・データの書き換えが始まったとします（例えば，あるアドレスの値を読む命令をIUが実行しようとしているが，そのアドレスの値がキャッシュに格納されていなかった時など）．

　プロセッサは，SDRAMのあるアドレスの値が必要になるので，図中のAHBバスを通って，あるアドレスに格納されているメモリの値を読む必要があります．そのような場合，プロセッサはメモリ・コントローラに「アドレスXXXにある値を出力してくれ」というメッセージを出します．それを受け取ったメモリ・コントローラはSDRAMにアクセスして，XXXのアドレスにある値を読み込み，AHBバスを通して「アドレスXXXの値はYYYです」というメッセージをおくります．プロセッサはそれを受け取り，YYYという値を用いてソフトウェアの実行が続いていきます（図8.2）．

●バス仕様とは

　このメッセージのやり取りについて，きちんと規定したものがバス仕様です．AMBAバスはバス仕様の一つであり，業界標準のバス仕様の一つです．ハードウェアの設計時には，どのようなソフトウェアが実行されるか，キャッシュの状態がどのようになっている

8.1 プロセッサと各種コントローラの接続例　111

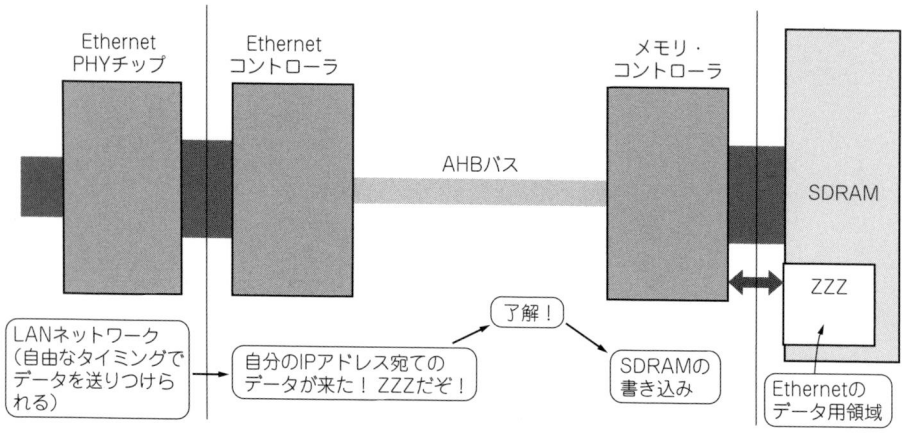

図8.3 Ethernetコントローラとメモリ・コントローラのバス上のやり取り

かは分かりません．ソフトウェアの開発時にも，いつキャッシュ・ヒットするかミスをするかは分かりません．したがって，どのタイミングで先ほどのプロセッサとメモリ・コントローラの間でメッセージのやりとりが行われても，正しく動作する必要があります．

● Ethernet コントローラとメモリ・コントローラ

次に，Ethernetコントローラとメモリ・コントローラのメッセージのやり取りを考えてみます．EthernetコントローラはFPGAの外部にある，EthernetPHYチップに接続されており，EthernetPHYチップはLANネットワークにつながっています．

今，データを受信する場合を考えます．LANネットワークは，自由なタイミングで様々なデータを送出しています．その中で，自分のIPアドレス宛てのデータのときにデータを受信しますが，受信した値はSDRAMの中でEthernet用のデータ領域として確保してあるアドレスに書き込まれます（図8.3）．

このとき，Ethernetコントローラは「データZZZが自分宛てに送られてきたので，アドレスXXXに書き込め」というメッセージを送り，メモリ・コントローラはそのZZZという値を実際にSDRAMの領域に書き込みます．このやり取りもAHBバスで行われます．

ここで，LANネットワークを介してデータが送られてくるタイミングは，設計時には分かりません．ボードが置かれている環境や状況によって変わります．どのようなタイミングで送られてきても，正しく動くように設計する必要があります．

同様に，VGAコントローラとメモリ・コントローラの間でもやりとりがあります．VGAコントローラは，ディスプレイの規格に従ったタイミングでSDRAM上にあるフレーム・バッファ領域から画面のデータを読み続けて外部に出力し続けます．

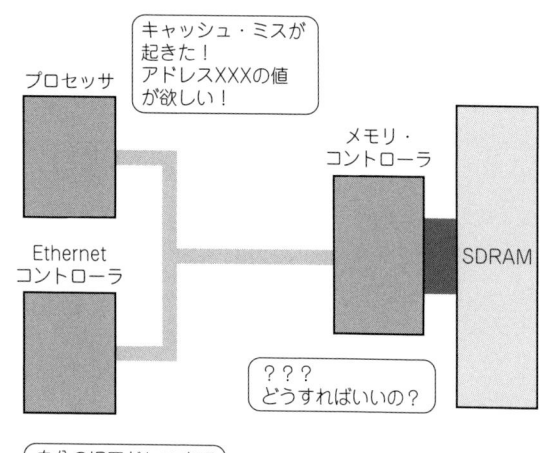

8.2 アービタとは

● 同時にアクセスが発生した場合

上記のように，バスに接続された様々なIPコア間で，様々なタイミングでデータのやり取りが発生します．それがどのようなタイミングで発生するかは，実行時の状況に依存します．

それでは図8.4のように，プロセッサがキャッシュ・ミスを発生してメモリにデータを読みにいくタイミングと，LANから信号が来て，Ethernetコントローラ

図8.4 プロセッサとEthernetコントローラの両方が同時にメモリ・コントローラへアクセス

がメモリにデータを書きにいくタイミングが同時だった場合はどうなるでしょうか．

図8.4のように，全く同じタイミングで命令が来ても，メモリ・コントローラはSDRAMの一つのアドレスにしかアクセスできないので，どちらかにしか対応できません．SoC上では，一つのバスには多数のIPコアが接続されているのが普通なので，このようなバッティングは様々な組み合わせで起こりえます．

●アービタがバスの交通整理をする

これらのバッティングが発生しても正しく動作させるために，アービタというコントローラがバスの交通整理を行います（図8.5）．アービタは，同時にアクセスがあった場合は，設計時に決めたルールに従ってどちらかのアクセスを待たせます．図8.5のシステムでは，プロセッサの優先順位を高く設定してある例といえます．

このような交通整理を行って，どのようなIPコア同士のやり取りも正しく動作するようにバスの仕様書はルールを決めています（AHBバスでは，交通整理の優先順序の決め方など，ユーザが自由に決められる部分もある）．

このルールに従うことで，非常に複雑なSoCが破綻

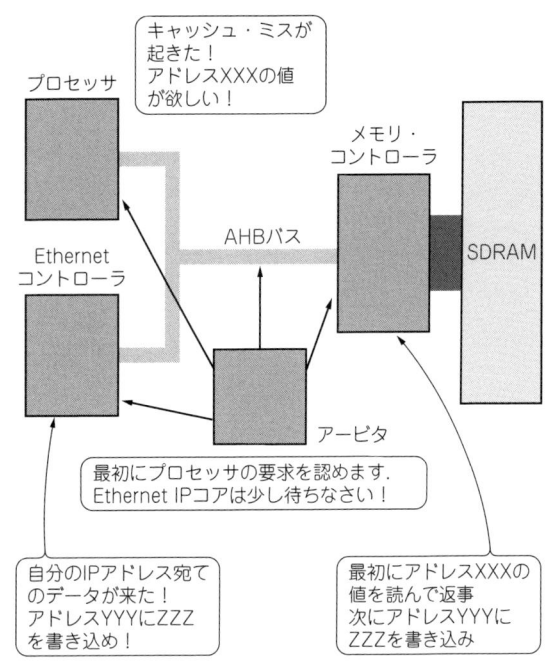

図8.5 アービタがバス上のやり取りの交通整理を行う

することなく動作していますし，このルールに従ってIPコアを設計すれば，SoCに必要なときに追加できることになり，IPコア・ベースのSoC設計が行えるようになります．

AMBAバスの概要

8.3 マスタとスレーブ

●AHBバスの構造

それでは実際に，どのような構造でAHBバスが実現されているかを見てみます．図8.6は，AHBバスの構造を示しています．主要な信号のみ記されています．

図8.6にはマスタとスレーブという言葉が出てきました．図8.5の例では，プロセッサとEthernetコントローラは，あるタイミングでメモリ・コントローラに対して，「SDRAMのアドレスXXXの値を送れ！」，「SDRAMのアドレスYYYに，値ZZZを書き込め！」と，それぞれの勝手なタイミングで書き込み命令や読み出し命令を出していました．

それに対してメモリ・コントローラの方は，命令が来たときにその命令に従ってSDRAMを読み出して値をAHBバスに書き込んだり，SDRAMに値を書き込んだりしているだけです．どこからも命令が来ないときに，メモリ・コントローラが自分から勝手にAHBバスにメッセージを送ることはありません．

プロセッサやEthernetコントローラのように，自分のタイミングで自律的にバスに使用要求を出すものをマスタと呼びます．メモリ・コントローラのように，バスを通してやってきた命令に従ってバスとやり取りを行うものをスレーブと呼びます．

マスタ，スレーブそれぞれにバスとのやり取りに決まりごとがあります．第2部で設計したJPEGコアのように，マスタ，スレーブ両方のインターフェースを持つIPコアも存在します．

●HADDR信号とHWDATA信号とHRDATA信号

図8.6に，HADDR，HWDATA，HRDATAという信号があります．その他にもたくさんのコントロール信号が存在しているのですが，大まかなバス構造を把握するためにこれら三つの信号を考えます．

HADDRは，マスタから送られるアドレスの値です．

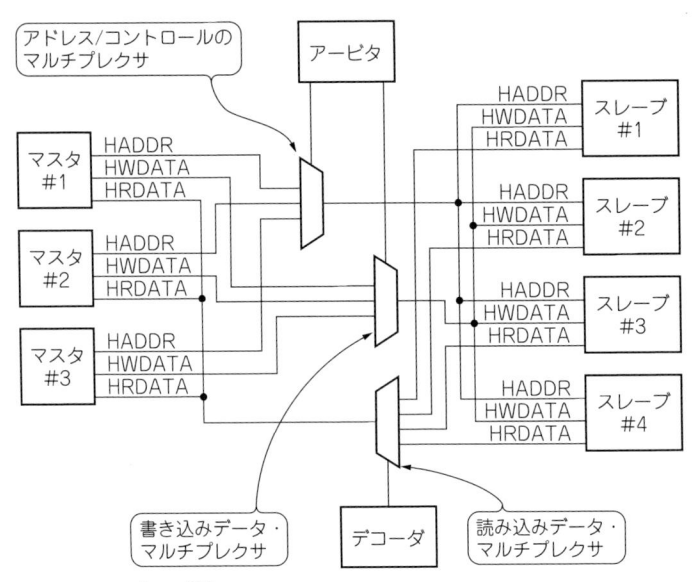

図8.6 AHBバスの構造

HWDATAは，マスタから送られる書き込みデータの値です．HRDATAは，スレーブから返信される読み出した値です．

マスタからの書き込み命令の場合，HADDRとHWDATAがマスタからスレーブに向かって発信されます．マスタからの読み出し命令の場合，HADDRがマスタから発信され，HRDATAがスレーブから返信されます．

各マスタから出力されるHADDRとHWDATAは，マルチプレクサで一つだけ選択されて，すべてのスレーブに入力されています．また，各スレーブから出力されるHRDATAは，マルチプレクサで一つだけ選択されて，すべてのマスタに入力されています．

これがAHB，APBのセントラル・マルチプレクサ相互接続方式という基本の構造です．マルチプレクサの信号選択は，アービタとデコーダが行っています．図8.1において，AHBコントローラというコアがアービタ/デコーダに相当します．

● AMBAバスにはトライステートはない

AMBAバスにはトライステートのコントローラが存在せず，各マスタとスレーブが様々な組み合わせとタイミングでメッセージのやり取りを行うことが可能になっています．トライステートのコントローラが存在しないことにより，各種の設計フローとのマッチングもよくなり，通常のHDLで記述した回路と同じように，まとめて論理シミュレーションや論理合成を行うことができます．

8.4 AHBバスとAPBバス

● AHBとAPBを用いたシステム・バス構造

図8.1を見ると分かりますが，AMBAバスに接続されるマスタやスレーブの数が増えていくと，セレクタの規模も大きくなります．そこで，応答速度や時間あたりの転送データ量の要求が大きくないIPコアは，APBというサブのバスにまとめてしまいます（図8.7）．

このような構造をとることにより，システムの性能を劣化させることなく，回路規模や消費電力の増大を防ぐことができます．

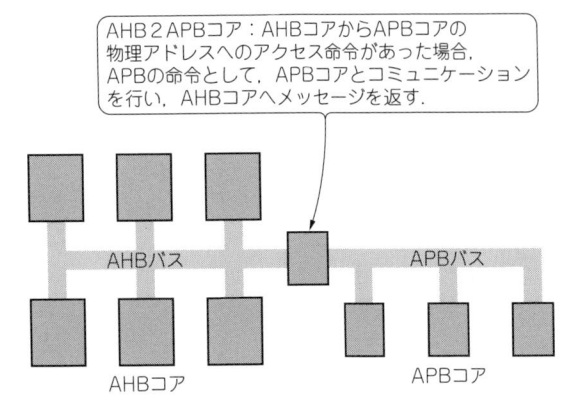

図8.7 AHBとAPBを用いたシステム・バス構造

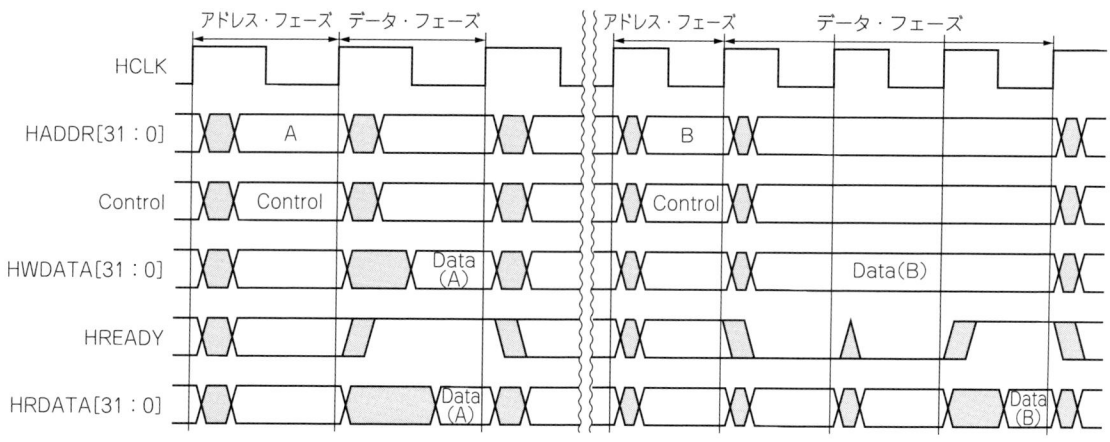

図8.8 AHBバスの基本シーケンス

●低速でもよいコントローラはAPBバス上に接続

図8.1において，LEONシステムのIPコアの各種設定レジスタは，すべてAPBバスに接続されています．それ以外にも，PS/2やUART，GPIOコントローラは，データのやり取り自体もAPBバスを通じて行います．

これらのコアもチップの外部とデータのやりとりを行いますが，データをやりとりする速度が非常に遅いため，プロセッサ上のソフトウェアが時々，値をチェックしにいく（ポーリング）だけで，問題なくデータ通信が行えます．そのためAPBバスに接続されているのです．

AHBバスの詳細を理解すれば，APBバスを理解することは簡単です．以降，AHBバスの仕様について理解を深めていきます．

8.5 AHBバスの基本シーケンス

再び，図8.6に戻ります．スレーブはハードウェア設計時に物理アドレスが設計者によって決定します．各スレーブに重なりがないように物理アドレスを割り振っていくので，どれか一つのバスの使用権を持っているマスタが出力するHADDR信号によって，どれか一つのスレーブが反応するべきだということが分かります．

マスタから出される命令には，読み出し命令と書き込み命令の2種類があります．さらに，ある一つのアドレスに対して読み出し，または書き込みを行うシングル転送と，（第2部でも使用した）連続するアドレスの値を続けて読み出し，または書き込みを行うバースト転送の2種類が存在します．

●もっとも簡単なシングル転送

まず，最初に簡単なシングル転送の場合を考えます．

図8.8は，AHBバスの基本シーケンスを表しています．最初に，図の左側を見ます．あるマスタとスレーブのデータのやりとりが行われています．最初にアドレス・フェーズがあり，次のクロックでデータ・フェーズとなっていることに注目してください．

あるマスタがアービタからバスの使用権を獲得した直後に，マスタは読み書きを行いたいアドレスを最初に出力します．このフェーズでは，同時に各種のコントロール信号も出力されます．

命令が書き込みなのか，読み込みなのかもコントロール信号で明示されます．次のクロックでデータ・フェーズに移り，書き込み命令の場合はマスタがHWDATAに先ほど出力したアドレスに書き込みたいデータ値を出力します（アドレス・フェーズで指定された物理アドレスに相当するスレーブは実際にそのデータ値をアドレスに書き込みます）．

読み出し命令の場合は，アドレス・フェーズで指定された物理アドレスに相当するスレーブが，HRDATAにそのアドレスに格納されているデータ値を出力します．

もっとも分かりやすい，プロセッサとSRAMの間の書き込み命令と読み出し命令，それぞれの場合のAMBAバスの動作を図8.9に示します．

このアドレス・フェーズとデータ・フェーズが繰り返される，マスタとスレーブの相互動作がAHBバスの基本シーケンスになります．

●スレーブが応答するタイミングを延長するHREADY信号

図8.9(b)の読み出し動作において，アドレス・

(a) 書き込み

プロセッサ：AHBマスタ → AHBバス → SRAMとSRAMコントローラ：AHBスレーブ 物理アドレス：0xA0000000-0xA0000100

F0F0F0F0   A00000020

アドレス0xA0000020に0xF0F0F0F0を書き込む場合

アービタからバス使用許可

フェーズ	マスタ側	スレーブ側
アドレス・フェーズ	アドレス0xA0000020とコントロール信号出力	アドレス値とコントロール信号から自分への書き込み命令だと判断
データ・フェーズ	データ値0xF0F0F0F0を出力	先ほどの指定されたアドレスへバス上のデータ値を実際に書き込む

(a) 書き込み

(b) 読み出し

プロセッサ：AHBマスタ ← AHBバス ← SRAMとSRAMコントローラ：AHBスレーブ 物理アドレス：0xA0000000-0xA0000100

01010101   A00000020

アドレス0xA0000020に格納されている値(0x010100101)を読み出す場合

アービタからバス使用許可

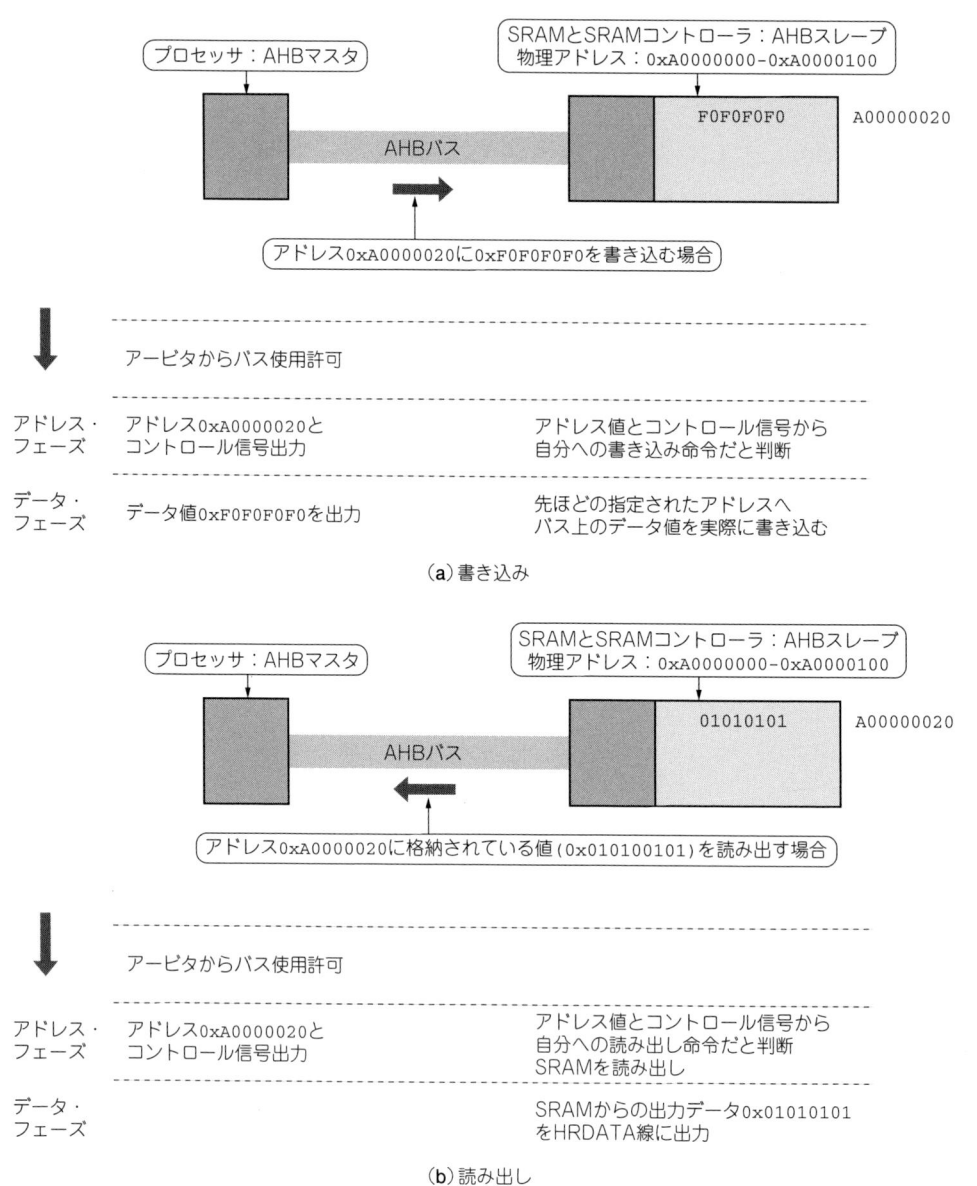

フェーズ	マスタ側	スレーブ側
アドレス・フェーズ	アドレス0xA0000020とコントロール信号出力	アドレス値とコントロール信号から自分への読み出し命令だと判断 SRAMを読み出し
データ・フェーズ		SRAMからの出力データ0x01010101をHRDATA線に出力

(b) 読み出し

図8.9 プロセッサとSRAMのAHB上でのやり取り

フェーズの次のクロックでSRAMコントローラがHRDATA線にデータ値を出力する前提で，プロセッサ側はバス上の値を読み取ります．しかし，命令を受けて，必ず次のクロックにすべてのIPコアが対応できる訳ではありません（SRAMでも，書き込みと読み出しが連続する場合は応答できない）．

そのため，スレーブが応答するタイミングを延長するHREADY信号というものが準備されています（図8.8右側）．

スレーブは，アドレス・フェーズの次のクロックでマスタからの命令に対応できないと判断した場合，HREADY信号をアサートします．HREADY信号がアサートされた場合，マスタはデータ・フェーズが延長されていると判断し，書き込み命令の場合は書き込む値を出力し続けます．

読み出し命令の場合は，バス上にまだ正しいデータ値が出力されていないと判断し，HREADY信号のアサートが終わるまでデータ値を取り込むのを待ちます．

マスタの設計をこのように行っておけば，スレーブを設計する際にアドレス・フェーズの直後で命令に対処できない場合は，HREADY信号をアサートすることで，応答に複数クロックを要するマスタとスレーブで

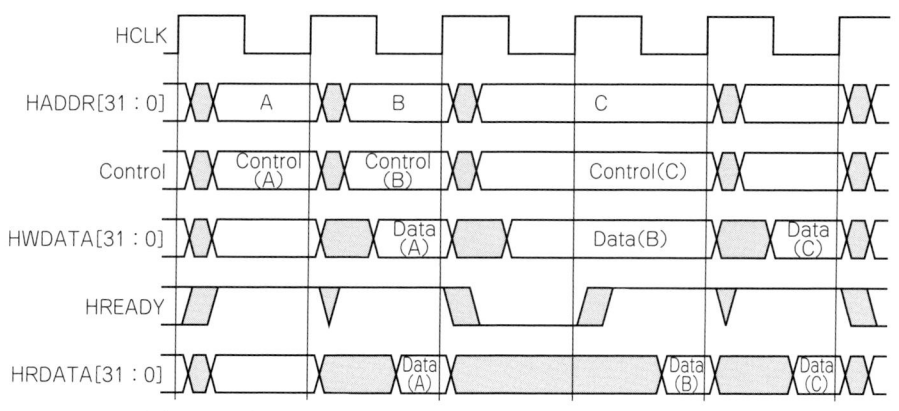

図8.10　三つの命令のAHBバス上でのやりとりの例

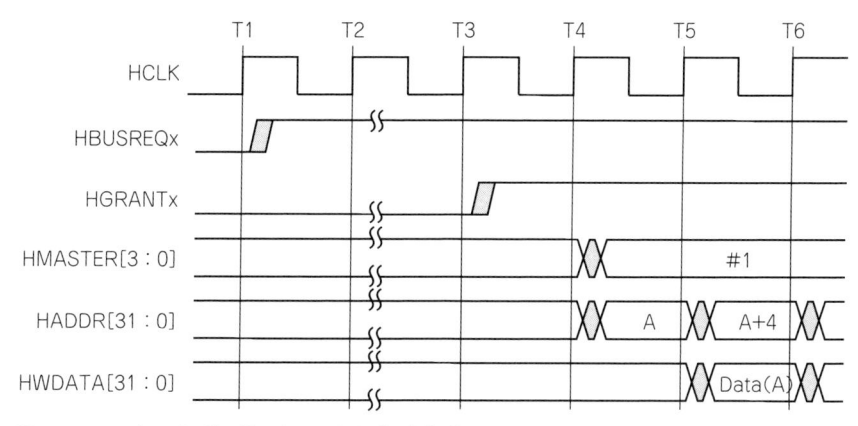

図8.11　マスタのバス使用権リクエストとデータ転送

も問題なくデータのやりとりが行えることになります．

●**多数のマスタとスレーブが接続された場合**

　AHBバスには，多数のマスタとスレーブが接続されており，システムの動作中は様々な組み合わせのメッセージのやりとりが行われています．

　図8.10は，A，B，Cという命令が，次々にAHBバス上で行われている様子が記されています．ここで，A，B，Cの命令において，マスタとスレーブの組み合わせは同じではないということに注意してください．

　図8.10を見て分かることは，命令Aのアドレス・フェーズの次のクロックで，HREADY信号がアサートされずに，順調に命令Aのデータ・フェーズに移っていますが，その状態と重なって次の命令Bのアドレス・フェーズが発生しているということです．

　システム上では，様々な組み合わせのメッセージのやりとりが大量に行われているので，次のメッセージのアドレス・フェーズを，このように一つ前のメッセージのデータ・フェーズと重ねることによって，バスの使用効率が良くなるように規定されています．

　これは，図8.6でみたセントラル・マルチプレクサ構造において，HADDRのマルチプレクサで選択されている信号と，HRDATA，HWDATAのマルチプレクサで選択されている信号の出力元のマスタは，同じではないときもあるということです．

　図8.10で，命令Bに対応するべきスレーブが，アドレス・フェーズ直後のデータ・フェーズで対応ができずにHREADY信号をアサートしてデータ・フェーズを延長しています．このとき，命令Cにおけるアドレス・フェーズも同じように延長されて，命令CのマスタはHADDR信号やコントロール信号を出力し続けていることに注意してください．

　AHBマスタを設計する際に，アービタからバス使用権を取得できた場合にアドレス・フェーズに入り，HADDR信号やコントロール信号を出力しますが，自分自身と関係のないメッセージのやりとりでHREADYがアサートされている場合，アドレス・フェーズを延長するように設計する必要があることが分かります．

8.5　AHBバスの基本シーケンス　117

● **バス使用権を要求するタイミング・シーケンス**

最後にもう一つ，マスタがバスの使用権を要求する際のタイミング・シーケンスを学習しておきます．

図8.11は，マスタがバスの使用権を取得して，バスの使用を開始するまでのタイミング・シーケンスです．マスタは，自律的にバスの使用権を要求し始めます（例えば，Ethernetコントローラが自分宛てのデータをチップ外部から受け取って，SDRAMの領域に書き込みを始めるタイミングになったとき）．

最初に，マスタはHBUSREQをアサートします．これまで見てきたように，各マスタが様々なタイミングで様々なスレーブに対して読み書きをしようとし始めるので，他のマスタもHBUSREQを同じタイミングでアサートしているかもしれません．また，すでに他のマスタがバスの使用中かもしれません．混雑したバスを交通整理するのはアービタの役目でした．アービタは現在のバスの状態や，HBUSREQをアサートしているバスの使用権を要求しているマスタをみて，なんらかのアルゴリズムで順番を決めて，信号がぶつからないように，かつ，なるべく効率的につめてバスの使用権を割り振っていきます．

アービタからバス使用権を要求しているマスタに，「バスを使ってよいですよ」という信号は，HGRANTがアサートされることで示されます．したがって，図8.11でHBUSREQがアサートされた後，HGRANTがアサートされるまでは波線が入っています．これは，アービタが状況を判断して使用権を許可するので，毎回ウェイトするクロック数が変わるためです．マスタは，HGRANTがアサートされるまで，HBUSREQをアサートし続けて待ち続けます．

HGRANTがアサートされてバスの使用権が許可されると，次のクロックで最初のアドレス・フェーズに入り，HADDRにアドレス値を入れて出力します．以前に説明したように，HREADYのアサートがなければデータ・フェーズに移り，HWDATAに書き込みデータ値を出力します．

8.6 AHBバス・システム設計の要点

● **AMBAバスで理解しておくべき四つの項目**

以上の説明で，AMBAバスのもっとも基本的な仕組みを理解しました．次の四つの項目は，しっかり理解しておく必要があります．

(1) 自律的に他のコアに読み書き要求を行うのがマスタで，受動的に他のコアからの読み書き要求に答えるのがスレーブ（システム設計時に，どのコアがどちらになるべきかを決定する）．
(2) バスの接続構造は，セントラル・マルチプレクサ方式で，マルチプレクサの選択はアービタとデ

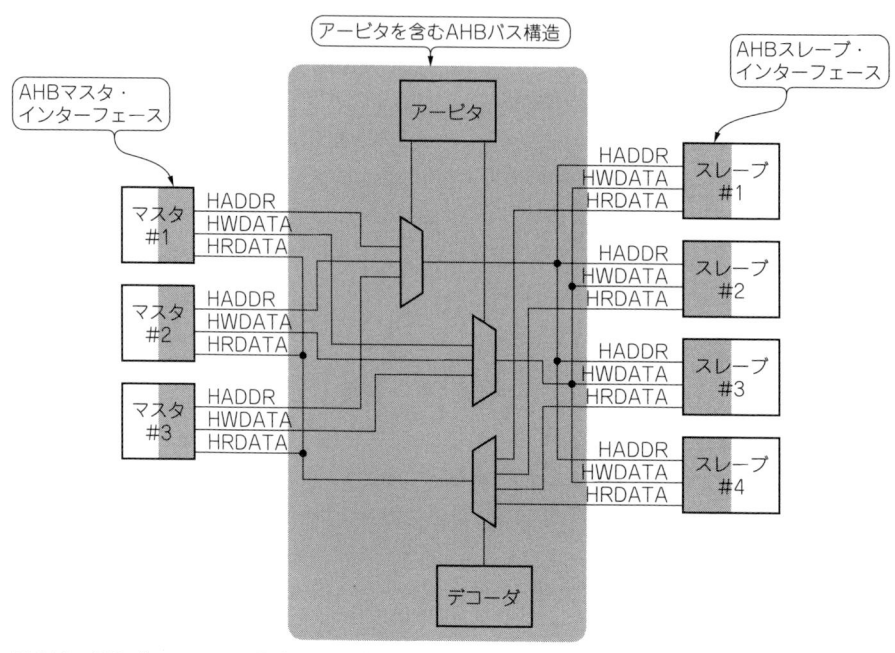

図8.12 AHBバス・システム設計の三つの構成要素

コーダが行う（セントラル・マルチプレクサの接続構造をきちんと把握しておく必要がある）．
(3) 実際のメッセージのやりとりは，アドレス・フェーズとデータ・フェーズに分かれており，一つ後のメッセージのアドレス・フェーズは，前のデータ・フェーズと重ねることができる．
(4) マスタは，自律的なタイミングでバスの使用権をアービタに要求する．アービタは，何らかのアルゴリズムで順番を決め，バス使用権を許可したマスタに伝える．マスタは，許可がおりるまで要求状態を続ける

　これらの基本構造をしっかり理解すれば，ぼんやりとでもAMBAバス・システムを実際に設計するイメージが湧き始めるはずです．

● AHBバス・システム設計の三つの構成要素

　図8.12のように，AHBマスタ・インターフェース，アービタ含むAHBバス構造，AHBスレーブ・インターフェースのそれぞれを，どのように設計するべきかが，これまでに得た知識により大雑把に頭に描くことができます．

(1) AHBマスタ・インターフェース
- 何らかのタイミングで，他のスレーブに読み書きをしたいときに，HBUSREQをアサートする
- アービタからHGRANT信号でバス使用権の許可がおりるまで，HBUSREQをアサートし続ける
- HGRANT信号がアサートされたら，アドレス・フェーズに移り，読み書きしたいアドレスとコントロール信号を出力
- このタイミングで一つ前メッセージに応答中のバスを使用しているスレーブが，HREADY信号をアサートしていた場合は，アドレス・フェーズを延長する
- HREADY信号がアサートされていなければ，データ・フェーズに移る
- このとき，スレーブがHREADY信号をアサートしている場合は，応答に時間がかかるということなので，データ・フェーズを延長する
- 読み出し命令なら，スレーブが返してきたデータを取り込む

(2) AHBスレーブ・インターフェース
- 自分への読み出し，または書き込みメッセージがきた場合，次のクロックで応答できない場合はHREADY信号アサートし，対応できるときはアドレス値を取り込む
- 対応できるタイミングで，HREADY信号をアサートしているなら，デアサートして読み書き行う．書き込み命令の場合，HWDATAのデータ値を先ほどのアドレス値が示す場所に書き込み，読み出し命令の場合はHRDATAにデータ値を出力する

(3) アービタを含むAHBバス構造
- すべてのマスタとスレーブを，図8.6のようなマルチプレクサ構造でつなぐ
- マスタからのバス使用権リクエスト（HBUSREQ）が来たときに，現在のバスの状況を考慮して，なんらかのアルゴリズムでバスを使用して良いタイミングで，一つのマスタに使用許可（HGRANT）を出す
- 現在のバスの状況（アドレス・フェーズにあるマスタとスレーブはどれか，データ・フェーズにあるマスタとスレーブはどれかなど）から三つのマルチプレクサの入力から，どれを選んで出力するかを正しく決定する

　ぼんやりとしたイメージですが，このように設計すると，なんとなく全体が整合性がとれて，自律的にバス上のマスタとスレーブで，メッセージのやりとりがランダムに行えることが想像できると思います．

AHBスレーブの例

8.7　もっともシンプルなAHBRAM

　大雑把にAHBバスの構造を把握できたところで，実際の設計を見てみます．
　AHBスレーブのシンプルな例として，AHBバス接続ができるSRAMコアであるAHBRAMコアを取り上げます．これは，FPGA内部のSRAMに，AHBスレーブ・インターフェースを接続した構成になっています．ソース・コードは，`grlib-gpl-1.0.22-b4095/lib/gaisler/misc/ahbram.vhd`です．

● **AHBスレーブ・インターフェースの概要**

まず，これまでに把握したAHBスレーブ・インターフェースの概要を思い出しましょう．

- 自分への読み出しメッセージ，または書き込みメッセージがきた場合，次のクロックで応答できない場合はHREADY信号をアサートし，対応できるときはアドレス値を取り込む
- 対応できるタイミングでHREADY信号をアサートしているなら，デアサートして読み書きを行う．書き込み命令の場合，HWDATAのデータ値を先ほどのアドレス値が示す場所に書き込む．読み出し命令の場合は，HRDATAにデータ値を出力

● **書き込み動作**

FPGA内部のSRAMの書き込みは，memory enableがアサートされた状態で，write eanbleをアサートしたタイミングで，アドレスとデータ値を与えることで完了します．読み出しは，memory enableがアサートされた状態で，read enableをアサートしたタイミングでアドレスを与えると，次のクロックでデータ値が出力されます．

アクセスした次のクロックまでに対応が終了するので，一見，HREADY信号のアサートは必要がないように感じます．書き込み命令の場合，AHBバスからは最初にアドレス・フェーズにおいてメモリ・アドレス（HADDRESS）とコントロール信号（読み書きのどちらか，など）が伝わり，次のクロックで書き込むデータ値（HWDATA）が到達します．

アドレス・フェーズのときにアドレス値をDフリップフロップに取り込み，次のクロックでそのアドレス値とAHBバスから到達してくるデータ値をメモリのポートに指定すれば動作完了です．

● **読み出し動作**

読み出し命令の場合，AHBバスからアドレス・フェーズでメモリ・アドレス（HADDRESS）が到達するので，そのままメモリのアドレス・ポートに入力し，次のクロックでメモリから出力されてくるデータ値をAHBバスに出力（HRDATA）します．

このように，単体の読み書き命令では，次のクロックで動作が終了するように思えますが，バスはどのようなタイミングと順序でメッセージがやってきても，きちんと応答が完了するように設計しなければなりません．その組み合わせを考えたとき，書き込み命令の直後に読み出し命令が続けてこのスレーブにやってきたときに，対応ができないことが分かります．

最初の書き込み命令は，アドレス・フェーズのアドレスをDフリップフロップにキープして，次のデータ・フェーズでデータ値をメモリのポートに入力します．しかしAHBバスは，このデータ・フェーズと次のメッセージのアドレス・フェーズを重ねることが可能です．

このタイミングで，読み出し命令のアドレス値がAHBバスからやってきても，メモリのアドレス・ポートには最初の書き込み命令のアドレス値が入力されていますので，読み出し命令のアドレス値を入力することができません．自動的に，次のデータ・フェーズで，AHBバスにはデータ値を出力できないことになります．

したがって，書き込み命令の直後に読み出し命令がやってきた場合は，HREADY信号をアサートして応答が遅れることをバス・システムに通達し，バス全体の現在のフェーズを延長します．

● **HREADY信号の動作**

このHREADY信号をアサートさせる動作をAHBバス・システム全体で考えると，図8.13のようになります．

最初は，図8.13（a）のように，様々なマスタとスレーブの組み合わせでメッセージのやりとりをしています．AHBRAMは，書き込みの直後に読み出しがこない限り，次のクロックでバスに対する応答は終了しています．

あるときに，いずれかのマスタがAHBRAMに書き込みした直後，マスタ＃2が読み出しアクセスをしたとします．それに対し，AHBRAMは次のクロックで応答を終了できないため，HREADY信号をアサートします．このHREADY信号のアサートは，マスタ＃2だけではなく，バス・システム全体に伝わります．

そして，関連するマスタやスレーブは，現在のフェーズを延長します．アービタやデコーダは，現在のフェーズを延長して，マルチプレクサの選択を維持します．AHBRAMは，次のクロックでHREADY信号をデアサートします．バス・システム全体は，通常の動作に戻ります．

この全体の動作イメージをつかむと，AHBスレーブだけでなく，AHBマスタやアービタ含むAHBバス構造のすべてを，どのように実装するべきかイメージが段々つかめてくると思います．

8.8 AHBRAMのソース・コードと各信号

● **実際のVHDLソース・コード**

次に，実際のAHBRAMのソース・コードを読んで

いきます．下記の番号は，リスト8.1中に示す数字です．

①grlib-gpl-1.0.22-b4095/lib/grlib/amba/amba.vhdに，AMBAバスの信号名などの基本的な定義がある．ここでは，そのライブラリの使用を宣言している．

②grlib-gpl-1.0.22-b4095/lib/grlib/amba/devices.vhdに，LEONシステムで使用

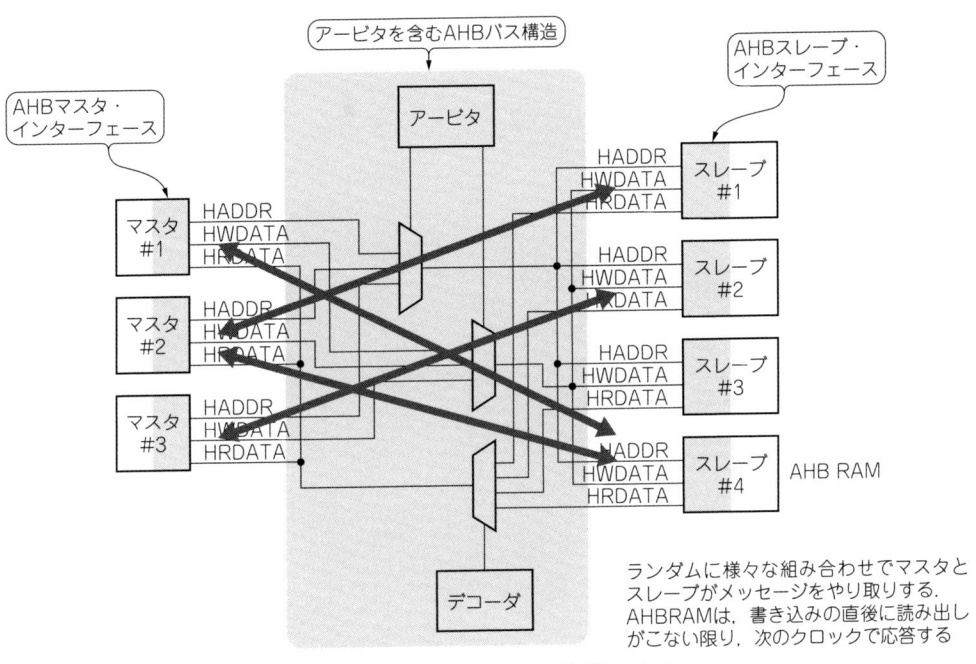

(a) HREADY信号のアサートが必要ないとき

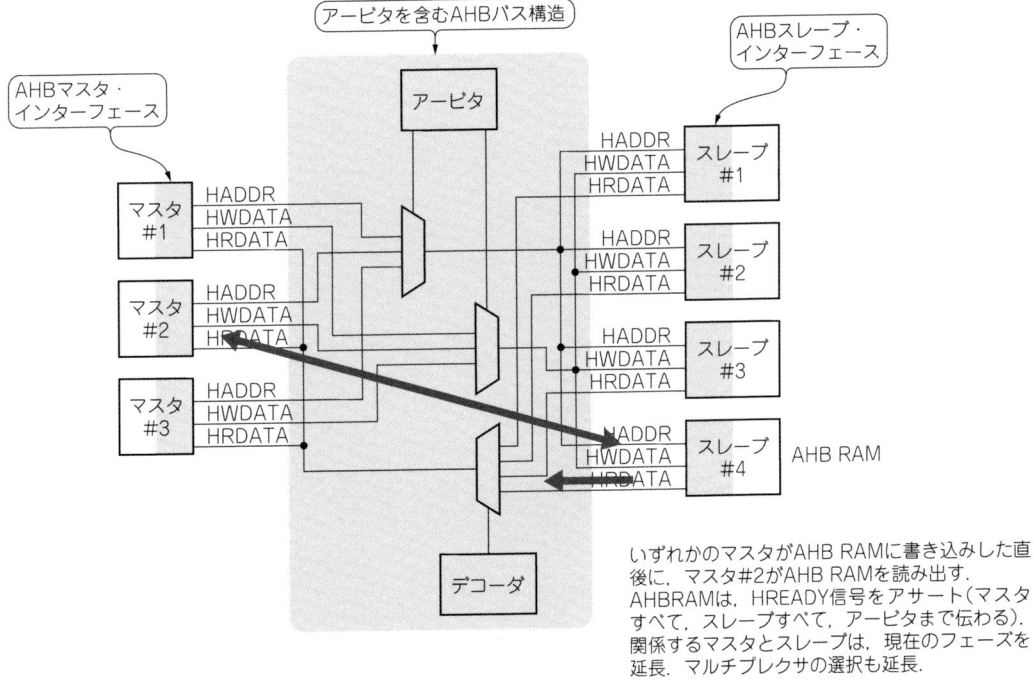

ランダムに様々な組み合わせでマスタとスレーブがメッセージをやり取りする．AHBRAMは，書き込みの直後に読み出しがこない限り，次のクロックで応答する

(b) HREADY信号のアサートが必要なとき

いずれかのマスタがAHB RAMに書き込みした直後に，マスタ#2がAHB RAMを読み出す．AHBRAMは，HREADY信号をアサート(マスタすべて，スレーブすべて，アービタまで伝わる)．関係するマスタとスレーブは，現在のフェーズを延長．マルチプレクサの選択も延長．

図8.13　HREADY信号のアサート

8.8　AHBRAMのソース・コードと各信号

されているAMBAプラグ&プレイのための基本的な定義がある．ここでは，そのライブラリの使用を宣言している．
③実際にAHBRAMを使用する際には，上位レベルのVHDLファイルでインスタンスする．これらの行は，そのコアの物理アドレス（AHBアドレス）を，インスタンス時に指定できるようにしておくためのgeneric文．
④amba.vhd内部で指定されている，AHBスレーブ入力信号名．
⑤amba.vhd内部で指定されている，AHBスレーブ出力信号名．
⑥LEONシステムのAMBAプラグ&プレイの設定．

⑦レジスタ用の宣言．AHBバスでは，アドレス・フェーズとデータ・フェーズが分かれているために，アドレス・フェーズで受け取ったアドレス値をDフリップフロップでキープする必要がある．その他，先ほど説明したように，書き込み直後に読み出し命令が来た際のフェーズ延長のため，レジスタが必要
⑧リセット入力時の信号設定

● **HADDR信号とHSEL信号**

最初に，スレーブ用の入力信号に注目します．
HSEL信号は，現在行われているメッセージのやり取りが，どのスレーブ向けのものであるかを示す信号線です（図8.14）．

リスト8.1　AHBRAMのVHDLソースコード

```vhdl
library ieee;
use ieee.std_logic_1164.all;
library grlib;
use grlib.amba.all;         ← ①
use grlib.stdlib.all;
use grlib.devices.all;      ← ②
library techmap;
use techmap.gencomp.all;

entity ahbram is
  generic (
    hindex  : integer := 0;          ← ③
    haddr   : integer := 0;          ← ③
    hmask   : integer := 16#fff#;    ← ③
    tech    : integer := DEFMEMTECH;
    kbytes  : integer := 1);
  port (
    rst     : in  std_ulogic;
    clk     : in  std_ulogic;
    ahbsi   : in  ahb_slv_in_type;   ← ④
    ahbso   : out ahb_slv_out_type   ← ⑤
  );
end;

architecture rtl of ahbram is

constant abits : integer := log2(kbytes) + 8;

constant hconfig : ahb_config_type := (    ← ⑥
  0 => ahb_device_reg ( VENDOR_GAISLER, GAISLER_AHBRAM, 0, abits+2, 0),
  4 => ahb_membar(haddr, '1', '1', hmask),
  others => zero32);

type reg_type is record     ← ⑦
  hwrite : std_ulogic;
  hready : std_ulogic;
  hsel   : std_ulogic;
  addr   : std_logic_vector(abits+1 downto 0);
  size   : std_logic_vector(1 downto 0);
end record;

signal r, c : reg_type;
signal ramsel : std_ulogic;
signal write : std_logic_vector(3 downto 0);
signal ramaddr : std_logic_vector(abits-1 downto 0);
signal ramdata : std_logic_vector(31 downto 0);
begin

  comb : process (ahbsi, r, rst, ramdata)
  variable bs : std_logic_vector(3 downto 0);
  variable v : reg_type;
  variable haddr   : std_logic_vector(abits-1 downto 0);
```

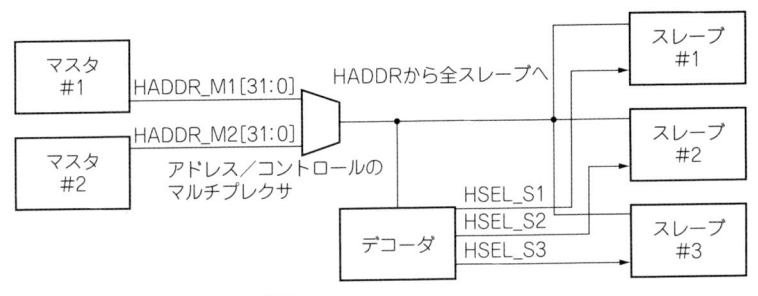

図8.14 HADDR信号とHSEL信号

言い換えると，スレーブは自分のHSEL入力信号がアサートされたときに，自分へのメッセージが来たと判断します．アービタを含むAHBバス構造から，すべてのスレーブへHSEL信号が接続されています．

メッセージのやり取りを自律的に開始したマスタは，物理アドレスを出力します．ハードウェア設計時に，各スレーブは物理アドレスを決定しているので，アービタがどれかのマスタにバスの使用権を許可したとき

```
begin
  v := r; v.hready := '1'; bs := (others => '0');
  if (r.hwrite or not r.hready) = '1' then haddr := r.addr(abits+1 downto 2);
  else
    haddr := ahbsi.haddr(abits+1 downto 2); bs := (others => '0');
  end if;

  if ahbsi.hready = '1' then
    v.hsel   := ahbsi.hsel(hindex) and ahbsi.htrans(1);
    v.hwrite := ahbsi.hwrite and v.hsel;
    v.addr   := ahbsi.haddr(abits+1 downto 0);
    v.size   := ahbsi.hsize(1 downto 0);
  end if;

  if r.hwrite = '1' then
    case r.size(1 downto 0) is
    when "00" => bs (conv_integer(r.addr(1 downto 0))) := '1';
    when "01" => bs := r.addr(1) & r.addr(1) & not r.addr(1) & r.addr(1);
    when others => bs := (others => '1');
    end case;
    v.hready := not (v.hsel and not ahbsi.hwrite);
    v.hwrite := v.hwrite and v.hready;
  end if;

  if rst = '0' then v.hwrite := '0'; v.hready := '1'; end if;  ← ⑧
  write <= bs; ramsel <= v.hsel or r.hwrite; ahbso.hready <= r.hready;
  ramaddr <= haddr; c <= v; ahbso.hrdata <= ramdata;

end process;

ahbso.hresp   <= "00";  ← ⑨
ahbso.hsplit  <= (others => '0');
ahbso.hirq    <= (others => '0');
ahbso.hcache  <= '1';
ahbso.hconfig <= hconfig;
ahbso.hindex  <= hindex;

ra : for i in 0 to 3 generate
  aram : syncram generic map (tech, abits, 8) port map (
    clk, ramaddr, ahbsi.hwdata(i*8+7 downto i*8),
    ramdata(i*8+7 downto i*8), ramsel, write(3-i));
end generate;
reg : process (clk)
begin
  if rising_edge(clk ) then r <= c; end if;
end process;

-- pragma translate_off
  bootmsg : report_version
  generic map ("ahbram" & tost(hindex) &
  ": AHB SRAM Module rev 1, " & tost(kbytes) & " kbytes");
-- pragma translate_on
end;
```

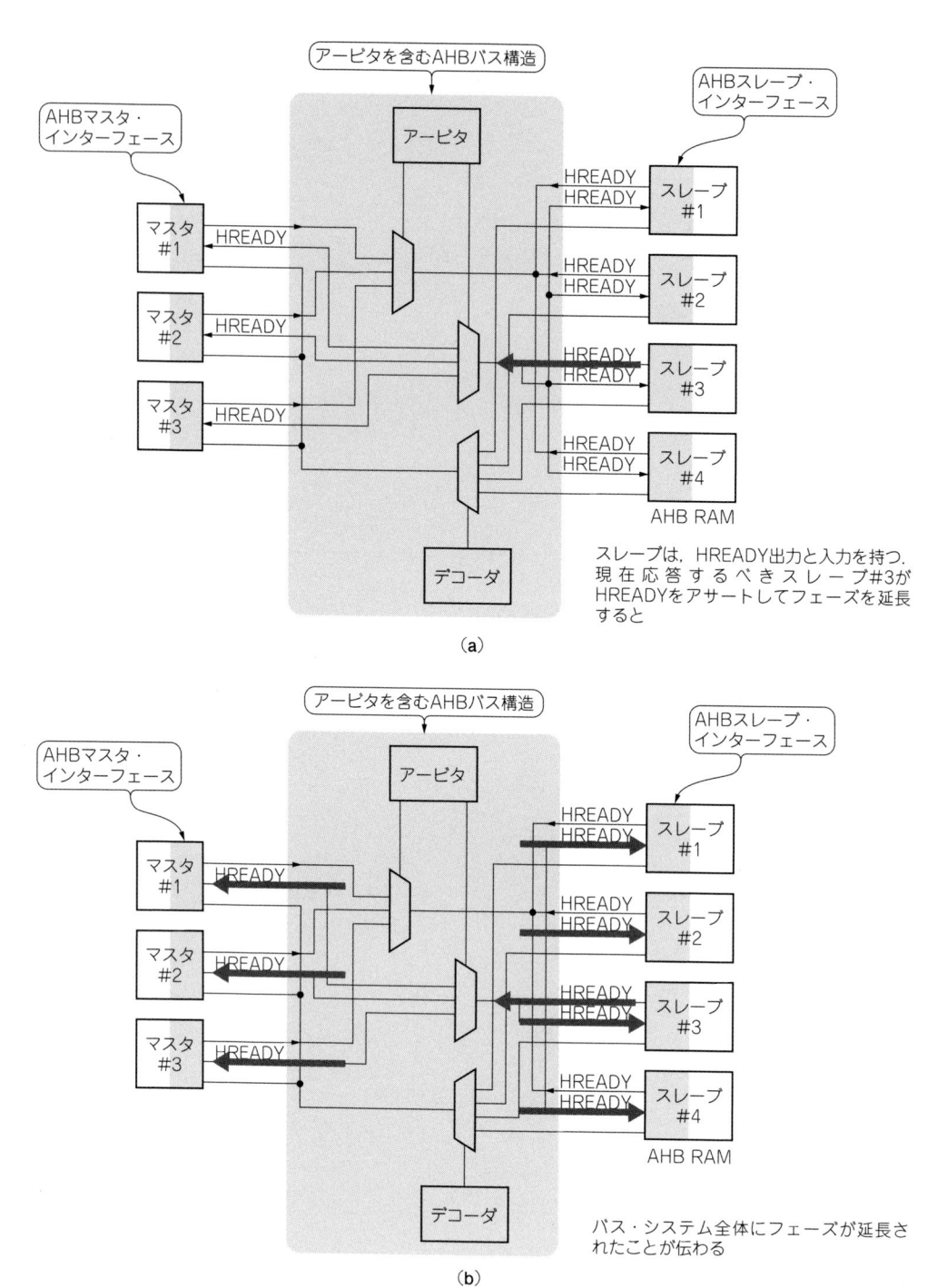

図8.15　スレーブ・コアはHREADY信号の出力と入力ポートを持つ

に，アドレス信号から対応するスレーブは決定されます．アービタを含むAHBバス構造の部分に，この決定したスレーブに対してのみ，HSEL信号をアサートする論理回路が含まれます．

　HADDR信号は，アドレス値を示す信号です．AHBRAMの場合，この値を見てメモリのどのアドレスに値の読み書きを行うかが決定されます．

●HWRITE信号とHTRANS信号とHREADY信号

　HWRITE信号は，現在やりとりされているメッセージが，読み出しか書き込みかを示す信号です．"H"レベルのときが書き込み，"L"レベルのときが読み出しです．

表8.1 HSIZE信号の詳細

HSIZE[2]	HSIZE[1]	HSIZE[0]	サイズ（ビット）	説明
0	0	0	8	バイト
0	0	1	16	ハーフ・ワード
0	1	0	32	ワード
0	1	1	64	—
1	0	0	128	4ワード・ライン
1	0	1	256	8ワード・ライン
1	1	0	512	—
1	1	1	1024	—

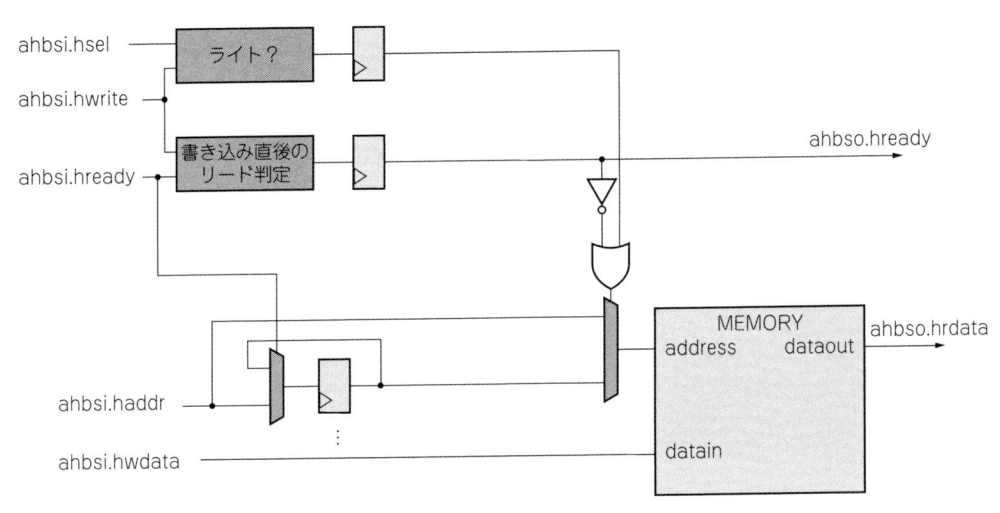

図8.16 AHBRAMの論理構造

HTRANS信号は，転送のタイプを示します．後ほど説明するバースト転送などの転送タイプを示すものです．ここでは深く考えずに飛ばします．

HREADY信号は，すでに何度も出てきましたが，転送応答を延長する信号です．ここで注意が必要なのは，AHBスレーブ・コアはHREADY待ちの入力信号と出力信号を持ちます（図8.15）．

出力信号の方は，自分自身が応答するべきタイミングで応答できずに延長する際にアサートする信号です．

バスから入力されるHREADY信号は，現在バス上でやり取りされているメッセージがフェーズの延長をしているかどうかを示す信号です．

●HSIZE信号などその他の信号

HSIZE信号は，データのサイズを示します（表8.1）．

HRESP信号は，各転送についての応答です．ここでは"00" = OKに固定しています．

HSPLITはスプリット転送に関する信号ですが，本書ではスプリット転送については扱いません．

HIRQは，割り込み信号です．本来，割り込み信号はAMBA信号の定義の中にはありません．LEONプラグ＆プレイのシステムの中では，割り込みも一緒に扱うように設計されています．AHBRAMは，割り込みを発生しないので，'0'に固定されています．

HCONFIGやHINDEXは，AMBA仕様の中にはない，LEONプラグ＆プレイ用の信号です．

●AHBRAMのおおまかな論理構造

AHBRAMのおおまかな論理構造は，図8.16のようになります．

このコアにアクセスがあったときに，メモリに対してどうアクセスするかが，リードとライトで異なります．そのため，HADDR入力値をいったん受けるレジスタを準備しています．HADDRを直接メモリのアドレスに入力するか，レジスタからの出力を入力するかを状況によって変えています．書き込み直後のリードも判別しています．

AMBA マスタの例

8.9 バースト転送

AHBには，連続するアドレスをまとめて読んだり書いたりするバースト転送と呼ばれるデータのやり取りの仕方が規定されています．マスタがバースト転送をする要求をアービタに送り，バス使用権が認められると，要求したデータの数だけ，連続してデータを読み続けたり，書き続けたりします．

●8個の連続データ転送

図8.17に，8個のデータを連続して読み出す，または書き込んだ場合のシーケンスを示します．

8個のデータが，連続して次々にバス上で送られていることが理解できます．データ一つずつがバスの使用権をリクエストして，許可がおりてからやり取りする場合に比べて，8個のデータをまとめて読み書きするため，必要となるクロック数が少なくなることが理解できます．

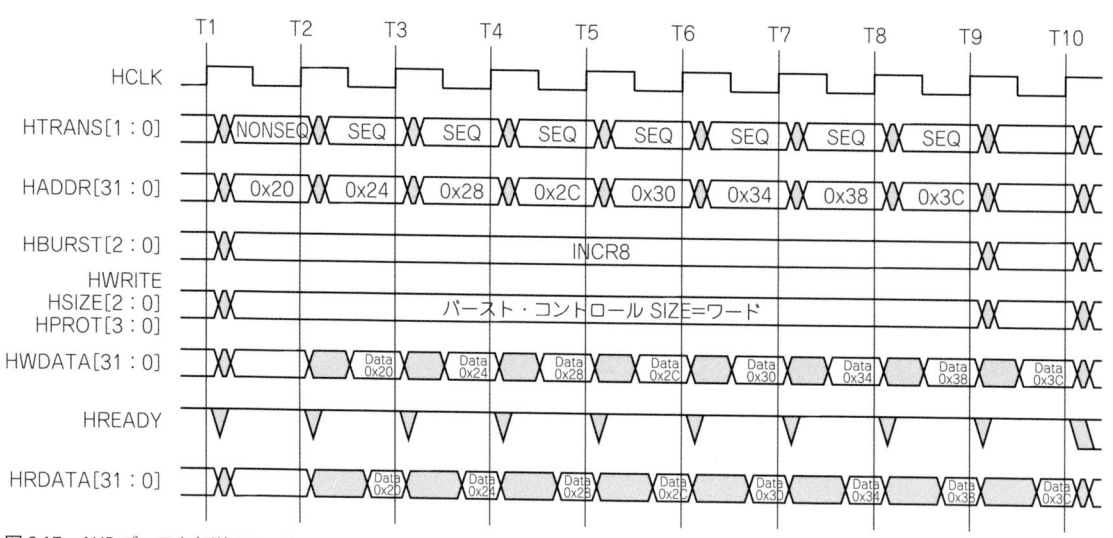

図8.17 AHBバースト転送のシーケンス

表8.2 HTRANS信号の詳細

HTRANS[1:0]	タイプ	説明
00	IDLE	データ転送が要求されていないことを示す．バス・マスタがバスに承認されているが，データ転送を実行したくないときは，IDLE転送タイプが使用される． スレーブは，IDLE転送にウェイト・ステートなしのOKAY応答を必ず返し，その転送はスレーブによって無視される．
01	BUSY	BUSY転送タイプの場合，バス・マスタは転送バーストの途中でIDLEサイクルを挿入することができる．この転送タイプは，バス・マスタが転送バーストを継続しているが，次の転送をすぐには実行できないことを示す．あるマスタがBUSY転送タイプを使用すると，そのアドレスと制御信号がバーストの次の転送に反映される必要がある．その転送は，スレーブによって無視される．スレーブは，IDLE転送への応答と同様に，必ずウェイトステートなしのOKAY応答を返す．
10	NONSEQ	バーストの最初の転送，またはシングル転送を示す．そのアドレスと制御信号は，前回の転送とは無関係． バス上の複数のシングル転送は，複数のシングル転送バーストとして扱われる．したがって，その転送はNONSEQUENTIAL．
11	SEQ	バーストに残っている転送はSEQUENTIALで，そのアドレスは前回の転送と関係がある．制御情報は前回の転送と同じ．アドレスは，前回の転送のアドレスに，そのサイズ（バイト単位）を加えたものと同じ．ラップ式バーストの場合，転送のアドレスは転送内のビート数（4，8，16のいずれか）を乗算したサイズ（バイト単位）と等しいアドレス境界でラップする．

HTRANSコントロール信号は，最初の転送時にはNONSEQ，以降の連続するデータの転送時にはSEQとなります（表8.2）．

HBURSTコントロール信号は，いくつのデータが連続して送られるかなどのバースト・タイプを指定しています（表8.3）．

単純に，一つのデータだけを送るとき（バースト転送ではないとき）は"000" = SINGLEになります．nビー

表8.3 HBURST信号の詳細

HBURST[2:0]	タイプ	説明
000	SINGLE	単独転送
001	INCR	不定長のインクリメント式バースト
010	WRAP4	4ビート・ラップ式バースト
011	INCR4	4ビート・インクリメント式バースト
100	WRAP8	8ビート・ラップ式バースト
101	INCR8	8ビート・インクリメント式バースト
110	WRAP16	16ビート・ラップ式バースト
111	INCR16	16ビート・インクリメント式バースト

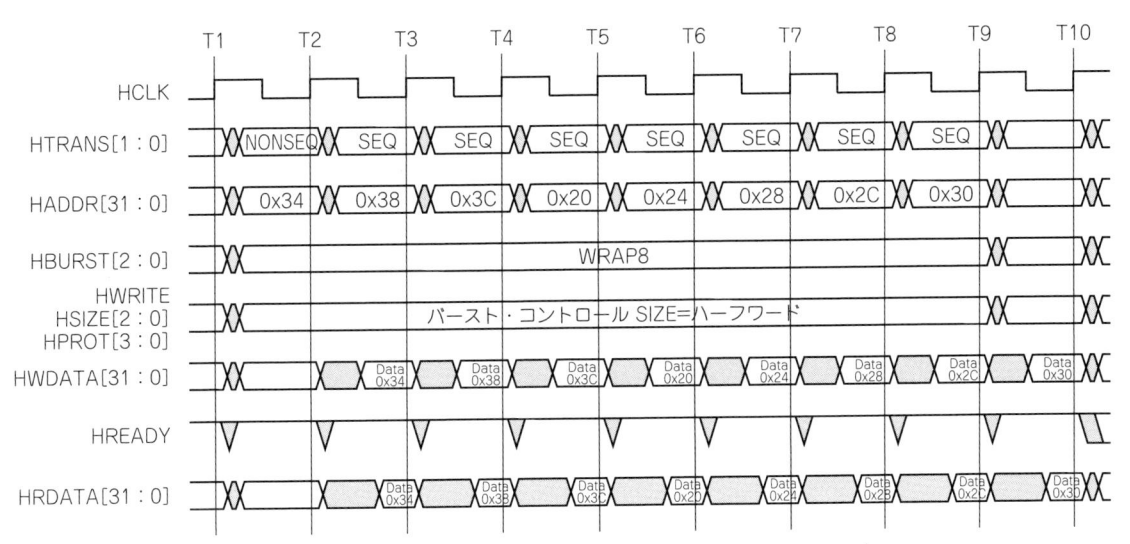

図8.18 バースト転送シーケンス

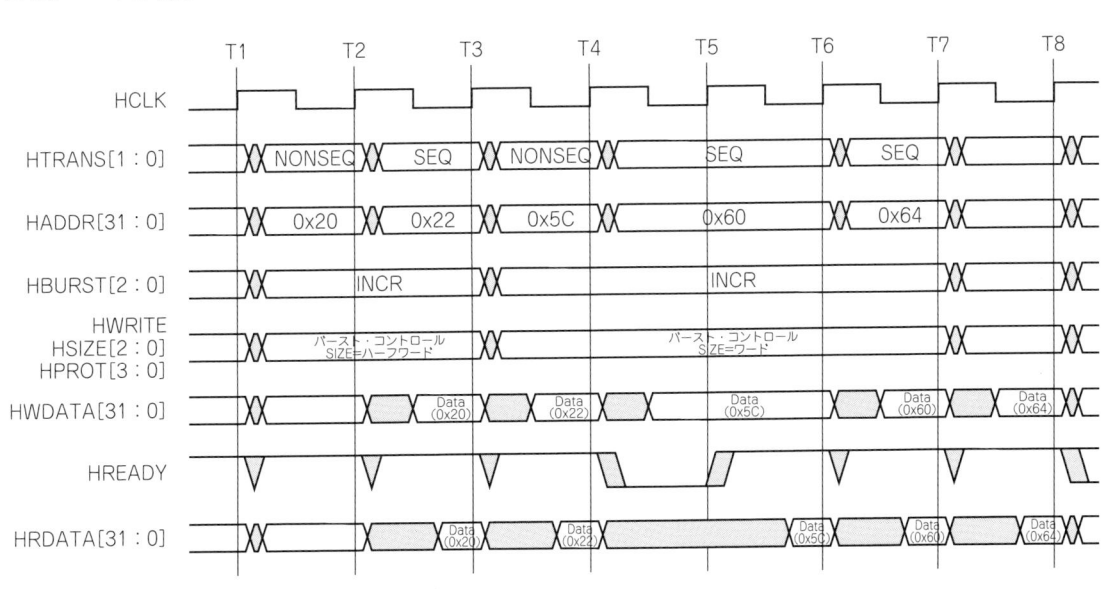

図8.19 二つのバースト転送が連続して行われた例

8.9 バースト転送

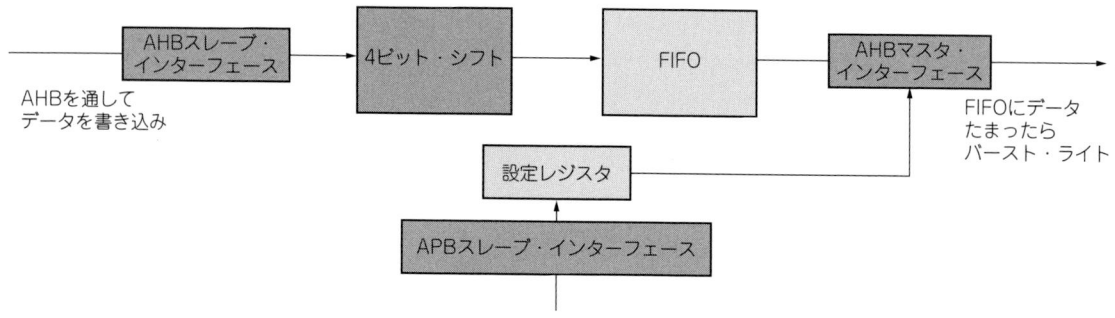

図 8.20 AHB 学習用のサンプル・コア

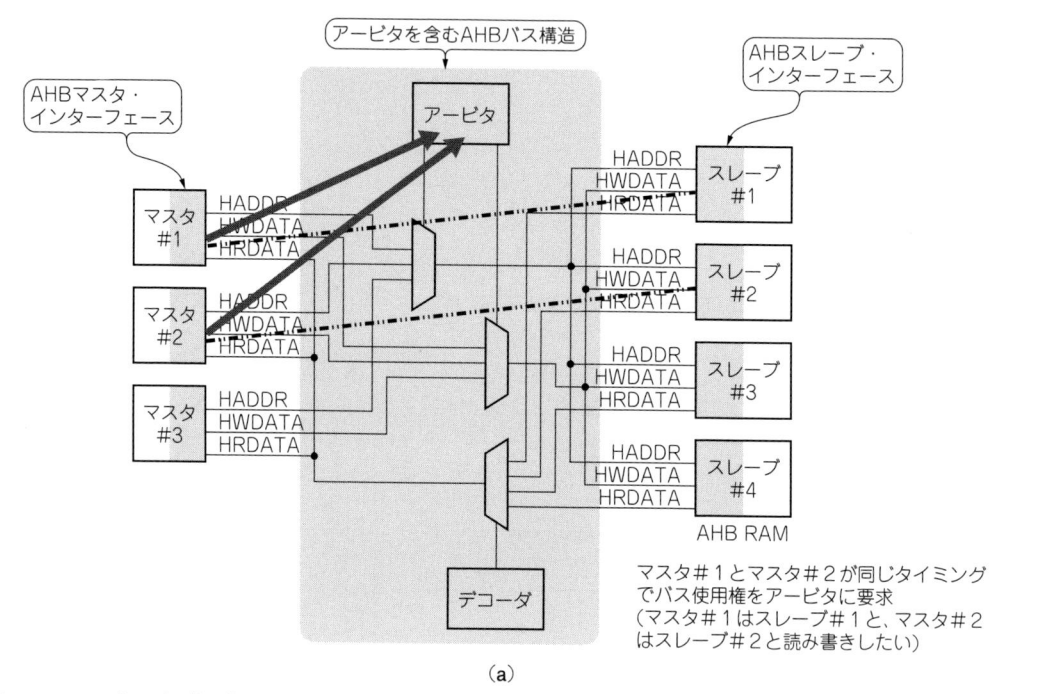

図 8.21 二つのマスタのバス使用権リクエストが同時に起きた場合の動作

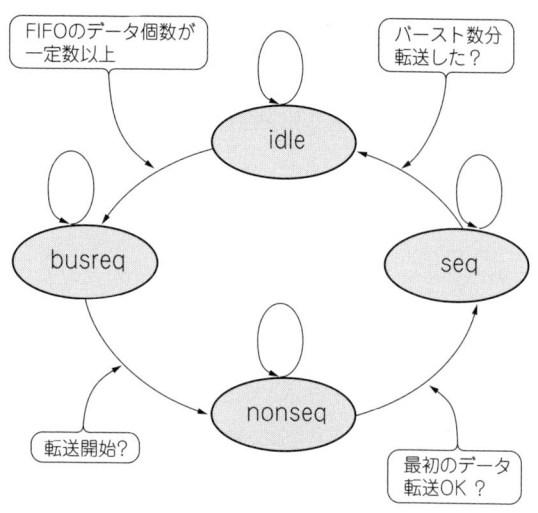

図 8.22 AHB マスタ・インターフェースのステートマシン例

ト・バーストというのは，n個のデータを連続して送ることを意味しています．したがって，4ビート式は，4つのデータを連続して送ります．8ビート，16ビートの場合は，それぞれ8個，16個のデータを連続して送ります．不定長のバーストは，望む個数を連続して送ることができます．

● インクリメント式バーストとラップ式バースト

インクリメント式バーストというのは，アドレスの小さいものから順に，アドレスを増加させながら転送する，通常のバースト転送です．それに対して，ラップ式バーストというのは，ある連続した領域のデータをバーストするときに，途中のアドレスから開始して，一番大きなアドレスまで到達したときに，一番小さな

(1) アービタはマスタ#2の方に使用権を与えた
(2) アービタはマルチプレクサを正しいタイミングで開け閉めしてマスタ#2とスレーブ#2がメッセージのやりとりできるようにする
(3)(4) マスタ#2とスレーブ#2はメッセージのやり取りを行う
(5) マスタ#1は，バス使用権を要求し続けている

(b)

(1) マスタ#2のバス使用終了後，リクエストを続けているマスタ#1にアービタがバス使用権の許可を与える
(2) アービタはマルチプレクサを正しいタイミングで開け閉めして，マスタ#1とスレーブ#1がメッセージのやりとりできるようにする
(3)(4) マスタ#1とスレーブ#1は，メッセージのやり取りを行う

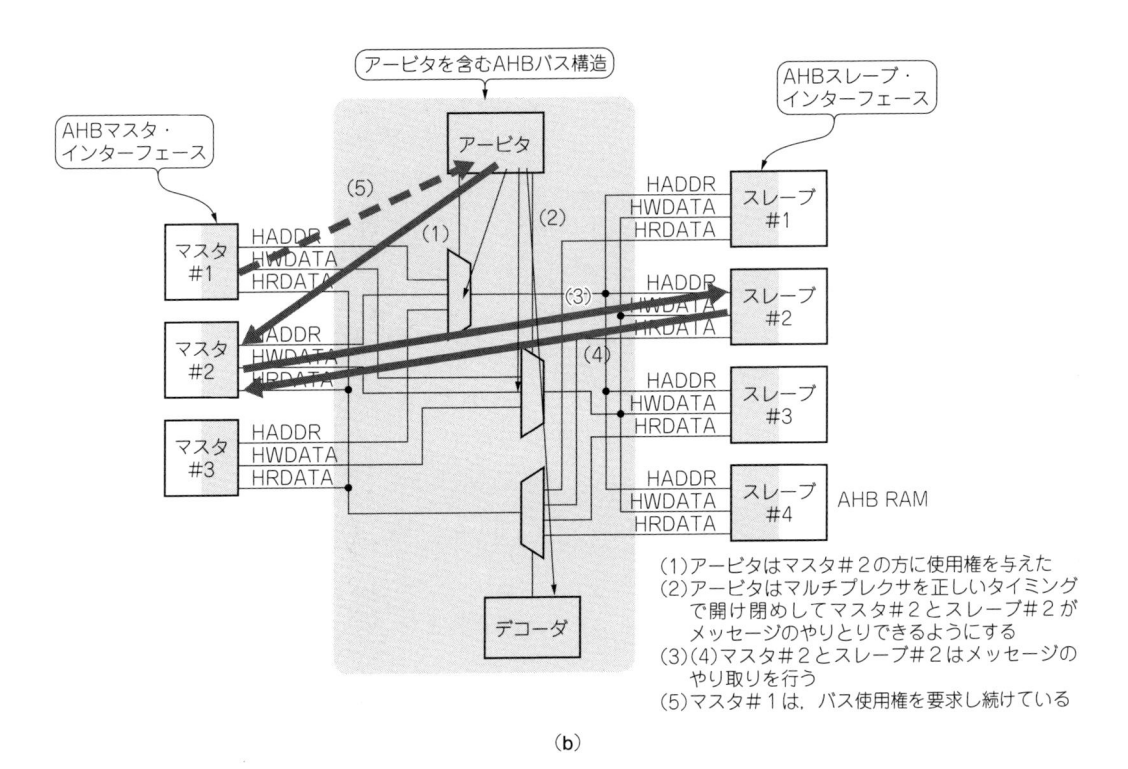

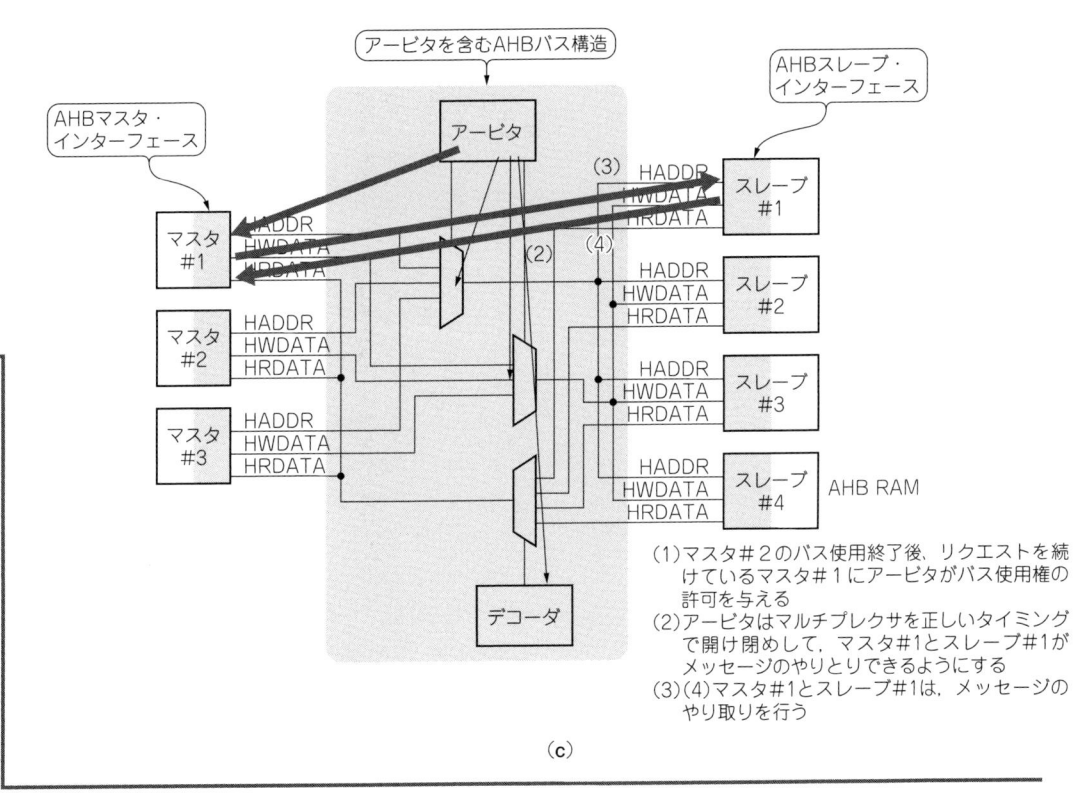

(c)

アドレスに戻るタイプのバーストです．

図8.18は，8ビートのラップ式バーストです．0x34，0x38，0x3C，0x20，0x24，0x28，0x2C，0x30というアドレスの順序でデータを転送しています．例えば，8個のデータを1ラインに持つキャッシュを設計したとき，キャッシュ・ミスが起き

8.9 バースト転送　129

たときに必要なデータを一番最初に読み込んで，残りを後で書き換えながら，IU動作はすでに開始するようなモジュールを開発することができます．

● 二つのバースト転送が連続して行われた場合

図8.19に，二つのバースト転送が連続して行われた場合のシーケンスを示します．シングル転送と同じように，最初の転送のデータ・フェーズと次の転送のアドレス・フェーズを重ねることができます．また，これまでと同じように，データを受信するスレーブがHREADY信号をアサートすることにより，現在のフェーズが延長されていることにも注意してください．

これで，バースト転送の概要が理解できました．先ほどのAHBRAMは，バースト転送においても正しく動作することをVHDLソースで確認できます．

8.10 AHBマスタの例

ここでは，AHBマスタのソースコードを読んでみます．grlib-gpl-1.0.22-b4095/designs/work_amba/sample_ambacore.vhd のAMBA AHBマスタ・インターフェース部分を見ていきます．

このコアは，AHBスレーブ・インターフェースから書き込まれたデータを4ビット・シフトしてFIFOに蓄え，データ数がある一定数になったときに，AHBマスタ・インターフェースから指定されたアドレスから順に，バースト・ライトしていく単純なものです（図8.20）．

● アービタの動作

すでに，AHBマスタが，何らかをトリガとして自律的にアービタにバスの使用権を要求し，バスの使用権を得るまでのシーケンスについては勉強しました．仮に，二つのマスタが同時にバスの使用権を要求した場合，バス・システム全体では，図8.21のような動作が起きることになります．

マスタ＃1とマスタ＃2が，同時に使用権を要求した場合，アービタが何らかのルールにより，一方に使用権を渡します．使用権を得たマスタ＃2は，スレーブ＃2とメッセージのやりとりをします．その際，アービタを含むAHBバス構造は，正しいタイミングでマルチプレクサの開け閉めを行い，選ばれたマスタとスレーブが正しくメッセージのやり取りをできるようにします．選ばれなかったマスタは，バスの使用権を要求し続けます．

バスが開放された後に，バスの使用権が与えられたら，同じようにバス・システム全体が動作して，マスタ＃1がスレーブ＃1とメッセージのやり取りを行います．

以上のことを考えると，複雑な制御を行っているのは，アービタを含むAHBバス構造の部分で，AHBマスタ・インターフェースは単純なステートマシンで実現できることが理解できます（図8.22）．

● AHBマスタ・インターフェースの動作

最初は，IDLE状態です．FIFOのデータ個数が一定数以上になったとき，このコアは自律的にバスの使用権を要求し始めます．アービタからバスの使用権の許可がおりて，かつ，HREADY信号がアサートされていないときに転送が始まります．

その後は，HREADY信号をチェックしながらバースト数分の転送を行って，再びIDLE状態に戻ります．HREADY信号がアサートされた場合は，現在のフェーズを延長するように設計します．

ソース・コードは，リスト8.2のようになります．番号は，リスト中の数字です．

①最初のIDLE状態のときは，HTRANS信号はHTRANS_IDLEとなる．
②FIFOに必要な数以上のデータがたまったとき，バースト転送のためのバス使用権リクエストを行うステートに遷移する．
③アービタからバスの使用権を許可されたとき（HGRANTがアサートされたとき），実際にデータの転送を開始する．許可されるまでは，このステートに留まる．
④最初の一つ目のデータを送信するときは，HTRANS信号はHTRANS_NONSEQとなる．
⑤受信する側のコアからフェーズの延長信号が来ない限り（HREADY信号がアサートされない限り），次のデータに移る．
⑥二つ目以降のデータを送信するときは，HTRANS信号はHTRANS_SEQとなる．
⑦HREADY信号がアサートされない限り，FIFOの読み出しカウンタと転送先AMBAアドレスをインクリメントする．
⑧必要な数のバースト送信が終了したら，IDLEステートに戻る．
⑨転送先のAMBAアドレス用のカウンタ．
⑩FIFO読み出しカウンタを実際にインクリメントする部分．

リスト8.2 AHBマスタ・インターフェース部分のVHDLコード

```
    fifo_read := '0';
    add_inc := '0';

    case r.creg.mstate is
    when idle =>
        mhbusreq := '0';
        mhtrans := HTRANS_IDLE;        ①
        v.creg.bst_cnt := burst_num;
        if (num_ele >= burst_num) then  ②
            v.creg.mstate := busreq;
        end if;
    when busreq =>
        mhbusreq := '1';
        mhtrans := HTRANS_NONSEQ;
        if  (ahbmi.hready = '1') and (ahbmi.hgrant(mhindex) = '1') then   ③
            v.creg.mstate := nonseq;
        end if;
    when nonseq =>
        mhbusreq := '1';
        mhtrans := HTRANS_NONSEQ;      ④
        if ahbmi.hready = '1' then     ⑤
            fifo_read := '1';
            add_inc := '1';
            v.creg.mstate := seq;
            v.creg.bst_cnt := v.creg.bst_cnt - 1;
        end if;
    when seq =>
        mhbusreq := '1';
        mhtrans := HTRANS_SEQ;         ⑥
        if ahbmi.hready = '1' then     ⑦
            fifo_read := '1';
            add_inc := '1';
            v.creg.bst_cnt := v.creg.bst_cnt - 1;    ⑧
            if (v.creg.bst_cnt = 0) then
                v.creg.mstate := idle;
            end if;
        end if;
    when others =>
    end case;

    mhaddr := r.creg.gen_add;          ⑨
    if add_inc = '1' then
      mhaddr := mhaddr + "100";
    end if;

    read_en_fifo <= '1';
    if fifo_read = '1' then            ⑩
        read_point := read_point + 1;
        if read_point = fifo_depth then
            read_point := 0;
        end if;
    end if;
    v.creg.fifo_rp :=  std_logic_vector(to_unsigned(read_point,8));
…‥‥‥
    ahbmo.haddr <= r.creg.gen_add;
    ahbmo.htrans <= mhtrans;
    ahbmo.hbusreq <= mhbusreq;
    ahbmo.hprot <= mhprot;
    ahbmo.hwdata <= vmhwdata;
…‥‥‥
    ahbmo.hconfig <= mhconfig;
    ahbmo.hlock <= '0';
    ahbmo.hwrite <= '1';
    ahbmo.hsize <= "010";
    ahbmo.hburst <= HBURST_INCR;       ⑪
    ahbmo.hirq <= (others => '0');
    ahbmo.hindex <= mhindex;
```

⑪HBURST信号は，HBURST_INCRを出力している（不定長バースト転送）．

8.11 アービタを含むAHBバス構造

最後に，アービタを含むAHBバス構造を理解すれば，AHBバス・システムの全体像を理解することにな

ります．ここまでの説明で，AHBバス・システム全体の動作と，AHBマスタ・インターフェース，AHBスレーブ・インターフェースを理解できたので，アービタ含むAHBバス構造に要求される動作の概要も自動的に把握できていると思います．

主に，以下のような構造になります．

(1) 何らかのルールで，バス使用権を要求しているマスタの中から使用権を与えるマスタを決定し，使用権を与える信号（HGRANT）をアサートするアービタ（LEONシステムでは，アービタのルールはいくつかのアルゴリズムから選択できるようになっている）

(2) マルチプレクサ構造で，すべてのマスタとスレーブを図8.6のようにつなぐ部分．現在のフェーズ（二つのメッセージのやり取りが重なっているなら，そのそれぞれについて）を把握し，マルチプレクサを正しく開け閉めする．HREADY信号のアサートに合わせてフェーズを延長する．HREADY信号の状態をすべてのマスタとスレーブに伝達する．

(3) デコーダ部分で，バス使用権を持っているマスタからのメッセージのアドレスをチェックして，該当するスレーブのHSELをアサートする．

これらの動作を行う部分のVHDLソースコードが，`grlib-gpl-1.0.22-b4095/lib/grlib/amba/ahbctrl.vhd`に存在します．実際の回路を知りたい方はこれを読まれてみるとよいと思います（上記の他に，LEONシステムで採用されているAMBAプラグ＆プレイによる物理アドレス設定部分もコードに含まれている）．

ModelSimを使用した学習用AMBA AHBバス

8.12 シミュレーション・モデルの作成

●**学習用のAMBAバス・システム**

ここでは，実際にModelSimを動作させて波形を見ることにより，これまでに学習したAHBバスの動作について理解を深めます．図8.23のような単純な動作を行うAMBAバス・システムを設計しました．

シミュレーション・トップ・モデルから，自由にAMBA命令を発行できるAMBAマスタ・エミュレータを二つ使用しています．そして，AMBAバス上にAHBRAMと書き込まれた値を4ビット・シフトして指定したアドレスに書き込む，sample_ambacoreモジュールを接続しています．最初に，AHBマスタ・

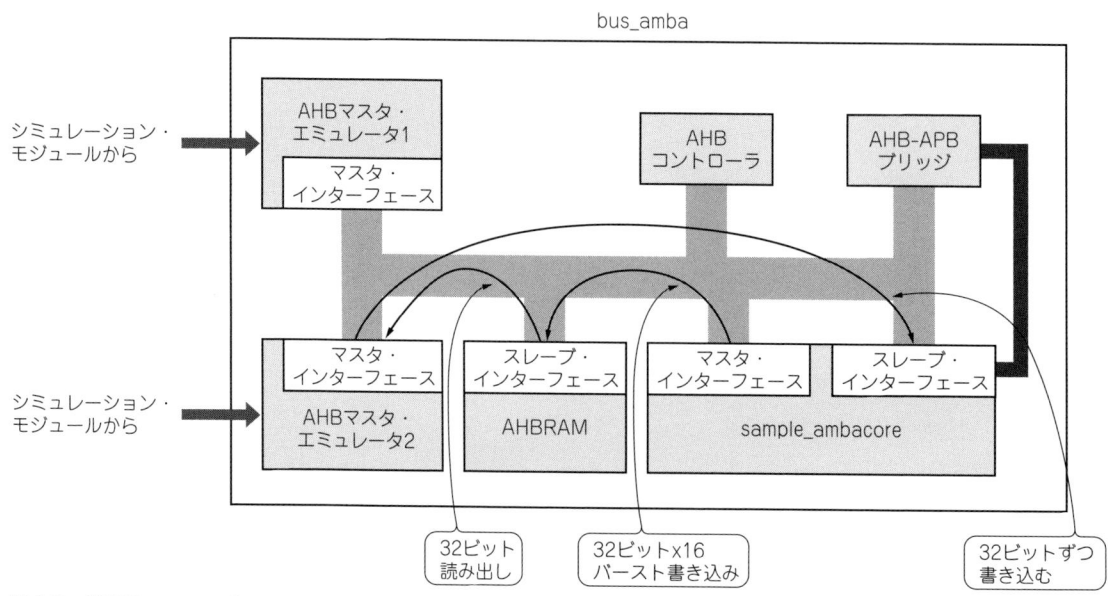

図8.23 学習用のAMBAバス・システム

リスト 8.3　学習用システムのトップ・モジュール VHDL コード

```
begin   -- rtl
  sampleinst : sample_ambacore
     generic map(shindex => 2, haddr => 16#900#, pindex => 2, paddr => 2, mhindex => 3, hirq => 2)
     port map (rstn, clk, ahbmi, ahbmo(3), ahbsi, ahbso(2), apbi, apbo(2));

  apb0 : apbctrl
     generic map (hindex => 4, haddr => 16#800#)
     port map(rstn, clk, ahbsi, ahbso(4), apbi, apbo);

  ahbcontroller : ahbctrl                 -- AHB arbiter/multiplexer
     generic map (defmast => CFG_DEFMST, split => CFG_SPLIT,
                  enbusmon => 0,rrobin => CFG_RROBIN, ioaddr => CFG_AHBIO)
     port map (rstn, clk, ahbmi, ahbmo, ahbsi, ahbso);

  ram0 : ahbram
     generic map (hindex => 7, haddr => 16#a00#, tech => CFG_MEMTECH, kbytes => 24)
     port map (rstn, clk, ahbsi, ahbso(7));

  mast_em : ahbtbm
     generic map(hindex => 0)
     port map (rstn, clk, ctrl_in1, ctrl_out1, ahbmi, ahbmo(0));

  mast_em2 : ahbtbm
     generic map(hindex => 1)
     port map (rstn, clk, ctrl_in2, ctrl_out2, ahbmi, ahbmo(1));
end rtl;
```

リスト 8.4　学習用システムの VHDL テスト・ベンチ

```
architecture behav of sim_amba1 is

  component bus_amba
    port(
      rstn : in std_ulogic;
      clk : in std_ulogic;
      ctrl_in1 : in ahbtbm_ctrl_in_type;
      ctrl_out1 : out ahbtbm_ctrl_out_type;
      ctrl_in2 : in ahbtbm_ctrl_in_type;
      ctrl_out2 : out ahbtbm_ctrl_out_type
      );
  end component;

signal clk : std_ulogic := '0';
signal rst : std_ulogic := '0';
signal ctrl1 : ahbtb_ctrl_type;
signal ctrl2 : ahbtb_ctrl_type;

begin   -- behav
    b0 : bus_amba      ◄──────────────────────── ①
    port map (rst,clk,ctrl1.i,ctrl1.o,ctrl2.i,ctrl2.o);

    tictak : process   ◄──────────────────────── ②
    begin
        clk <= '0';
        wait for 10 ns;
        clk <= '1';
        wait for 10 ns;
    end process;

    stim: process
       variable i : integer;
       variable indata : std_logic_vector(31 downto 0);
       variable radd : std_logic_vector(31 downto 0);
       variable cdata32 : std_logic_vector(31 downto 0);

    begin

      report " stimulus process start ";

      rst  <= '0';   ◄──────────────────────── ③
      wait for 100 ns;
      rst <= '1';
```

リスト8.4　学習用システムのVHDLテスト・ベンチ（つづき）

```
   -- initialize
      ahbtbminit(ctrl1);         ④
      ahbtbminit(ctrl2);

   -- Write Control registers through APB bus

      ahbwrite(x"80000200", x"a0000000", "10", "10", '1', 2, false , ctrl2);   ⑤
      ahbwrite(x"80000204", x"ffffffff", "10", "10", '1', 2, false , ctrl2);   ⑥

   -- Write data from amba master emulator2
      indata := x"00000001";
      for i in 0 to 100 loop
         ahbwrite(x"90000000", indata, "10", "10", '1', 2, false , ctrl2);     ⑦
         ahbtbmidle(true, ctrl2);      ⑧
         indata := indata +1
         wait for 60 ns;
      end loop;

   -- Read from AHBRAM and compare data
      radd := x"a0000000";
      cdata32 := x"00000000";
      for i in 0 to 80 loop
         ahbread(radd, cdata32, "10", 2, false, ctrl2);    ⑨
         radd := radd + x"004";    ⑩
      end loop;

      ahbtbmidle(true,ctrl2);
      wait for 100 ns;

      ahbtbmdone(0, ctrl1);       ⑪
      ahbtbmdone(0, ctrl2);
      wait for 300 ns;

      report "stimulus process end" severity failure;
      wait;
   end process;

end behav;
```

エミュレータ2より，sample_ambacoreの設定アドレスを書き込み，sample_ambacoreの書き込み先のアドレスにAHBRAMを指定します．その後，AHBマスタ・エミュレータ2より32ビットのデータを一つずつsample_ambacoreに書き込む命令を発行します．

sample_ambacoreは，書き込まれたデータを4ビット・シフトしてFIFOにため，FIFOにたまったデータが16個を越えるとAHBRAMにバースト・ライトします．100個のデータをマスタ・エミュレータ2から書き込み終わったら，マスタ・エミュレータ2はAHBRAMの値を順に読んで，きちんと4ビット・シフトした値がAHBRAMに書き込まれているかチェックします．

ModelSimを使用してこのシミュレーション波形を見ることにより，AHBマスタやスレーブが，シングル転送やバースト転送のときにどのように動作しているのかを具体的に理解します．

● 学習用システムのトップ・モジュール
　この構成のVHDL記述は，リスト8.3のようになります．

LEONシステムのAMBAプラグ&プレイに対応したコアの接続なので，ただ単にコアのインスタンスをsignalで接続しただけです．generic文を用いて，必要なアドレスやインデックスの設定を行っています．

● 学習用システムのシミュレーション・モデル
　実際のVHDLシミュレーション・モデル（sim_amba1.vhd）は，リスト8.4のようになります．次の番号は，リスト中の数字です．
①先ほどのbus_ambaをインスタンス．
②クロックを生成しているプロセス．
③リセット信号を作っている．
④AMBAマスタ・エミュレータ1とAMBAマスタ・エミュレータ2は，それぞれctrl1, ctrl2というsignalを通してコントロールする．最初にahbtbminit()関数により初期化する．
(5) signal ctrl2を用いてAHBライト命令を発行する．AMBAマスタ・エミュレータからシングル・ライト命令が発行される．そして，アドレス0x80000200に0xA0000000を書き込んでいる．0x80000200はsample_ambacoreモ

リスト8.5 テスト・ベンチ実行時の出力

```
# ** Note:  stimulus process start
#    Time: 0 ps  Iteration: 0  Instance: /sim_amba1
# ahbctrl: AHB arbiter/multiplexer rev 1
# ahbctrl: Common I/O area at 0xfff00000, 1 Mbyte
# ahbctrl: AHB masters: 16, AHB slaves: 16
# ahbctrl: Configuration area at 0xfffff000, 4 kbyte
# ahbctrl: mst3: Various contributions    Contributed core 1
# ahbctrl: slv2: Various contributions    Contributed core 1
# ahbctrl:       memory at 0x90000000, size 1 Mbyte
# ahbctrl: slv4: Gaisler Research         AHB/APB Bridge
# ahbctrl:       memory at 0x80000000, size 1 Mbyte
# ahbctrl: slv7: Gaisler Research         Single-port AHB SRAM module
# ahbctrl:       memory at 0xa0000000, size 1 Mbyte, cacheable, prefetch
# apbctrl: APB Bridge at 0x80000000 rev 1
# apbctrl: slv2: Various contributions    Contributed core 1
# apbctrl:       I/O ports at 0x80000200, size 256 byte
# ahbram7: AHB SRAM Module rev 1, 24 kbytes
# ***********************************************************
#                    AHBTBM Testbench Init
# ***********************************************************
# ***********************************************************
#                    AHBTBM Testbench Init
# ***********************************************************
# Time: 250ns Write[0x80000200]: 0xa0000000
# Time: 310ns Write[0x80000204]: 0xffffffff
# Time: 330ns Write[0x90000000]: 0x00000001
# Time: 470ns Write[0x90000000]: 0x00000002
# Time: 610ns Write[0x90000000]: 0x00000003
# Time: 750ns Write[0x90000000]: 0x00000004
# Time: 890ns Write[0x90000000]: 0x00000005
# Time: 1030ns Write[0x90000000]: 0x00000006
# Time: 1170ns Write[0x90000000]: 0x00000007
# Time: 1310ns Write[0x90000000]: 0x00000008
                        ⋮
# Time: 15990ns Write[0x90000000]: 0x00000064
# Time: 16130ns Write[0x90000000]: 0x00000065
# Time: 16270ns Read[0xa0000000]: 0x00000010 != 0x00000000
# Time: 16290ns Read[0xa0000004]: 0x00000020 != 0x00000000
# Time: 16310ns Read[0xa0000008]: 0x00000030 != 0x00000000
# Time: 16330ns Read[0xa000000c]: 0x00000040 != 0x00000000
# Time: 16350ns Read[0xa0000010]: 0x00000050 != 0x00000000
# Time: 16370ns Read[0xa0000014]: 0x00000060 != 0x00000000
                        ⋮
 Time: 17830ns Read[0xa0000138]: 0x000004f0 != 0x00000000
# Time: 17850ns Read[0xa000013c]: 0x00000500 != 0x00000000
# Time: 17870ns Read[0xa0000140]: 0x00000510 != 0x00000000
# ***********************************************************
#                    AHBTBM Testbench Done
# ***********************************************************
# ***********************************************************
#                    AHBTBM Testbench Done
# ***********************************************************
# ** Failure: stimulus process end
#    Time: 18630 ns  Iteration: 0  Process: /sim_amba1/stim File: /home/kurimoto/LEON/SYSTEM/grlib-gpl-
1.0.22-b4095/designs/work_amba/sim_amba1.vhd
```

ジュールの設定レジスタ．sample_ambacoreモジュールのFIFOにデータが16個以上たまったときに，書き出しを行う際の書き込み先アドレスを設定する．データを一つ書き込むごとに，書き込み先アドレスはインクリメントされていく．0xA0000000はbus_amba.vhdを読めば，AHBRAMのアドレスだということが分かる．

⑥同様に，AMBAマスタ・エミュレータ2から，アドレス0x80000204に0xFFFFFFFFを書き込んでいる．0x80000204は，sample_ambacoreモジュールの設定レジスタ．sample_ambacoreモ

ジュールは，このレジスタに書き込みがあったときのアドレス0x80000200のレジスタの値を書き込み先アドレスにセットする．

⑦AMBAマスタ・エミュレータ2から，アドレス0x90000000にデータを0x00000001から1ずつインクリメントしながら書き込む．0x90000000はsample_ambacoreモジュールのAHBスレーブ・インターフェースのデータ入力アドレス．for-loop文を用いて100回書き込む．

⑧一回データを書き込むごとに，AMBAマスタ・エミュレータ2はAMBAバスを開放し，3クロック分

8.12 シミュレーション・モデルの作成　135

のウェイトを行っている
⑨⑩ AMBAマスタ・エミュレータ2から，アドレス0xa0000000への読み出し命令を発行する．0xA0000000～は，AHBRAMのアドレス．for-loop文を用いてアドレスをインクリメントしながら80回読む．sample_ambacoreモジュールから正しくバス越しに読み書きできていれば，0x00000001から1ずつインクリメントした値を4ビット・シフトした値が書き込まれているはず．ahbreadには，期待値と比較する機能がある．読み出しデータが0x00000000と異なる場合は，メッセージが出力される．
⑪ AMBAマスタ・エミュレータの終了処理を行う．

実際に，ModelSimを実行するとリスト8.5のようなメッセージが出力され，期待される値がAHBRAMに書き込まれていることが分かります．

8.13 ModelSim上の波形確認

●AHBマスタからAPBスレーブへの書き込み

ここからは，シミュレータModelSim上の波形を見ていきます．

最初に，図8.24に示すAHBマスタ・エミュレータ2からsample_ambacoreコアの設定レジスタに値を書き込む部分の波形を見てみます．物理アドレス0x80000200と0x80000204に書き込みを行うのですが，アドレスがAPBの領域にあるため回路の動作としては，AHB-APBブリッジを通して書き込みを行っていることに注意してください．
① AHBマスタ・エミュレータ2からバス使用権のリクエストを行う．AHBマスタ・エミュレータ2の

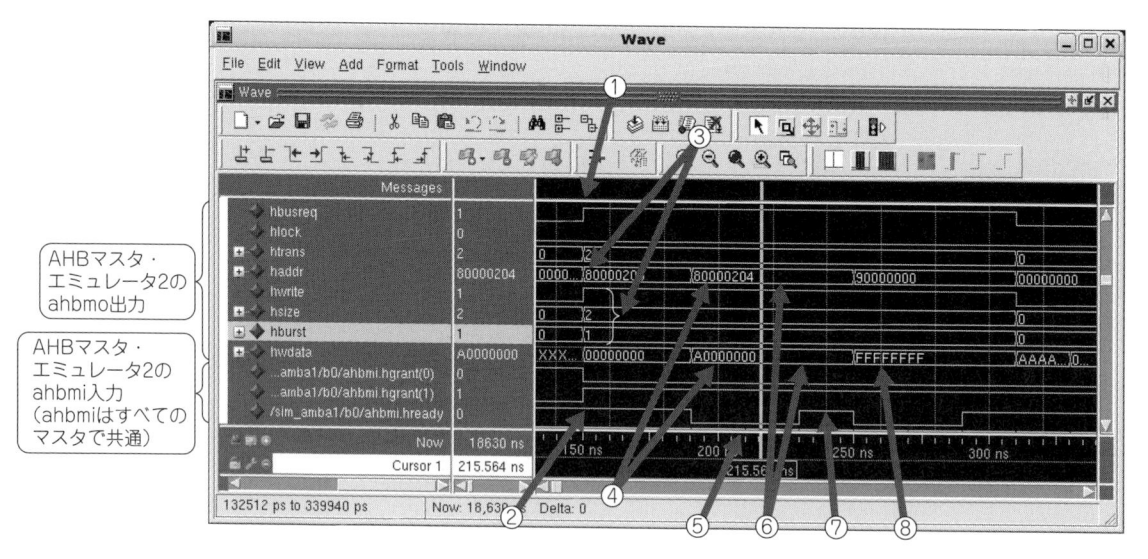

図8.24 sample_ambacoreコアの設定レジスタへの書き込み波形

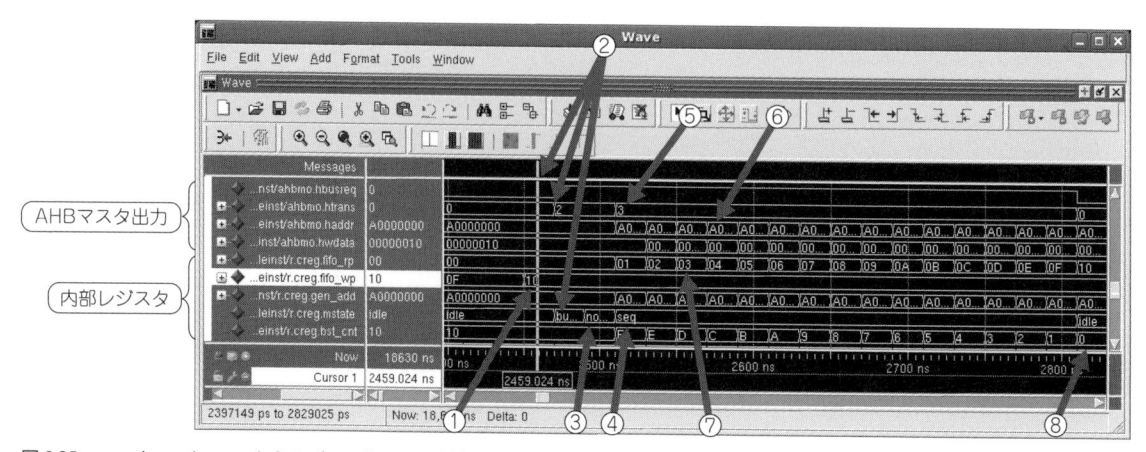

図8.25 sample_ambacoreからのバースト・ライト波形

indexはgeneric文で1を指定したので，ahbmo(1)の波形を見ている

②デフォルト・マスタはAHBマスタ・エミュレータ1なので，どのマスタからもバス使用権のリクエストがないときはhgrant (0)がhighとなり，他のマスタのgrant信号はlow．①で，バス使用権リクエストがあった．競合するリクエストはないので，即座にhgrant (0)はlowとなり，hgrant (1)がhighとなる．競合がある場合は，アービタがどの順序でマスタに使用権を与えるかを決定する．

③AHBマスタ・エミュレータ2に使用権が与えられたので，アドレス・フェーズが始まる．haddrにアドレス80000200が出力されている．また，様々なコントロール信号が出力されている．書き込み命令なので，hwriteはhighとなる．シングル転送なので，HTRANSは"10"＝2となっている．

④アドレス・フェーズに続いて，データ・フェーズが開始される．また，次の0x80000204に書き込む命令のアドレス・フェーズが重なって開始されている．

⑤ここで，AHB-APBブリッジ・コアが即座に応答できないので，HREADY信号をアサートしている．

⑥HREADY信号がアサートされたので，最初の命令のデータ・フェーズと2番めの命令のアドレス・フェーズが延長されている．

⑦AHB-APBブリッジ・コアが書き込みを終了できるということを，HREADY信号をデアサートして伝えている．

⑧2番めの命令のデータ・フェーズが始まっている

ここまでで学習したバスの動作が，実際の波形として理解できたと思います．

● **16データのバースト・ライト動作**

次に，sample_ambacoreから16データのバースト・ライトを行う部分の波形を見ます（図8.25）．ここでは，先ほど説明したAMBAマスタ・インターフェース内部のステートマシンと実際の波形の関係を見てみます．

①FIFOのread pointerとwrite pointerの差が，16以上になった（16個以上のデータがたまった）ので，バースト・ライトを開始する．

②先ほどと同様に，マスタがバス使用権リクエストを行い，書き出しを開始する．

③一つ目の値の書き出しステート．

④一つ目の値の書き出しができたら，連続してデータを書き出すステートに遷移．

⑤HTRANS信号は11．

⑥アドレスとデータが順次インクリメントされている．一つ前のデータ・フェーズと次のアドレス・フェーズが重なっているため，間が空かずにつまってデータが送られている．

⑦FIFOのread pointerがインクリメントされている．

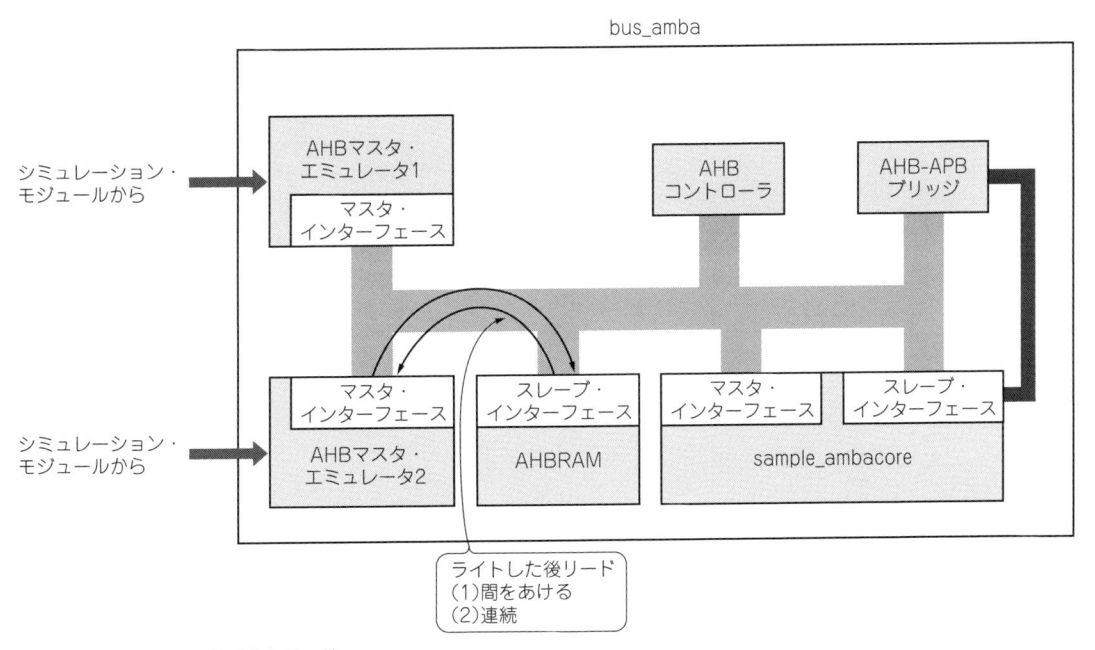

図 8.26 AHBRAMへのライトとリード

リスト 8.6　AHBRAM への WIRTE と READ を行うシミュレーション VHDL コード

```
    begin
       report " stimulus process start ";

       rst  <= '0';
       wait for 100 ns;
       rst  <= '1';

    -- initialize
       ahbtbminit(ctrl1);
       ahbtbminit(ctrl2);

    -- Write Control registers through APB bus

       ahbwrite(x"a0000000", x"ffffffff", "10", "10", '1', 2, false , ctrl2);
       ahbtbmidle(true, ctrl2);
       wait for 60 ns;
       ahbread(x"a0000000", x"ffffffff", "10", "10", '1', 2, false , ctrl2);
       ahbtbmidle(true,ctrl2);
       wait for 60 ns;
       ahbwrite(x"a0000004", x"f0f0f0f0", "10", "10", '1', 2, false , ctrl2);
       ahbread(x"a0000000", x"ffffffff", "10", "10", '1', 2, false , ctrl2);
       wait for 60 ns;
       ahbtbmdone(0, ctrl1);
       ahbtbmdone(0, ctrl2);
       wait for 300 ns;

       report "stimulus process end" severity failure;
       wait;
    end process;
end behav;
```

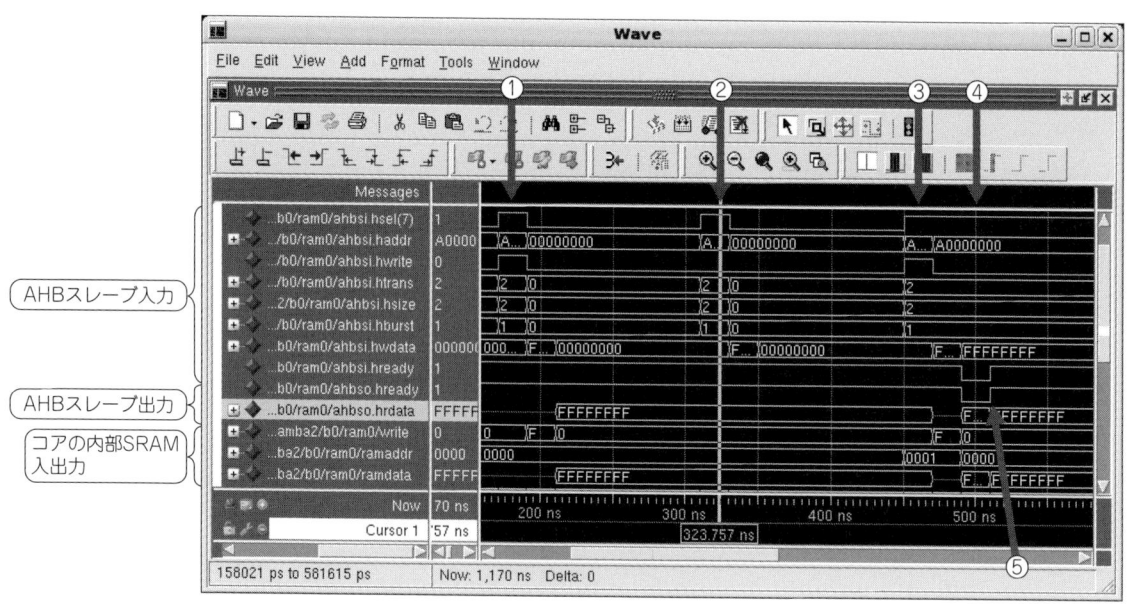

図 8.27　AHBRAM へのライトとリード波形

●ライト動作の直後のリード動作

次に，同じ bus_ambam モジュールで，単純に AHBRAM へのライトとリードを行ってみます（図 8.26）．

ライトの後にリードするときに，間を開けて行う場合と，連続して行う場合をシミュレーションします．sim_amba2.vhd がシミュレーション・トップ・モデルです（リスト 8.6）．単純に，関数コールしています．

⑧バースト・カウンタが0になって，16個のデータ出力が終了したらIDLE状態に戻る．

シミュレーション結果は，図8.27のようになります．
①最初のライト
②最初のリード
③二回めのライト
④二回めのリード．先ほどのライト命令に連続している
⑤ライトに連続するリードのときに，HREADY信号をアサートしていることが分かる．コア内部SRAMの入力ピンには，ちょうどそのタイミングで以前のライト命令のデータが入力されている

8.14 第8章のまとめ

ここまでで，AMBA AHBバスがどのようなものか，そして全体がどのように整合性を取って動作しているかを説明しました．

その他のバス仕様も，似たようなルールにしたがっているので，最初にAMBA AHBバスの全体像を理解すれば容易に取り組めると思います．

また，LEONシステムは，LEONプラグ＆プレイに従ったAMBA AHBおよびAPB準拠のIPコアならば，インスタンスを置くだけで自由に追加できます．自分の望むIPコアを設計して，自分なりのSoCの設計を楽しんでください．

第3部

第9章 LEONシステムのGRLIBの主なIPコアの詳細

LEONプロセッサ，Ethernetコントローラ，AMBAプラグ&プレイ，SDRAMコントローラの仕様を理解しよう

LEONシステムには，多数のAMBA AHBおよびAPB準拠のオープンソースIPコアがあります．また，詳細な英語の仕様書も添付されており，GPLライセンスに従う限り再利用が可能です．

本章では，本書で使用した主要なIPコアを，容易に使うことができるように，仕様書の中から必要と思われる最低限の部分を説明します．

9.1 LEON3プロセッサ

●プロセッサの概要

LEON3は，32ビット，SPARC V8アーキテクチャに準拠したプロセッサで，次のような特徴を持っています．

- **Integer Unit**

LEON3のInteger Unitは，SPARC V8完全準拠で，ハードウェア乗算，除算命令を含みます．レジスタ・ウィンドウの数は2～32の間で，コンフィグレーション可能です（デフォルトは8）．7段のパイプラインで構成され，命令キャッシュとデータ・キャッシュが分離されたインターフェースを持ちます（ハーバード・アーキテクチャ）．

- **キャッシュ**

LEON3は，非常に細かくコンフィグレーションできる命令キャッシュとデータ・キャッシュを持ちます．それぞれのキャッシュは，1～4セット，1～256Kバイト/セット，16または32バイト/ラインでコンフィグレーションできます．

データ・キャッシュはライト・スルーで，ダブル・ワードのライト・バッファを持ちます．データ・キャッシュは，AHBバスのバス・スヌーピングを行うことができます．

- **浮動小数点ユニットとコプロセッサ**

LEON3のInteger Unitは，浮動小数点ユニット（FPU）と，カスタムのコプロセッサのインターフェースを持ちます．また，二つのFPUコントローラがあります．一つはGRFPU，もう一つはMeiko FPU用です．

浮動小数点ユニットとコプロセッサは，Integer Unitと並列動作可能で，データ・リソースの依存がない限りオペレーションをブロックしません．

- **Memory Management Unit（MMU）**

SPARC V8 Reference Memory Management Unit（SRMMU）をオプションとして有効にすることができます．SRMMUは，SPARC V8 MMU仕様を完全に満たしています．32ビットの仮想アドレス・スペースと，36ビットの物理メモリ間のマッピングを行います．3レベルのテーブル・ウォーク・ハードウェアが実装されており，最大64のフル・アソシエイティブTLBエントリをコンフィグレーションできます．

- **オンチップ・デバッグ機能をサポート**

LEON3パイプラインは，デバッグをサポートする機能を持っています．ソフトウェア・デバッグのために，最大四つのウォッチポイント・レジスタを有効にできます．

それぞれのウォッチポイント・レジスタは，ブレーク・ポイント割り込みを発生させます．オプションのデバッグ・サポート・ユニットをつけた場合，ウォッチポイントはデバッグ・モードへ入るために使用できます．デバッグ・サポート・ユニットのインターフェースを通して，すべてのプロセッサ・レジスタやキャッシュにアクセスできます．デバッグ・インターフェースは，シングル・ステップ実行やハードウェア・ブレーク・ポイントやウォッチポイントのコントロールを可能にします．

また，内部のトレース・バッファにより，実行された命令を後で読み出すことが可能です．

- **割り込みインターフェース**

LEON3は，15個の割り込みを持つ，SPARC V8 Interrupt Modelをサポートします．

●Integer Unit

Integer Unitは，次のような特徴を持っています．7段パイプライン，分離された命令キャッシュとデータ・キャッシュのインターフェース，2～32のレジスタ・ウィンドウ，ハードウェア乗算器（オプションで

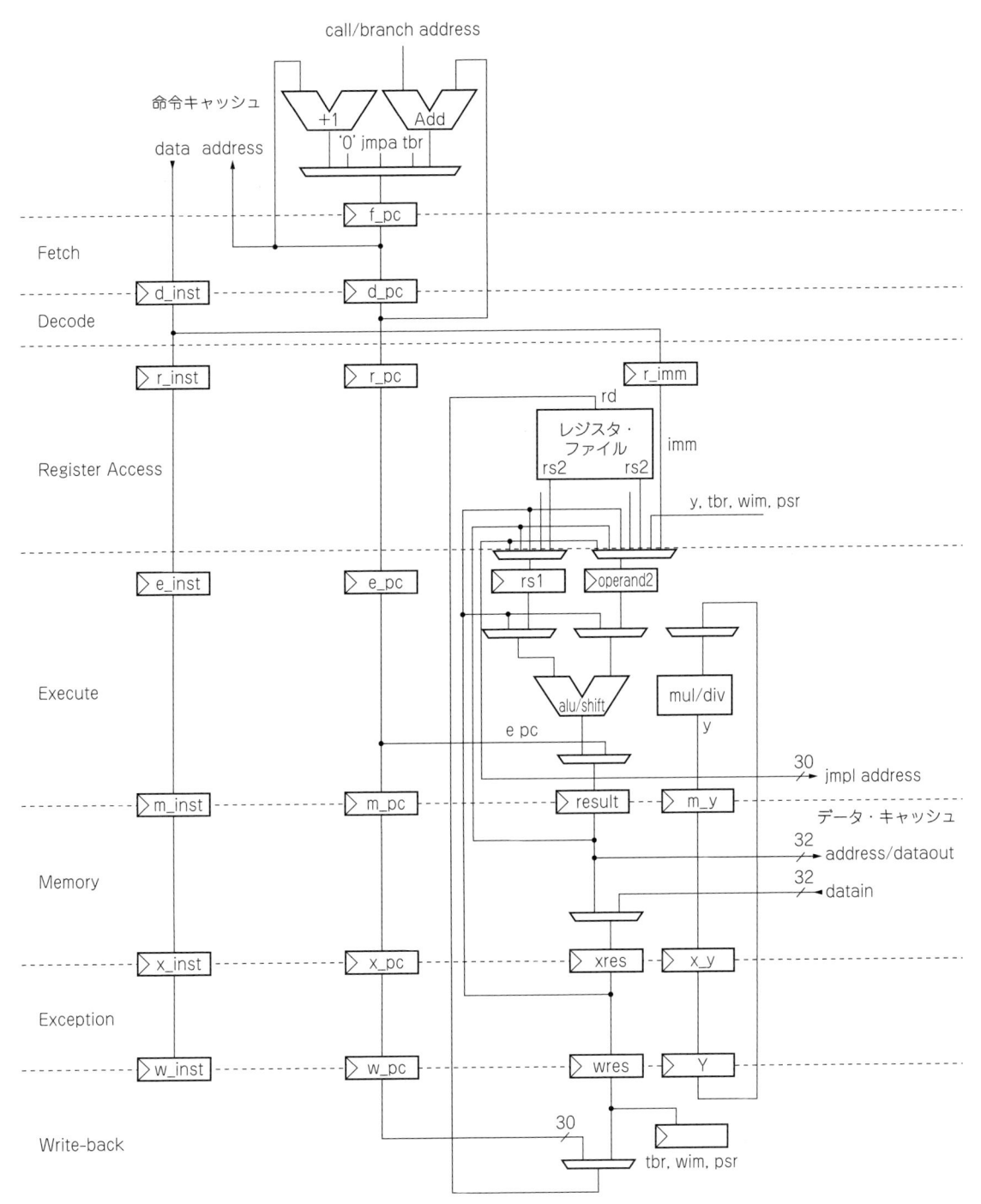

図9.1 Integer Unitの基本構造

16×16MACと40ビットのアキュムレータ)，ハードウェア除算器，スタティックな分岐予測，シングル・ベクタ・トラッピングなどを備えています．図9.1に基本構成を示します．

• **除算命令**

SPARC V8の除算命令(SDIV，UDIV，SDIVCC，UDIVCC)すべてをサポートしています．

• **乗算命令**

SPARC V8の乗算命令(UMUL，SMUL，UMULCC，SMULCC)をサポートしています．

• **乗算&アキュムレート命令**

DSPアルゴリズムを高速化するため，二つの乗算&

ビット	31 〜 28	〜	17	16 15 14 13	12	11 10	9	8	7 〜 5	4 〜 0
	INDEX	RESERVED	CS	CF DW SV LD	FPU	M	V8	NWP	NWIN

[31:28]プロセッサ番号．マルチプロセッサ・システムでは，それぞれのLEONコアにユニークな番号がつけられる．この番号は，VHDLモデルでのgeneric文で指定されるhindexに相当する
[17]クロック・スイッチング・イネーブル．セットされた場合，AHBとCPU周波数のスイッチが可能になる
[16:15]CPUクロック周波数．CPUコアはAHB周波数の(CF+1)倍で動作する
[14]ライト・エラー・トラップのディセーブル．セットするとライト・エラー・トラップ(tt=0x2b)を無視する
[13]single vector trappingイネーブル
[12]ロード・ディレイ．セットされるとパイプラインは2サイクル・ロード・ディレイであることを示す．セットされていないときは1サイクル・ロード・ディレイ．VHDLモデルのgeneric文で指定されるlddelに相当
[11:10]FPUオプション "00"＝FPUなし，"01"＝GRFPU，"10"＝Meiko FPU，"11"＝GRFPU-Lite
[9]乗算アキュムレータが搭載されている場合，セットされる
[8]SPARC V8 乗算・除算命令が使用可能な場合，セットされる
[7:5]搭載されているwatchpointの数
[4:0]搭載されているレジスタ・ウィンドウの数(NWIN+1)

図9.2 %asr17 レジスタの構成

アキュムレート命令(UMAC, SMAC)が実装されています．

・プロセッサ・コンフィグレーション・レジスタ

%asr17は，論理合成の際にどのようにコンフィグレーションされたかという情報を示すレジスタです(図9.2)．

・Address Space Identifiers (ASI)

SPARCプロセッサは，通常のアドレスに追加して8ビットのAddress Space Identifier(ASI)を生成し，256個の32ビットのアドレス空間を提供します．通常の操作では，LEON3はSPARCで規定されるASI 0x8〜0xBへアクセスします．LDA/STA命令を用いることで，その他のアドレス空間にアクセスできます．

表9.1に，LEONシステムで使用されているASIを示します．ASI[5:0]のみが使用され，ASI[7:6]は操作に影響を与えません．

・プロセッサ・リセット操作

少なくとも，4クロックの間，RESET入力をアサートすることにより，プロセッサはリセットされます．表9.2は，リセットによって変化するレジスタのリセット時の値です．リセットを解除すると，デフォルトではアドレス0番地から実行が始まります．

●キャッシュ

LEON3は，分離された命令キャッシュとデータ・キャッシュを持つハーバード・アーキテクチャを採用しています．両キャッシュ・コントローラは，個別にコンフィグレーション可能です．

ダイレクト・マップ・キャッシュまたは2〜4セット・アソシエイティブなキャッシュをコンフィグレーションできます．セット・サイズは，1〜256Kバイトがコンフィグレーション可能です．マルチセット・コンフィグレーションの場合，次の三つのキャッシュ・アルゴリズムを選択できます．

(1) least-recently-used (LRU)
(2) least-recently-replaced (LRR)
(3) ランダム

LRRは，2ウェイ・アソシエイティブのときのみ選択できます．キャッシュ・ラインは，ロックすることが可能です．

・キャッシュ・コントロール・レジスタ(図9.3)

命令キャッシュとデータ・キャッシュは，キャッシュ・コントロール・レジスタにより操作することが

表9.1 LEONシステムでのASI

ASI	用 途
0x01	強制キャッシュ・ミス
0x02	システム・コントロール・レジスタ(キャッシュ・コントロール・レジスタ)
0x08, 0x09, 0x0A, 0x0B	ノーマル・キャッシュ・アクセス (replace if cacheable)
0x0C	命令キャッシュ・タグ
0x0D	命令キャッシュ・データ
0x0E	データ・キャッシュ・タグ
0x0F	データ・キャッシュ・データ
0x10	命令キャッシュ・フラッシュ
0x11	データ・キャッシュ・フラッシュ

表9.2 リセット時に設定されるレジスタ値

レジスタ	リセット値
PC(プログラム・カウンタ)	0x0
nPC(次のプログラム・カウンタ)	0x4
PSR(プロセッサ・ステータス・レジスタ)	ET=0, S=1

ビット	31 ~ 24	23	22	21	20 ~ 18	17	16	15	14	13 ~ 6	5	4	3 2	1 0
		DS	FD	FI		ST	IB	IP	DP		DF	IF	DCS	ICS

[23]データ・キャッシュ・スヌープ・イネーブル．セットされた場合，データ・キャッシュ・スヌープをイネーブル
[22]フラッシュ・データ・キャッシュ．セットされた場合，データ・キャッシュをフラッシュ
[21]フラッシュ・インストラクション・キャッシュ．セットされた場合，インストラクション・キャッシュをフラッシュ
[17]セパレート・スヌープ・タグ．このビットは読み出し専用．分離されたスヌープ・タグが実装されたときにセットされる
[16]インストラクション・バースト・フェッチ．セットされた場合，命令フェッチの際にバースト・フィルを行う
[15]インストラクション・キャッシュ・フラッシュ・ペンディング．インストラクション・キャッシュのフラッシュが進行中の場合，セットされる
[14]データ・キャッシュ・フラッシュ・ペンディング．データ・キャッシュのフラッシュが進行中の場合，セットされる
[5]データ・キャッシュ・フリーズ・オン・インタラプト．セットされた場合，非同期割り込みが発生した時点でデータ・キャッシュがフリーズする
[4]インストラクション・キャッシュ・フリーズ・オン・インタラプト．セットされた場合，非同期割り込みが発生した時点でインストラクション・キャッシュがフリーズする
[3:2]データ・キャッシュ・ステート．データ・キャッシュの状態を示す．
"X0"：ディセーブル，"01"：フリーズ，"11"：イネーブル
[1:0]インストラクション・キャッシュ・ステート．インストラクション・キャッシュの状態を示す．
"X0"：ディセーブル，"01"：フリーズ，"11"：イネーブル

図9.3 キャッシュ・コントロール・レジスタ

ビット	31	30 29	28	27 26 25 24	23 ~ 20	19	18 ~ 16	15 ~ 12	11 ~ 4	3	2 ~ 0
	CL	REPL	SN	SETS	SSIZE	LR	LSIZE	LRSIZE	LRSTART	M	

[31]キャッシュ・ロッキング．キャッシュ・ロッキングが実装されているときセットされる
[29:28]キャッシュ・リプレースメント・ポリシ．"00"：ダイレクトマップ，"01"：LRU，"10"：LRR，"11"：ランダム
[27]キャッシュ・スヌーピング．スヌーピングが実装されているときセットされる
[26:24]キャッシュ・アソシエイティビティ・セット数．"000"：ダイレクトマップ，"001"：2ウェイ・アソシエイティブ，"010"：3ウェイ・アソシエイティブ，"011"：4ウェイ・アソシエイティブ
[23:20]セット・サイズ．キャッシュ・セットのサイズ(Kバイト)を示す
[19]ローカルRAM．ローカル・スクラッチ・パッドRAMが実装されているときセットされる
[18:16]ライン・サイズ．それぞれのラインのサイズ(ワード数)を示す
[15:12]ローカルRAMサイズ．ローカル・スクラッチ・パッドRAMのサイズ(Kバイト)を示す
[11:4]ローカルRAMスタート・アドレス．ローカルRAMのスタート・アドレスの上位8ビットを示す．
[3]MMU．MMUが実装されているときセットされる

図9.4 キャッシュ・コンフィグレーション・レジスタ

できます．

・**キャッシュ・コンフィグレーション・レジスタ**(図9.4)

キャッシュのコンフィグレーション情報は，インストラクション・キャッシュ・コンフィグレーション・レジスタとデータ・キャッシュ・コンフィグレーション・レジスタで知ることができます．これらのレジスタは読み出し専用です．

すべてのキャッシュ・レジスタは，ASI＝2でロード／ストア命令(LDA/STA)を実行することによりアクセスできます．アドレス0x00でキャッシュ・コントロール・レジスタ，アドレス0x08でインストラクション・キャッシュ・コンフィグレーション・レジスタ，アドレス0x0Cでデータ・キャッシュ・コンフィグレーション・レジスタへアクセスできます．

●**MMU**

SPARC V8 reference MMU (SRMMU) が実装されています．詳細は，SPARC V8のマニュアルを参照してください．キャッシュ・ミスが起きたとき，TLBがヒットすれば2クロック・サイクルで物理アドレスを得ることができます．TLBミスが発生し，ページ・テーブルを参照するとき，最大で4つのAMBAリード・サイクルとライトバック・オペレーションが発生する可能性があります．ページ・フォルトは，0x09割り込みを発生させます．

・**MMUレジスタ**

次のMMUレジスタが，ASI＝0x19でアクセスできます．

0x000：MMUコントロール・レジスタ
0x100：Context pointer register
0x200：Context register
0x300：Fault status register
0x400：Fault address register

MMUコントロール・レジスタ以外は，SPARC V8マニュアルに定義されています．

・**MMUコントロール・レジスタ**

図9.5に，MMUコントロール・レジスタの内容を示します．

ビット	31 ~ 28	27 ~ 24	23 21	20 18	17 16	15	14	13 ~	2 1	0
	IMPL	VER	ITLB	DTLB	PSZ	TD	ST	RESERVED	NF	E

[31:28] MMUインプリメンテーションID. "0000"がハード・コードされている
[27:24] MMUバージョンID. "0001"がハード・コードされている
[23:21] ITLBエントリの数
[20:18] DTLBエントリの数
[17:16] ページ・サイズ 0:4Kバイト, 1:8Kバイト, 2:16Kバイト, 3:32Kバイト. ページ・サイズがプログラマブルのとき, このフィールドは書き込み可能. そうでない場合は読み出し専用
[15] TLBディセーブル. セットされたとき, TLBはディセーブルとなり, すべてのデータ・アクセスでページ・テーブル・ウォークが行われる
[14] セパレートTLB. 分離した命令TLB, データTLBを実装した場合セットされる
[0] MMUイネーブル. "0"の場合: MMUは無効. "1"の場合: MMUは有効

図9.5 MMU コントロール・レジスタ

表9.3 generic文で指定できるオプション

generic文	ファンクション	範囲	デフォルト値
hindex	AHBマスタ・インデックス	0 ~ NAHBMST-1	0
fabtech	ターゲット・テクノロジ	0 ~ NTECH	0
memtech	レジスタ・ファイルとキャッシュRAMのベンダ・ライブラリ	0 ~ NTECH	0
nwindows	SPARCレジスタ・ウィンドウの個数	2 ~ 32	8
dsu	Debug support unit enable	0 ~ 1	0
fpu	浮動小数点ユニット 0:FPUなし 1~7:GRFPU 　1:inferred乗算器, 2:DW乗算器, 　3:モジュール・ジェネレータ乗算器, 4:テクノロジー依存乗算器 8~14:GRFPU-Lite 　8:シンプルFPC, 9:データ・フォワーディングFPC, 　10:ノンブロッキングFPC 15:Meiko FPU	0 ~ 31	0
v8	SPARC V8 MUL/DIV命令の生成 0:乗算器, 除算器なし 1:16x16乗算器 2:16×16パイプライン乗算器 16#32#:32×32パイプライン乗算器	0 ~ 16#3F#	0
cp	コプロセッサ・インターフェースの生成	0 ~ 1	0
mac	SPARC V8e SMAC/UMAC命令の生成	0 ~ 1	0
pclow	プログラムカウンタのLSBの生成 PC[1:0]は常に0で, 通常生成されない. PC[1:0]を生成するとVHDLデバッグが容易になる	0, 2	2
nwp	ウォッチ・ポイントの個数	0 ~ 4	0
icen	命令キャッシュのイネーブル	0 ~ 1	1
irepl	命令キャッシュ方式 0:LRU, 1:LRR, 2:random	0 ~ 2	0
isets	命令キャッシュ・セットの個数	1 ~ 4	1
ilinesize	命令キャッシュ・ライン・サイズ(ワード)	4, 8	4
isetsize	命令キャッシュ・セットのサイズ(Kバイト)	1 ~ 256	1
isetlock	命令キャッシュ・ライン・ロックのイネーブル	0 ~ 1	0
dcen	データ・キャッシュ・イネーブル	0 ~ 1	1
drepl	データ・キャッシュ方式 0:LRU, 1:LRR, 2:ramdon	0 ~ 2	0
dsets	データ・キャッシュ・セットの個数	1 ~ 4	1
dlinesize	データ・キャッシュ・ライン・サイズ(ワード)	4, 8	4
dsetsize	データ・キャッシュ・セットのサイズ(Kバイト)	1 ~ 256	1
dsetlock	データ・キャッシュ・ライン・ロックのイネーブル	0 ~ 1	0
dsnoop	データ・キャッシュ・スヌープのイネーブル Bit 0-1:0-disable, 1-slow, 2-fast Bit 2:0 simple snooping 1 MMU snooping	0 ~ 6	0
ilram	ローカル・インストラクションRAMのイネーブル	0 ~ 1	0

表9.3 generic文で指定できるオプション（つづき）

Generic	ファンクション	範囲	デフォルト値
ilramsize	ローカル・インストラクションRAMサイズ（Kバイト）	1〜512	1
ilramstart	8MSBビット，ローカル・インストラクションRAMデコード	0〜255	16#8E#
dlram	ローカル・データRAMのイネーブル	0〜1	0
dlramsize	ローカル・データRAMサイズ（Kバイト）	1〜512	1
dlramstart	8MSBビット，ローカル・データRAMデコード	0〜255	16#8F#
mmuen	MMUのイネーブル	0〜1	0
itlbnum	インストラクションTLBエントリの個数	2〜64	8
dtlbnum	データTLBエントリの個数	2〜64	8
tlb_type	0：セパレートTLB slow write，1：shared TLB slow write，2：セパレートTLB fast write	0〜2	1
tlb_rep	TLBアルゴリズム　0：LRU，1：random	0〜1	0
lddel	ロード・ディレイ　1サイクルだとパフォーマンスは上がるが，合成時に周波数が遅くなる．	1〜2	2
disas	VHDLシミュレーションのときに命令ディスアセンブラ出力を表示	0〜1	0
tbuf	インストラクション・トレース・バッファ（Kバイト）	0〜64	0
pwd	パワーダウン　0：ディセーブル，1：エリア最適，2：タイミング最適	0〜2	1
svt	シングル・ベクタ・トラッピングのイネーブル	0〜1	0
rstaddr	デフォルトのリセット・スタート・アドレス	$0 \sim (2^{20})-1$	0
smp	マルチプロセッサ・サポートのイネーブル	0〜15	0
cached	Fixed cacheabilityのマスク	0〜16#FFFF#	0
scantest	スキャン・テスト・サポートのイネーブル	0〜1	0
mmupgsz	MMUページ・サイズ　0：4K，1：8K，2：16K，3：32K，4：プログラマブル	0〜4	0
bp	分岐予測のイネーブル	0〜1	0

表9.4 入出力信号

信号名	フィールド	タイプ	機能	アクティブ
CLK	N/A	入力	AMBAとプロセッサ・クロック	—
RSTN	N/A	入力	リセット	"L"レベル
AHBI	*	入力	AHBマスタ入力	—
AHBO	*	出力	AHBマスタ出力	—
AHBSI	*	入力	AHBスレーブ入力	—
IRQI	IRL[3:0]	入力	割り込みレベル	
	RST	入力	リセット・パワーダウン＆エラー・モード	
	RUN	入力	リセット後のスタート（SMPのみ）	
IRQO	INTACK	出力	割り込みack	
	IRL[3:0]	出力	プロセッサ割り込みレベル	
DBGI	—	入力	DSUからのデバッグ入力	
DBGO	—	出力	DSUへのデバッグ出力	
	ERROR	出力	エラー・モード	

● **コンフィグレーション・オプション**

表9.3のコンフィグレーション・オプションが，VHDLのgeneric文で指定できます．入出力信号は表9.4のようになります．

9.2 GRETH (Ethernet media access controller with EDCL support)

● **概要**

GRETHは，AMBA-AHBバスとEthernetインターフェースを提供します．10/100Mビットの全二重通信と半二重通信をサポートします．APBインターフェースよりコンフィグレーションとコントロールを行い，AHBマスタ・インターフェースでデータを取り扱います．データはDMAチャネルで取り扱われ，トランスミッタとレシーバそれぞれにDMAエンジンが搭載されます．

Ethernetの物理層インターフェースは，MIIとRMIIインターフェースがサポートされ，外部のPHYと接続されます．また，外部のPHY設定のためのMII

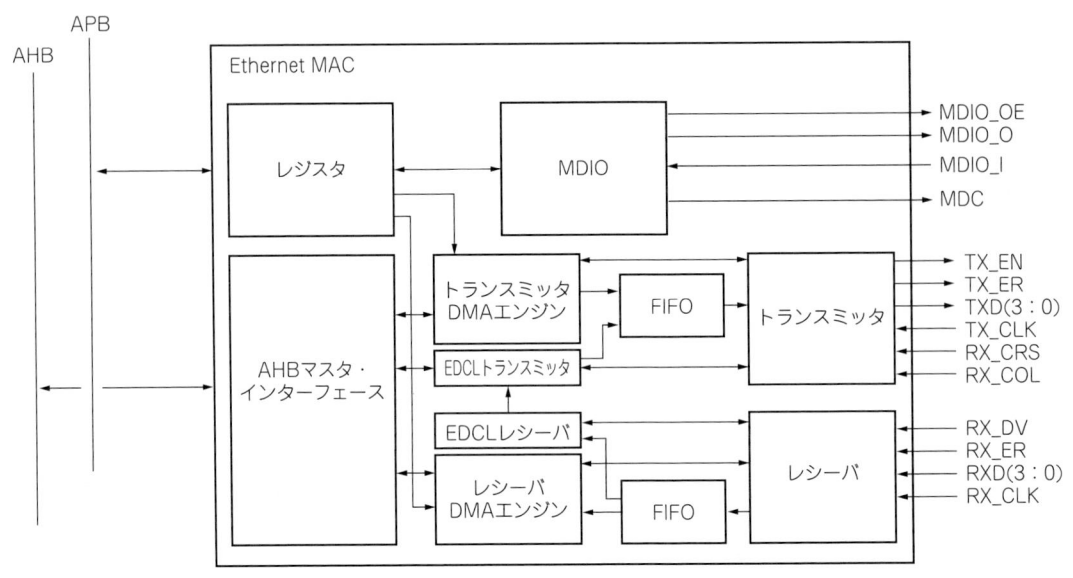

図9.6 GRETHのブロック・ダイアグラム

ビット	31	30～28	27	26	25	24～13	12	11	10	9	8	7	6	5	4	3	2	1	0
	ED	BS		MA	MC	RESERVED	DD	ME	PI	RES	SP	RS	PM	FD	RI	TI	RE	TE

[31] EDCL. EDCLが有効のときセットされる
[30:28] EDCLバッファ・サイズ. 0:1Kバイト, 1:2Kバイト, …, 6:64Kバイト
[26] MDIOインタラプト. MDIO割り込みが有効のときセットされる. 読み出し専用
[25] マルチキャスト. コアがマルチキャスト・アドレス・レセプションをサポートするときセットされる. 読み出し専用
[12] Disable duplex detection. EDCLのスピード, デュプレックス探査FSMを無効にする
[11] マルチキャスト・イネーブル. マルチキャスト・アドレス・レセプションをイネーブルにする. リセット時は0
[10] PHYステータス変更時の割り込みをイネーブルにする
[7] 現在のスピード・モードを示す. 0:10Mビット, 1:100Mビット. RMIIモードのときのみ使われる
[6] リセット. このビットに書き込みをするとGRETHがリセットされる
[5] Promisciousモード. 宛先アドレスに関わらず, すべてのパケットを受信する
[4] フル・デュプレックス. セットされたときは全二重モード
[3] レシーバ割り込み. レシーバ割り込みをイネーブルにする
[2] トランスミッタ割り込み. トランスミッタ割り込みをイネーブルにする
[1] レシーブ・イネーブル. 新しいディスクリプタがイネーブルされるたびに1をセットする
[0] トランスミット・イネーブル. 新しいディスクリプタがイネーブルされるたびに1をセットする

図9.7 GRETH コントロール・レジスタ

managementインターフェースも提供します. オプションとして, Ethernet Debug Communication Link (EDCL) プロトコルも提供されます. これは, UDP/IPベースのプロトコルで, リモート・デバッグのために使用されます.

● **GRETHのブロック・ダイアグラム**

GRETHのブロック・ダイアグラムを, 図9.6に示します.

GRETHは, 三つのユニットから構成されます. DMAチャネルとMDIOインターフェースとオプションのEDCLです. DMAチャネルは, データをAHBバスとEthernet間でやりとりするメイン機能部分です.

MDIOインターフェースは, 一つ以上のPHYのコンフィグレーション・レジスタとステータス・レジスタにアクセスする部分です.

GRETHは, IEEE standard 802.3-2002に準拠して実装されています. Optional control sublayerはサポートされていません (type 0x8808のパケットは捨てられる).

GRETHは, 三つのクロック・ドメインを持ちます. AHBクロックとEthernetレシーバ・クロック, そしてEthernetトランスミッタ・クロックです. Ethernetレシーバ・クロックとEthernetトランスミッタ・クロックは, 外部のPHYにより生成されます. 三つのクロックの位相に規定はなく, GRETHコア内部で同期されます.

10Mビット通信時のAHBクロック下限は, 2.5MHz

ビット	31 ~ 9	8	7	6	5	4	3	2	1	0
	RESERVED	PS	IA	TS	TA	RA	TI	RI	TE	RE

[8]PHYステータス・チェンジ．PHYステータスが変更されるたびにセットされる
[7]無効アドレス．MACで受け取らないアドレスのパケットを受信したときセットされる
[6]Too small．最小サイズより小さいパケットを受信したときセットされる
[5]トランスミッタAHBエラー．トランスミッタDMAエンジンがAHBエラーを受け取ったときセットされる
[4]レシーバAHBエラー．レシーバDMAエンジンがAHBエラーを受け取ったときセットされる
[3]トランスミッタ割り込み．エラーなしでパケット送信できたときセットされる
[2]レシーバ割り込み．エラーなしでパケット受信したときセットされる
[1]トランスミッタ・エラー．パケットがエラー終了で送信したときセットされる
[0]レシーバ・エラー．パケットがエラー終了で受信されたときセットされる

図 9.8　GRETH ステータス・レジスタ

ビット	31 ~ 16	15 ~ 0
	RESERVED	MACアドレス

[15：0]MACアドレスの上位2バイト

図 9.9　GRETH MAC アドレス MSB

ビット	31 ~ 0
	MACアドレス

[31：0]MACアドレスの下位4バイト

図 9.10　GRETH MAC アドレス LSB

表 9.5　generic 文で指定できるオプション

Generic	ファンクション	範　囲	デフォルト値
hindex	AHBマスタ・インデックス	0 ~ NAHBMST-1	0
pindex	APBスレーブ・インデックス	0 ~ NAPBSLV-1	0
paddr	APBbarのAddrフィールド	0 ~ 16#FFF#	0
pmask	APBbarのmaskフィールド	0 ~ 16#FFF#	16#FFF#
pirq	GRETHで使用する割り込み線	0：NAHBIRQ-1	0
memtech	FIFOのメモリ・テクノロジ	0：NTECH	0
ifg_gap	1インターフレームGAPで使用するクロック数	1 ~ 255	24
attempt_limit	1パケットでトライする最大トランスミッション数	1 ~ 255	16
backoff_limit	バックオフの制限	1 ~ 10	10
slot_time	1スロット・タイムで使用されるクロック数	1 ~ 255	128
mdcscaler	MDIOクロックを生成するのに使用するdivisor	0 ~ 255	25
enable_mdio	MDIOのイネーブル	0 ~ 1	0
fifosize	レシーバとトランスミッタのFIFOワード・サイズ	4 ~ 32	8
nsync	同期レジスタ使用数	1 ~ 2	2
edcl	EDCLのイネーブル	0 ~ 2	0
edclbufsz	EDCLバッファ・サイズ（Kバイト）	1 ~ 64	1
macaddrh	EDCLのMACアドレス上位24ビット	0 ~ 16#FFFFFF#	16#00005E#
macaddrl	EDCLのMACアドレス下位24ビット	0 ~ 16#FFFFFF#	16#000000#
ipaddrh	IPアドレス・リセット時の値の上位16ビット	0 ~ 16#FFFF#	16#C0A8#
ipaddrl	IPアドレス・リセット時の値の下位16ビット	0 ~ 16#FFFF#	16#0035#
phyrstadr	MDIOレジスタ PHYアドレスのリセット時の値	0 ~ 31	0
rmii	PHYインターフェース　0：MII，1：RMII	0 ~ 1	0
oepol	MDIOアウトプット・イネーブルの極性（'0'：アクティブ"L"，'1'：アクティブ"H"）	0 ~ 1	0
mdint_pol	PHY割り込み線の極性（'0'：アクティブ"L"，'1'：アクティブ"H"）	1 ~ 1	0
enable_mdint	MDIO割り込みのイネーブル	0 ~ 1	0
multicast	マルチキャスト・サポートのイネーブル	0 ~ 1	0

表 9.6 GRETH 入出力信号

信号名	フィールド	タイプ	機能	アクティブ
RST	N/A	入力	Reset	"L" レベル
CLK	N/A	入力	クロック	—
AHBMI	*	入力	AHBマスタ入力	—
AHBMO	*	出力	AHBマスタ出力	—
APBI	*	入力	APBスレーブ入力	—
APBO	*	出力	APBスレーブ出力	—
ETHI	gtx_clk	入力	ギガビット・トランスミット・クロック	—
	rmii_clk	入力	RMIIクロック	—
	tx_clk	入力	トランスミット・クロック	—
	rx_clk	入力	レシーブ・クロック	—
	rxd	入力	レシーブ・データ	—
	rx_dv	入力	レシーブ・データ・バリッド	"H" レベル
	rx_er	入力	レシーブ・エラー	"H" レベル
	rx_col	入力	コリジョン・ディテクト	"H" レベル
	rx_crs	入力	キャリア・センス	"H" レベル
	mdio_i	入力	MDIOインプット	—
	phyrstaddr	入力	PHYリセット・アドレス	—
	edcladdr	入力	EDCL MACアドレスの4LSB & EDCL IPアドレス (edcl generic = 2 のとき)	—
ETHO	reset	出力	イーサネット・リセット	"L" レベル
	txd	出力	トランスミット・データ	—
	tx_en	出力	トランスミット・イネーブル	"H" レベル
	tx_er	出力	トランスミット・エラー	"H" レベル
	mdc	出力	MDIOクロック	—
	mdio_o	出力	MDIOデータ出力	—
	mdio_oe	出力	MDIOアウトプット・イネーブル	oepol generic

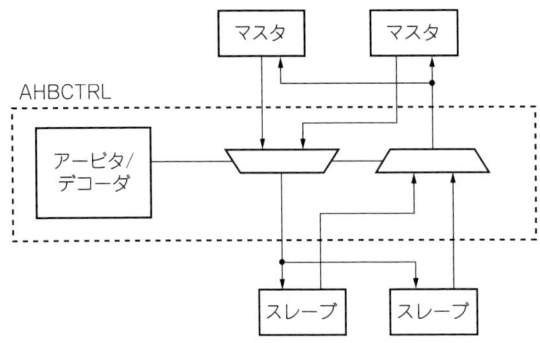

図 9.11 AHBCTRL の概念図

です．100Mビット通信時のAHBクロック下限は，18MHzです．これ以下のクロックで使用すると，非常に大きなパケット・ロスを発生します．

● レジスタ

GRETHに含まれるAPBレジスタの中で重要な，次の四つについて示します．

- コントロール・レジスタ（APBアドレス・オフセット 0x00, 図 9.7）
- GRETH ステータス・レジスタ（オフセット 0x04, 図 9.8）
- MAC アドレス MSB（オフセット 0x08, 図 9.9）
- MAC アドレス LSB（オフセット 0x0C, 図 9.10）

最後に，コンフィグレーション可能な項目を表9.5に，入出力信号を表9.6に示します．

9.3 AHBCTRL AMBA AHB コントローラ with プラグ＆プレイ・サポート

● 概要

AMBA AHBコントローラは，AMBA2.0に準拠した，AHBアービタ，バス・マルチプレクサとスレーブ・デコーダからなります．コントローラは，最大16個のAHBマスタと16個のAHBスレーブをサポートします．図9.11に，概念図を示します．

● 動作

- アービトレーション

AHBコントローラは，次の2種類のアービトレーション・アルゴリズムをサポートします．fixed-

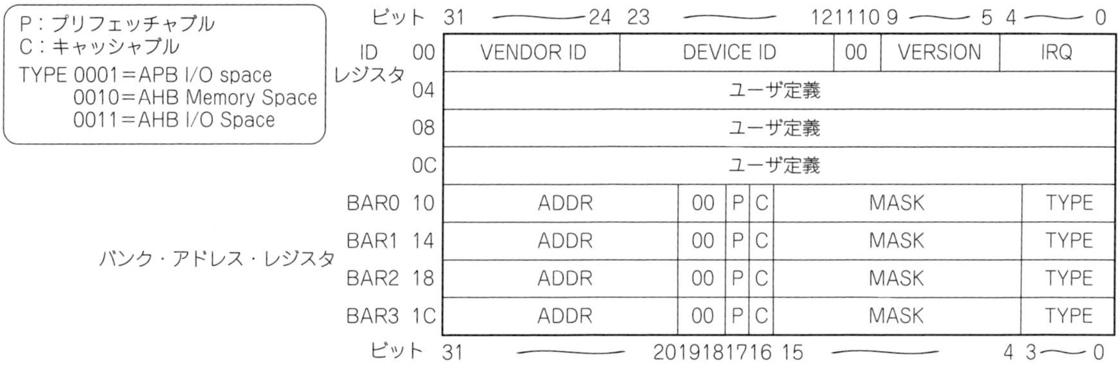

```
P：プリフェッチャブル          ビット 31 ──── 24 23 ──────── 12 11 10 9 ── 5 4 ── 0
C：キャッシャブル          ID   00  │ VENDOR ID │ DEVICE ID │ 00 │ VERSION │ IRQ │
TYPE 0001＝APB I/O space   レジスタ 04  │         ユーザ定義                    │
     0010＝AHB Memory Space        08  │         ユーザ定義                    │
     0011＝AHB I/O Space           0C  │         ユーザ定義                    │
                          BAR0  10  │ ADDR │ 00 │P│C│ MASK │ TYPE │
                          BAR1  14  │ ADDR │ 00 │P│C│ MASK │ TYPE │
バンク・アドレス・レジスタ  BAR2  18  │ ADDR │ 00 │P│C│ MASK │ TYPE │
                          BAR3  1C  │ ADDR │ 00 │P│C│ MASK │ TYPE │
                             ビット 31 ─────── 20 19 18 17 16 15 ──── 4 3 ── 0
```

図 9.12　プラグ＆プレイの情報

priorityとラウンドロビンです．VHDLのgeneric文のrrobinで選択します．

fixed-priorityのとき，バス使用権リクエストのプライオリティは，マスタのバス・インデックスに等しく，インデックス0がもっとも低いプライオリティになります．デフォルト・バス・マスタは，インデックス0になります（VHDLのgeneric文のdefmastで設定可能）．

ラウンドロビン・モードのとき，プライオリティはローテートします．一つまたは複数のコアにプライオリティを持たせたい場合は，VHDLのgeneric文のmprioで指定できます．

インクリメンタル・バーストのとき，AHBマスタはAMBA2.0で推奨されているように，バス・リクエストを最後のアクセスまでアサートし続ける必要があります．そうしない場合，バスの使用権を失う可能性があります．

固定長バーストの場合，AHBマスタはバースト終了までバスの使用権が保証され，最初のアクセスの後，すぐにバス・リクエストを開放することが可能です．このためには，VHDLのgeneric文のfixbrstが1である必要があります．

● デコード

デコーディング方法は，GRLIBユーザーズ・マニュアルに記述してある，プラグ＆プレイ方法によります．スレーブは，1～4096Mバイトのアドレス空間を使用することができます．

I/Oエリアもデコードすることができ，スレーブは256バイト～1Mバイトのアドレス空間を使用できます．デフォルトのI/Oエリア・アドレスは0xFFF00000です．VHDLのgeneric文のioaddrとiomaskで変更することができます．使用されていないアドレスへのアクセスは，AHBエラー応答を発生します．

● プラグ＆プレイ情報

GRLIBデバイスは，バスをドライブするAHBレコードと呼ばれる，プラグ＆プレイ情報を持っています（図9.12）．これらのレコードはまとめられ，AHBコントローラ・ユニットに関係づけられます．

プラグ＆プレイ情報は，VHDLのgeneric文のcfgaddrとcfgmaskで定義され，ioaddrとiomaskと組み合わせる読み出し専用アドレス・エリアにマップされます．

デフォルトでは，0xFFFFF000から0xFFFFFFFFにマップされます．マスタ情報は，最初の2Kバイト・ブロック（0xFFFFF000～0xFFFFF800）に置かれます．スレーブ情報は，続く2Kバイト・ブロックに置かれます．それぞれのユニットは32バイトを占めます．あるコアのプラグ＆プレイ情報のアドレスは，バス・インデックスによって求めることができます．

マスタは0xFFFFF000＋n×32，スレーブは0xFFFFF800＋n×32です．

● AHB スプリット・サポート

VHDLのgeneric文のsplitが'1'のとき，AHB SPLITがサポートされます．このとき，すべてのスレーブは，AHB SPLIT信号をドライブする必要があります．

スプリット機能をスレーブにインプリメントするときは，デッドロックを起こさないように注意しなければなりません．

● AHB バス・モニタ

AHBバス・モニタ機能が，コアに統合されています．VHDLのgeneric文のenbusmonによってイネーブルすることができます．

● コンフィグレーション

最後に，表9.7にコンフィグレーション可能な項目を，表9.8に入出力信号を示します．

表 9.7 generic 文で指定できる AHBCTRL のオプション

generic文	ファンクション	範囲	デフォルト値
ioaddr	I/Oエリア・アドレスの上位12ビット	0～16#FFF#	16#FFF#
iomask	I/Oエリア・アドレスのマスク	0～16#FFF#	16#FFF#
cfgaddr	コンフィグレーション・エリア・アドレスの上位12ビット	0～16#FFF#	16#FF0#
cfgmask	コンフィグレーション・エリア・アドレスのマスク	0～16#FFF#	16#FF0#
rrobin	アービトレーション・アルゴリズム 0：fixed priority，1：round-robbin	0～1	0
split	AHBスプリット応答のイネーブル	0～1	0
defmast	デフォルトAHBマスタ	0～NAHBMST-1	0
ioen	AHB I/Oエリアのイネーブル	0～1	1
nahbm	AHBマスタの個数	1～NAHBMST	NAHBMST
nahbs	AHBスレーブの個数	1～NAHBSLV	NAHBSLV
timeout	バス・タイムアウト・チェック（未実装）	0～1	0
fixbrst	固定長バースト・サポートのイネーブル	0～1	0
debug	コンフィグレーションの表示 0：なし，1：ショート，2：すべてのコア	0～2	2
fpnpen	plug&playコンフィグレーション・レコードのフルデコードのイネーブル．ディセーブルのとき，コンフィグレーション・レコードのuser-defined registerはマップされない	0～1	0
icheck	バス・インデックスのチェック	0～1	1
devid	PnPから読めるユニークなデバイスID	N/A	0
enbusmon	AHBバス・モニタのイネーブル	0～1	0
assertwam	AMBA推奨に違反があったときにワーニング出力	0～1	0
asserterr	AMBA要件に違反があったときにワーニング出力	0～1	0
hmstdisable	AHBマスタ・ルール・チェックのディセーブル	N/A	0
hslvdisable	AHBスレーブ・テストのディセーブル	N/A	0
arbdisable	アービタ・テストのディセーブル	N/A	0
mprio	プライオリティを持つマスタ	N/A	0
mcheck	コアのメモリ・エリアに重なりがないかチェックする	N/A	0
ccheck	plug&playコンフィグレーション・レコードのチェック	0～1	1

表 9.8 AHBCTRL 入出力信号

信号名	フィールド	タイプ	機能	アクティブ
RST	N/A	入力	AHBリセット	"L"レベル
CLK	N/A	入力	AHBクロック	―
MSTI	*	出力	AHBマスタ・インターフェース	―
MSTO	*	入力	AHBマスタ・インターフェース	―
SLVI	*	出力	AHBスレーブ・インターフェース	―
SLVO	*	入力	AHBスレーブ・インターフェース	―

9.4 MCTRL PROM/IO/SRAM/SDRAM メモリ・コントローラ

●概要

メモリ・コントローラは，PROM，メモリ・マップトI/Oデバイス，SRAM，SDRAMを接続できるメモリ・バス・コントローラです（図9.13）．コントローラは，AHBバスのスレーブとして動作します．メモリ・コントローラの機能は，Memory Configuration Register1～3（MCFG1～MCFG3）をAPBバスから操作することにより設定します．

二つのPROMバンク，一つのI/Oバンク，五つのSRAMバンク，二つのSDRAMバンク用のチップ・セレクトが存在します．

メモリ・コントローラは，PROM，I/O，RAMの三つのアドレス空間をデコードします．マッピングは，VHDLのgeneric文によって決定されます．

●動作

ここでは，SDRAMコントローラ部分の動作についてのみ記述します．

SDRAMは，PC100/PC133仕様に対応した2バンク構成のデバイスがサポートされます．64M，256M，512Mバイトの容量で，カラム・アドレスは8～12ビッ

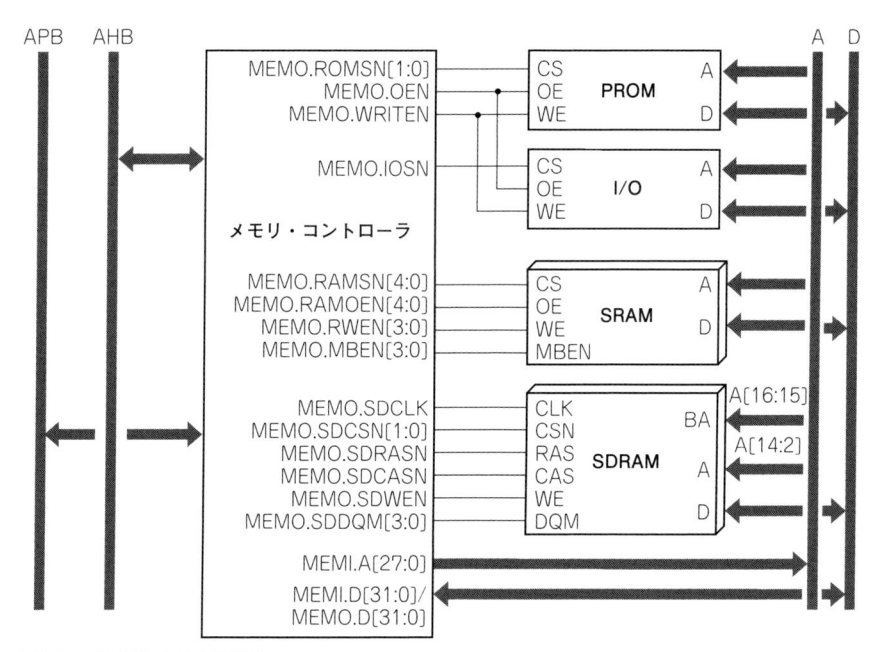

図9.13 MCTRLの基本接続法

表9.9 SDRAMタイミング・パラメータの設定

ファンクション	パラメータ	レンジ	単位
CASレイテンシ, RAS/CASディレイ	t_{CAS}, t_{RCD}	2 – 3	clocks
アクティベートまでのプリチャージ	t_{RP}	2 – 3	clocks
オートリフレッシュ・コマンド期間	t_{RFC}	3 – 11	clocks
オートリフレッシュ・インターバル		10 – 32768	clocks

(a) MCFG2に設定できるSDRAMアクセスのパラメータ

タイミング・パラメータ	最小タイミング(クロック)
セルフ・リフレッシュ・モードを抜けて最初の有効コマンドまでの時間 (t_{XSR})	t_{XSR}

(b) モバイルSDRAMサポート時に設定できるアクセス・パラメータ

ト，ロウ・アドレスは最大で13ビットまでがサポートされます．

また，バス幅は32ビット・データ・バスと64ビット・データ・バスがサポートされ，64ビットDIMMモジュールを接続することができます．

なお，VHDLのgeneric文のmobileが0以外のとき，コントローラはモバイルSDRAMをサポートします．

・**イニシャライズ**

SDRAMコントローラがイネーブルされたとき，自動的にSDRAM初期化シーケンスが始まります．

PRECHARGE，2x AUTO-REFRESH，LOAD-MODE-REGが両方のバンクに行われます．モバイルSDRAM機能がONのとき，LOAD-EXTMODE-REGコマンドが追加されます．

・**SDRAMタイミング・パラメータのコンフィグレーション**

デバイスごとに異なっているアクセス・タイミングのSDRAMに最適にアクセスするために，いくつかのSDRAMパラメータはMCFG2によってプログラムすることが可能です［表9.9 (a)］.

モバイルSDRAMサポートをイネーブルしたとき，さらにもう一つのタイミング・パラメータを設定することが可能です［表9.9 (b)］.

・**リフレッシュ**

SDRAMコントローラは，リフレッシュ機能を持っています．詳細は，GRLIBユーザーズ・マニュアルを参照してください．

ビット	31	30	29	~	27	26	25	~	23	22	21	20	19	18	17	16
	SDRF	TRP	SDRAM TRFC			TCAS	SDRAM BANKSZ			SDRAM COLSZ		SDRAM CMD		D64	RES	MS

ビット	15	14	13	12	~	9	8	7	6	5	4	3	2	1	0
	RES	SE	SI	RAM BANK SIZE				RBRDY	RMW	RAM WIDTH		RAM WRITE WS		RAM READ WS	

[31]SDRAMリフレッシュのイネーブル
[30]SDRAM タイミング・パラメータ(*Trp*). Trpは，2または3システム・クロック(0/1)
[29:27]SDRAMタイミング・パラメータ(Trfc). Trfcは，3+field value システム・クロック
[26]SDRAM TCASパラメータ. CASディレイとして2または3を選択(0/1). 値を変更するとき，
　LOAD-COMMAND-REGISTERコマンドを発行する必要がある.
[25:23]SDRAMバンク・サイズ. SDRAMチップ・セレクトのためのバンク・サイズをセットする.
　"000"：4Mバイト　"001"：8Mバイト，"010"：16Mバイト，…，"111"：512Mバイト
[22:21]SDRAMカラム・サイズ. "00"：256，"01"：512，"10"：1024，"11"：4096
[20:19]SDRAMコマンド. 00以外の値を書き込んだとき，SDRAMコマンドを発行する. "01"：PRECHARGE，
　"10"：AUTO-REFRESH，"11"：LOAD-COMMAND-REGISTER. コマンドが実行された後，クリアされる
[18]64ビットSDRAMデータ・バス（読み出し専用）
[16]モバイルSDRAMサポート（読み出し専用）
[14]SDRAMイネーブル

図 9.14　MCFG2 レジスタの構成

ビット	31	~	27	26	~	12	11	~	0
	RESERVED			SDRAM REFRESH RELOAD VALUE			RESERVED		

[26:12]SDRAMリフレッシュ・カウンタ・リロード値. オート・リフレッシュ・コマンドの間隔は，次の式で計算される.
　　$t_{REFRESH} = ((\text{reload value}) + 1)/SYSCLK$

図 9.15　MCFG3 レジスタの構成

表 9.10　generic 文で指定できる MCTRL のオプション

generic文	ファンクション	範囲	デフォルト値
hindex	AHBスレーブ・インデックス	1 ~ NAHBSLV-1	0
pindex	APBスレーブ・インデックス	0 ~ NAPBSLV-1	0
romaddr	PROMアドレス空間を決めるBAR0のADDRフィールド. デフォルトのPROMエリアは0x0 ~ 0x1FFFFFFF	0 ~ 16#FFF#	16#000#
rommask	PROMアドレス空間を決めるBAR0のMASKフィールド	0 ~ 16#FFF#	16#E00#
ioaddr	I/Oアドレス空間を決めるBAR 1のADDRフィールド. デフォルトのI/Oエリアは0x20000000 ~ 0x2FFFFFFF	0 ~ 16#FFF#	16#200#
iomask	I/Oアドレス空間を決めるBAR 1のMASKフィールド	0 ~ 16#FFF#	16#E00#
ramaddr	RAMアドレス空間を決めるBAR 2のADDRフィールド. デフォルトのRAMエリアは0x40000000 ~ 0x7FFFFFFF	0 ~ 16#FFF#	16#400#
rammask	RAMアドレス空間を決めるBAR 2のMASKフィールド	0 ~ 16#FFF#	16#C00#
paddr	APBのBARコンフィグレーション・レジスタのADDRフィールド	0 ~ 16#FFF#	0
pmask	APBのBARコンフィグレーション・レジスタのMASKフィールド	0 ~ 16#FFF#	16#FFF#
wprot	RAMライト・プロテクション	0 ~ 1	0
invclk	SDRAMクロックに反転クロックを使用	0 ~ 1	0
fast	fast SDRAMアドレス・デコーディングのイネーブル	0 ~ 1	0
romasel	log2（PROMアドレス空間サイズ）-1	0 ~ 31	28
sdrasel	log2（RAMアドレス空間サイズ）-1	0 ~ 31	29
srbanks	SRAMバンクの個数	0 ~ 5	4
ram8	8ビットPROM, SRAMアクセスのイネーブル	0 ~ 1	0
ram16	16ビットPROM, SRAMアクセスのイネーブル	0 ~ 1	0
sden	SDRAMコントローラのイネーブル	0 ~ 1	0
sepbus	SDRAMをseparatedバスに配置	0 ~ 1	1
sdbits	SDRAMデータ・バス幅（32ビットまたは64ビット）	32, 64	32
oepol	データ・パッドの極性　0：active low，1：acrive high	0 ~ 1	0
mobile	モバイル SDRAM のサポート 0：ディセーブル 1：サポート可能だがデフォルトではない 2：デフォルトでサポート 3：mobileSDRAMのみサポート	0 ~ 3	0

表9.11 MCTRL の入出力信号

信号名	フィールド	タイプ	機能	アクティブ
RST	N/A	入力	リセット	"L" レベル
CLK	N/A	入力	クロック	—
MEMI	DATA[31:0]	入力	メモリ・データ	"H" レベル
	BRDYN	入力	バス・レディ・ストローブ	"L" レベル
	BEXCN	入力	バス例外	"L" レベル
	WRN[3:0]	入力	SRAMライト・イネーブル・フィードバック	"L" レベル
	BWIDTH[1:0]	入力	PROMデータ・バス幅のリセット時の値	"H" レベル
	SD[31:0]	入力	SDRAMセパレート・データ・バス	"H" レベル
MEMO	ADDRESS[31:0]	出力	メモリ・アドレス	"H" レベル
	DATA[31:0]	出力	メモリ・データ	—
	SDDATA[63:0]	出力	SDRAMメモリ・データ	
	RAMSN[4:0]	出力	SRAMチップ・セレクト	"L" レベル
	RAMOEN[4:0]	出力	SRAMアウトプット・イネーブル	"L" レベル
	IOSN	出力	ローカルI/Oセレクト	"L" レベル
	ROMSN[1:0]	出力	PROMチップ・セレクト	"L" レベル
	OEN	出力	アウトプット・イネーブル	"L" レベル
	WRITEN	出力	ライト・ストローブ	"L" レベル
	WRN[3:0]	出力	SRAMライト・イネーブル WRN[0] → DATA[31:24] WRN[1] → DATA[23:16] WRN[2] → DATA[15:8] WRN[3] → DATA[7:0]	"L" レベル
	MBEN[3:0]	出力	バイト・イネーブル MBEN[0] → DATA[31:24] MBEN[1] → DATA[23:16] MBEN[2] → DATA[15:8] MBEN[3] → DATA[7:0]	"L" レベル
	BDRIVE[3:0]	出力	外部メモリ・バスのバイト・レーンをドライブ(I/Oパッド) BDRIVE[0] → DATA[31:24] BDRIVE[1] → DATA[23:16] BDRIVE[2] → DATA[15:8] BDRIVE[3] → DATA[7:0]	"L" レベル / "H" レベル
	VBDRIVE[31:0]	出力	I/Oパッド・ドライブ信号	"L" レベル / "H" レベル
	SVBDRIVE[63:0]	出力	セパレートSDRAMバスのI/Oパッド・ドライブ信号	"L" レベル / "H" レベル
	READ	出力	リード・ストローブ	"H" レベル
	SA[14:0]	出力	SDRAMセパレート・アドレス・バス	"H" レベル
AHBSI	*	入力	AHBスレーブ入力	—
AHBSO	*	出力	AHBスレーブ出力	—
APBI	*	入力	APBスレーブ入力	—
APBO	*	出力	APBスレーブ出力	—
WPROT	WPROTHIT	入力	未使用	—
SDO	SDCASN	出力	SDRAMカラム・アドレス・ストローブ	"L" レベル
	SDCKE[1:0]	出力	SDRAMクロック・イネーブル	"H" レベル
	SDCSN[1:0]	出力	SDRAMチップ・セレクト	"L" レベル
	SDDQM[7:0]	出力	SDRAMデータ・マスク DQM[7] → DATA[63:56] DQM[6] → DATA[55:48] DQM[5] → DATA[47:40] DQM[4] → DATA[39:32] DQM[3] → DATA[31:24] DQM[2] → DATA[23:16] DQM[1] → DATA[15:8] DQM[0] → DATA[7:0]	"L" レベル
	SDRASN	出力	SDRAMロウ・アドレス・ストローブ	"L" レベル
	SDWEN	出力	SDRAMライト・イネーブル	"L" レベル

●**レジスタ**

　メモリ・コンフィグレーション・レジスタ1（MCFG1）は，ROMとI/Oアクセスのタイミングをプログラムするために使用されます．メモリ・コンフィグレーション・レジスタ2（MCFG2）は，SRAMとSDRAMのタイミングをコントロールするために使用されます．メモリ・コンフィグレーション・レジスタ3（MCFG3）は，SDRAMリフレッシュ・カウンタとして使用されます．

　ここでは，MCFG2とMCFG3の中でSDRAMに関連する部分を示します．

- **MCFG2 レジスタ**（図9.14）
- **MCFG3 レジスタ**（図9.15）

　最後に，表9.10にコンフィグレーション可能な項目を，表9.11にMCTRLの入出力信号を示します．

初出一覧

第1章　Interface 2011年2月号 特集「複雑化する回路設計にC言語やUMLで反撃！」
　　　　　　　　　　　　　第6章　オープン・ソース・ハードウェアによる
　　　　　　　　　　　　　　　　　Linuxシステムの構築

第2章　Interface 2011年2月号 特集「複雑化する回路設計にC言語やUMLで反撃！」
　　　　　　　　　　　　　第7章　オープン・ソース・ハードウェアによる
　　　　　　　　　　　　　　　　　Linuxシステムの応用

第3章　本書のための書き下ろし

第4章　本書のための書き下ろし

第5章　本書のための書き下ろし

第6章　本書のための書き下ろし

第7章　本書のための書き下ろし

第8章　本書のための書き下ろし

第9章　本書のための書き下ろし

参考文献

(1) 濱野 純著；入門Git，秀和システム，2009年9月．

(2) T.コルメン，R.リベスト，C.シュタイン，C.ライザーソン共著，浅野，他訳；アルゴリズムイントロダクション（第3版）第1巻，第2巻，近代科学社，2012年8月．

(3) ジョン L.ヘネシー，デイビッド A.パターソン共著，成田光彰訳；コンピュータの構成と設計〜ハードウェアとソフトウェアのインタフェース（第3版）（上），（下），日経BP社，2006年3月．

(4) 森岡澄夫；特集アルゴリズムのハードウェア化手法，Design Wave Magazine，2008年1月号．

(5) 平田 豊著；Linuxデバイスドライバプログラミング，ソフトバンククリエイティブ，2008年6月．

(6) アズウィ，橋本晋之介著；JPEG—概念からC++での実装まで，ソフトバンククリエイティブ，2004年12月．

(7) FPGAの部屋，http://marsee101.blog19.fc2.com/

INDEX

【数字・欧文】

1次元離散コサイン変換 ··············· 39
2次元離散コサイン変換 ··············· 39
A/Vプロセッサ ····················· 30
access_ok関数 ······················ 78
Address Space Identifiers ············ 142
AHB ······························ 58
AHB trace buffer ··················· 16
AHB-APBブリッジ・コア ············ 137
AHBスプリット ···················· 149
AHBスレーブ・インターフェース ····· 16, 63
AHBバス ························· 114
AHBマスタ・インターフェース ······· 66
Altera Quartus Ⅱ Web edition ········ 13
AMBA AHB/APBバス ················ 21
AMBA plug&play ··················· 21
AMBAスレーブ ····················· 59
AMBAバス ···················· 58, 110
AMBAバス・コンフィグレーションGUI ··· 17
AMBAプラグ＆プレイ ················ 67
AMBAマスタ ······················· 59
APB ······························ 58
APBバス ························· 114
ASI ····························· 142
AXI ······························ 58
Bare-C cross compiler system for LEON ········ 13
BITS (I) ·························· 97
Cache systemコンフィグレーションGUI ··· 16
copy_from_user関数 ················ 78
Current Window Pointer ············ 11
CWP ····························· 11
D-cache ··························· 53
DCT ······························ 39
DC係数 ··························· 39
Debug Linkコンフィグレーション GUI ··· 17
Debug Support Unit ················ 13
Debug Support Unit コンフィグレーション GUI ··· 16
DSU ······························ 13
EDCL ····························· 17
EOB ······························ 42
EOIマーカ ························ 93
ESA ······························· 9
EthernetPHYチップ ················ 112
Ethernetコントローラ ·············· 112
Fault-toleranceコンフィグレーションGUI ··· 17
ffmpeg ··························· 93
ffserver ·························· 107
FIFO ····························· 64
fixed-priority ···················· 149
FPGAマッピング・ソフト ············ 13
gdbserver ························ 50
GFDL ····························· 45
GHDL simulator ··················· 13
git ······························ 12
Gnu Free Document License ········· 45
GPLライセンス ····················· 9
gprof ···························· 51
GR-XC3S-1500 ····················· 14
GRETH ·························· 145
GRETHステータス・レジスタ ········ 148
GRFPU ·························· 140
GRLIB ····························· 9
GRMON ·························· 16
GRMON Debug Monitor for LEON systems ··· 13
grtestmod ························ 22
HADDR ·························· 113
HBURST ························· 127
HBUSREQ ························· 66
HCONFIG ···················· 67, 125
HGRANT ····················· 66, 118
HINDEX ························· 125
HIRQ ···························· 125
HRDATA ························· 113
HREADY ··············· 60, 120, 124
HRESP ·························· 125
HSEL ························ 63, 122
HSIZE ··························· 125
HSPLIT ·························· 125

INDEX 157

HTRANS	124, 127
HUFFCODE (K)	97
HUFFSIZE (K)	97
HUFFVAL (I)	98
HWDATA	113
HWRITE	124
I-cache	53
I/Oプロセッサ	30
IJG	39
Independent Jpeg Group	39
Instruction trace buffer	16
Integer Unit	11, 52, 140
IOBUFマクロ	31
ioctl	48
ioremap関数	78
ISE	23
IU	11, 52
JPEG Library	34
JPEG規格書	92
LEONシステム	9
LEON GLibC Cross-compiler	13
LinuxコンフィグレーションGUI	25
MACアドレスLSB	148
MACアドレスMSB	148
MASKフィールド	68
MAXCODE (K)	98
MCFG2レジスタ	154
MCFG3レジスタ	154
Media Independent Interface	32
Meiko FPU	140
Memory Management Unit	11, 140
MII	32, 146
MINCODE (K)	98
mknod	79
mmap関数	49
MMU	11, 140
MMUコントロール・レジスタ	145
MMUコンフィグレーションGUI	16
MMUレジスタ	143
ModelSim	13, 136
motionJPEG	33
NEEK	35
Nios II Embedded Evaluation Kit	35
QVGA	80
rcスクリプト	28

read pointer	137
ready信号	83
register_chrdev関数	76
RGB形式	39
RMII	146
SCANヘッダ	93
SEU現象	9
shift-left-logical	97
Sign extention	101
Single-vector trapping	15
SLL	97
SMP	15
SOIマーカ	93
sourceforge	12
SPARC V8	9
SPARCアーキテクチャ	11
Spartan-3	35
SymCheck	102
Symmetric Multi-Processing	15
SymReq	102
upsample	83
-uオプション	23
valid信号	83
Valout	102
VALPTR (K)	98
valueable_bレジスタ	101
VHDL debug settingコンフィグレーションGUI	17
write pointer	137
XC3S1500	35
Xilinx ISE Webpack	13
YCbCr形式	39
ZRL	43

【あ行】

アービタ	112
アービトレーション	149
アキュムレート命令	142
アドレス・フェーズ	60, 115
インクリメンタル・バースト	149
インクリメント式バースト	128
ウィンドウ・レジスタ	11
ウォッチポイント・レジスタ	140
欧州宇宙機関	9
オープンソース	36
オープンソース・ハードウェア	9

オンチップ・デバッグ ……………………… 140

【か行】
仮想アドレス ………………………………… 55
可変長符号 …………………………………… 43
キャッシュ …………………………… 52, 140
キャッシュ・コントロール・レジスタ ……… 143
キャッシュ・コンフィグレーション・レジスタ … 143
キャッシュ・ミス …………………………… 55
キャラクタ型デバイス・ドライバ …………… 75
固定長バースト …………………………… 149
固定長符号 …………………………………… 43
コプロセッサ ……………………………… 140
コンフィギュアブル ………………………… 10

【さ行】
サンプリング・ファクタ …………………… 93
乗算命令 …………………………………… 141
除算命令 …………………………………… 141
シングル転送 ……………………………… 115
スレーブ …………………………………… 113
正規直交変換 ………………………………… 39
制御レジスタ ………………………………… 65
セントラル・マルチプレクサ相互接続方式 …… 114
ソケット …………………………………… 108

【た行】
ダブルバッファ ……………………………… 83
データ・キャッシュ ………………………… 53
データ・パス ………………………………… 62
データ・フェーズ …………………… 60, 115
デコード …………………………………… 149
デコード・ステージ ……………………… 100
テスト・ベクタ・ファイル ………………… 71
テスト・ベンチ ……………………………… 70
デバイス・ファイル ………………… 49, 78
デバッグ・コミュニケーション・リンク …… 17
トップ・レベル検証 ………………………… 22
トップ・レベル検証専用モジュール ………… 22

【な行】
二進木 ………………………………………… 43

【は行】
バースト・ライト ……………………… 62, 130

バースト・リード …………………………… 53
バースト転送 ……………………………… 115
配置配線 ……………………………………… 23
バザール開発 ………………………………… 35
バス使用権 …………………………………… 59
バス帯域 ……………………………………… 81
ハフマン・テーブル ………………………… 94
ハフマン圧縮 ………………………………… 43
ハフマン符号 ………………………………… 93
ハンドシェーク ……………………………… 83
ビット・ファイル …………………………… 23
ピン配置ファイル …………………………… 31
ファイル・ディスクリプタ ………………… 48
フェッチ・ステージ ……………………… 100
フォールト・トレラント …………………… 17
フォワーディング …………………… 53, 81
物理アドレス ………………………………… 55
不定長バースト転送 ……………………… 131
浮動小数点ユニット ……………………… 140
フレーム ……………………………………… 93
フレーム・バッファ ………………………… 26
フレーム・レート …………………………… 79
プロセッサ・コンフィグレーション・レジスタ … 142
プロファイラ ………………………………… 51
分散版数管理ソフト ………………………… 12
ポーリング ………………………………… 115

【ま行】
マーカ ………………………………………… 93
マスタ ……………………………………… 113
命令キャッシュ ……………………………… 53

【ら行】
ラウンドロビン …………………………… 149
ラップ式バースト ………………………… 129
ランレングス・ハフマン圧縮 ……………… 39
ランレングス圧縮 …………………………… 42
リーフ ………………………………………… 43
リポジトリ …………………………………… 36
論理合成 ……………………………………… 23

【わ行】
割り込みインターフェース ……………… 140

著者略歴

1992年	京都大学工学部 物理工学科卒
1994年	LSI設計ベンチャー エクセレント・デザイン入社
	データ・パス ハード・マクロの設計やSTAなどのLSI設計CADの開発に従事
1999年	九州工業大学大学院で，笹尾 勤教授の指導のもと，論理合成アルゴリズムの研究を行う
2001年	ソニー LSIデザイン入社，主にSoCの物理設計分野に従事
2006年	LSI設計ベンチャー NSCore入社
	トランジスタのばらつき測定システムの開発，メモリの開発に従事
2012年	K2-GARAGE 代表(http://k2-garage.com)
	主にAndroidとハードウェアを組み合わせた開発に取り組む

- ●**本書記載の社名，製品名について** ── 本書に記載されている社名および製品名は，一般に開発メーカーの登録商標または商標です．なお，本文中では™，®，©の各表示を明記していません．
- ●**本書掲載記事の利用についてのご注意** ── 本書掲載記事は著作権法により保護され，また産業財産権が確立されている場合があります．したがって，記事として掲載された技術情報をもとに製品化をするには，著作権者および産業財産権者の許可が必要です．また，掲載された技術情報を利用することにより発生した損害などに関して，CQ出版社および著作権者ならびに産業財産権者は責任を負いかねますのでご了承ください．
- ●**本書に関するご質問について** ── 文章，数式などの記述上の不明点についてのご質問は，必ず往復はがきか返信用封筒を同封した封書でお願いいたします．勝手ながら，電話でのお問い合わせには応じかねます．ご質問は著者に回送し直接回答していただきますので，多少時間がかかります．また，本書の記載範囲を越えるご質問には応じられませんので，ご了承ください．
- ●**本書の複製等について** ── 本書のコピー，スキャン，デジタル化等の無断複製は著作権法上での例外を除き禁じられています．本書を代行業者等の第三者に依頼してスキャンやデジタル化することは，たとえ個人や家庭内の利用でも認められておりません．

〈日本複製権センター委託出版物〉
本書の全部または一部を無断で複写複製(コピー)することは，著作権法上での例外を除き，禁じられています．本書からの複製を希望される場合は，日本複製権センター(TEL：03-3401-2382)にご連絡ください．

本書に付属のCD-ROMは，図書館およびそれに準ずる施設において，館外貸し出しを行うことができます．

CD-ROM付き

FPGAキットで始めるハード＆ソフト丸ごと設計

2013年5月1日　発行
2013年8月1日　第2版

©栗元憲一　2013
(無断転載を禁じます)

著　者　　栗　元　憲　一
発行人　　寺　前　裕　司
発行所　　ＣＱ出版株式会社
〒170-8461　東京都豊島区巣鴨1-14-2
電話　編集　03-5395-2122
　　　販売　03-5395-2141
振替　00100-7-10665

ISBN978-4-7898-4610-3
定価はカバーに表示してあります
乱丁，落丁本はお取り替えします

編集担当　山岸誠仁／村上真紀
DTP　クニメディア株式会社
表紙・CD-ROMレーベルデザイン　竹田壮一朗
印刷・製本　三晃印刷株式会社
Printed in Japan